건설공사 공기지연
클레임과 분쟁

Construction Delay Claims and Disputes

건설공사 공기지연 클레임과 분쟁

입증방법과 평가방법을 중심으로

| 공학박사 |

김영재 · 김기현 공저

한국건설관리학회

씨아이알

▌이 책을 읽어야 하는 이유

필자는 국내 및 해외 건설공사 계약관리 업무와 국내외 대형 현장 공기지연 클레임 업무를 수행해오고 있다. 국내 건설산업 발전과 해외 건설시장에서 아국 건설업체의 수행 경쟁력을 확보하기 위한 핵심 개선사항 중의 하나로 산업차원에서 건설 클레임에 대한 인식 재정립과 건설 클레임 관리기술에 대한 전문적인 기술자료 발간 및 실무자 교육이 강화되어야 한다는 것이 필자의 생각이다. 이 책은 건설사업에서 일반적으로 발생하며 건설참여자 모두에게 성공적인 프로젝트 추진에 중요한 이슈가 되는 건설공사 공기지연 클레임 및 분쟁에 대한 관리기술을 공유하고자 하는 목적의 연장선에서 작성되었다.

건설 클레임은 발주자와 시공자 간에 발생하는 불신과 갈등의 결과물이 아니다. 건설 클레임은 성공적인 건설 프로젝트 완료라는 목적을 위해 프로젝트 수행 중 발생하는 각종 변경사항에 대한 영향력을 계약당사자들이 적시에 논의하기 위한 계약적 행위이다. 변경사건 발생에 대한 적시통보와 합리적으로 영향력 분석을 시행한 클레임 제출을 통해 발주자와 시공자 간에 영향력과 만회방안에 대한 적극적 협의를 시행함으로써 성공적인 프로젝트 완료라는 목표를 달성할 수 있기 때문에 건설산업에서 클레임은 반드시 활성화되어야 한다.

클레임에 대한 통지기한 및 입증 방법 등과 관련하여 평가가 엄격하게 적용되고 있는 해외 건설현장에서 해외 선진 건설업체들에 비해 클레임 수행역량이 미흡한 아국 건설업체들이 발주처로부터 상당한 지체배상금 위험에 처해 있다는 소식을 대중매체를 통해 낯설지 않게 접할 수 있다.

대부분의 건설현장은 공기지연이 발생한 그 시점에서 지연사건의 영향력을 명확히 분석하여 클레임을 추진하거나 만회업무에 대한 후속 클레임 협상업무를 수행하기보다는 준공지연이 사실상 확정되는 상황에 이르러서야 지체상금을 회피하거나 지연 관련 손실을 만회하기 위해 공기연장 클레임이나 분쟁을 추진하고 있는 게 현실이다. 따라서 대다수의 공기지연 클레임이 적시 해결되지 못하고 현장은 외부의 컨설팅업체 또는 국내외 대형 로펌과 클레임 용역과 분쟁을 진행하여 시간적으로나 경제적으로 추가적인 손실을 보는 안타까운 사례가 반복되고 있다.

이 책은 건설공사에서 빈번하게 발생하며 그 영향이 심대한 공기지연 클레임과 관련하여 공기지연에 영향력의 합리적인 입증 방법과 평가 방법을 제공하고자 한다. 국제적으로 인정받는 건설 클레임 관련 학술지와 주요 국제적 기관에서 발행하는 공기지연 클레임 관리에 대한 단행본, 그리고 필자가 실제 국내외 다수 대형 건설현장에서 경험한 공기연장 클레임 실무 사례를 토대로 책의 주요 내용을 구성하였다.

공기지연 클레임 분석 관련 연구과정과 국내외 건설현장 클레임 실무과정을 통해 필자가 이 책에 정리하여 소개한 공기지연에 대한 영향력 분석 방법과 공기지연 클레임 평가방법들에 대한 내용이 국내 건설현장 및 해외 건설현장에서 공기지연 클레임 실무를 수행하는 발주자 측이나 시공자 측 실무담당자, 분쟁 단계에서 실무를 수행하는 변호사와 판정부 실무자 그리고 소송이나 중재 단계에서 공기지연 현안을 전문적으로 평가하여 의견을 제공하는 건설 감정인들의 실무추진에 조금이라도 도움이 될 수 있기를 바란다.

2020년 8월

저자 일동

▌추천사

추천사에 앞서, 김영재 박사와 김기현 박사가 공동으로 이 책을 저술하고 발간하게 된 것을 진심으로 축하합니다. 회사 생활을 하면서 본인들이 경험하고 고민했던 사항들을 이렇게 정리하는 것이 쉽지 않은 일인데, 그동안 말로 다 할 수 없는 수많은 노력과 수고를 알기에, 귀한 경험들이 결실 맺어 성공적으로 역작을 발간한 것에 대하여 찬사를 보냅니다. 저는 제가 책을 쓰고 발간하는 것보다 제자들이 이렇게 훌륭한 책을 발간하게 된 것이 몇 배 이상으로 더 기쁘고 감사할 뿐입니다. 단순히 학생들을 잘 가르치겠다는 생각으로 대학에 부임한 지 20년이 흘렀지만, 무엇보다도 요즘에 가장 기쁜 일과 가르침에 대한 보상은 이와 같이 제자들이 사회에서 잘 성장하여 훌륭한 결실을 맺어나가는 모습을 지켜보는 것입니다.

본인도 20여 년 동안 공기지연 클레임 실무 업무를 해왔고, 이 부분을 다들 중요한 분야라고 인식은 하고 있지만 실제 제대로 일을 할 수 있는 실무자들은 많이 부족한 실정입니다. 그렇기 때문에 실무자들이 관련 업무를 추진하고 실행할 때 도움이 될 만한 지침과 가이드라인이 있었으면 좋겠다고 늘 생각해왔는데, 이번에 김영재 박사와 김기현 박사가 그동안에 경험했던 실무 사례들을 중심으로 이론과 실제를 정리하여 실무자들에게 도움이 될 수 있는 책을 발간하게 되어 너무 기쁘고, 이 분야의 실무자들에게 정말 많은 도움이 될 수 있을 거라고 확신합니다.

앞서 말한 대로, 현장의 클레임 지원 업무 및 중재나 소송 지원 업무를 수행하면서 발주자들에게 시공자가 제기한 클레임에 대하여 협상을 잘 할 수 있도록 도움이 되는 지침이나 가이드라인은 꼭 필요하며, 또한 조정, 중재, 소송의 감정인이나 조정인, 중재인, 법조인들에게도 관련 업무를 할 때 참고할 수 있는 유용한 문헌이나 자료는 필수입니다. 이런 측면에서 이 책은 발주자, 감정인, 조정인, 중재인, 법조인들에게도 분명 도움이 될 수 있는 책이라고 생각합니다.

앞으로 이 책을 준비한 저자들의 기획 의도대로 공기지연 클레임에 관련된 실무자들이 이 책에 정리된 지식과 자료들을 잘 활용하기를 기대하며, 이를 통하여 건설산업의 클레임이나 분쟁이 예방되어 사전에 해결되거나 사후에라도 잘 해결될 수 있기를 기대합니다.

아주대학교 건축학과

김경래 교수

▌Contents

CHAPTER 05 공기연장 비용 입증 방법

CHAPTER 06 분쟁 단계에서 공기지연 평가 방법

CHAPTER 07 공기지연 클레임 및 분쟁 실무

CHAPTER 01
건설공사 공기지연

CHAPTER 01

건설공사 공기지연

1.1 책의 목적

이 책은 국내외 건설공사에서 빈번하게 발생하는 공기지연과 관련한 건설 클레임과 건설 분쟁 업무를 수행하는 실무자들에게 공기지연의 책임일수와 손실비용을 입증하고 평가하는 방법에 대한 실무 가이드를 제공할 목적으로 작성되었다.

저자가 건설공사 공기지연 분석을 주제로 국내 및 해외에 학술논문을 발표했던 1990년대 후반부터 최근 시점까지, 건설 클레임 및 공기지연 클레임에 대한 연구자료들과 책자들이 국내외에서 지속적으로 발간되어오고 있다. 다양한 국내외 참고자료를 통해 공기지연 관리를 하는 발주처나 시공자 측 실무자들이 건설 클레임에 대한 일반적 이해와 공기지연 클레임의 입증 및 평가와 관련한 개념적 수준의 이해를 확보할 수 있다고 본다. 그렇지만 공기지연 클레임 관련 연구논문을 발표하고 현업에서 해외공사 및 국내 공사 공기지연 클레임 실무를 추진하고 후배를 육성하는 자리에 있는 한 사람으로서, 건설공사 공기지연 클레임 및 분쟁 관련 현업 실무자들이 반드시 인지해야 할 핵심 개념과 프로세스들이 공유될 필요성이 있다고 생각한다.

저자는 20여 년간 해외 건설 클레임 및 국내 건설 클레임 실무를 수행해오면서 건설 클레임 관련 국제적 학술지, 해외 단행본, 클레임 관련 주요 기관의 발표자료 그리고 국제 컨설팅 업체에서 발간하는 공기지연 클레임 관련 자료를 지속적으로 입수하여 실무 수행에 참고하고 있다. 이 책에서는 클레임을 제기하는 쪽이나 평가하는 양측 모두에게 공기지연 클레임을 업무를 수행하는 데 반드시 필요한 공기지연 분석 방법과 평가 방법을 정리하여 소개하고, 필자의 해외 및 국내 공기연장(EOT, Extension of Time) 클레임 실무 경험을 토대로 EOT 클레임의 입증 방법 선택과 평가 시 검토되거나 논의되는 주요 핵심 사항을 독자 여러분에게 제공하고자 한다.

건설현장에서 공기지연 클레임을 체계적으로 작성하고 평가하는 데 이 책에 담긴 내용들이 활용됨으로써 공기지연 클레임이 계약당사자 상호 간에 신속하고 우호적으로 처리되기를 바란다. 또한 불가피한 사유로 제3자의 조정이나 건설 분쟁으로 추진될 경우 관련된 실무자들이 이 책에서 정리되어 있는 국내외에서 공기지연 분석에 사용되는 기준들을 참조하여 공기지연에 따른 손실을 결정하는 분쟁 업무에 적극적으로 활용될 수 있기를 바란다.

1.2 책의 구성

이 책은 다음과 같이 총 8장으로 구성되어 있다.

제1장에서는 책의 목적과 건설공사에서 공기지연 클레임의 중요성을 소개하고, 본격적인 공기지연 클레임 분석에 앞서 기본적으로 소개가 필요한 공기지연의 개념과 종류를 설명한다.

제2장에서는 공기지연 클레임 작성과 평가와 관련하여 지연의 영향력 분석을 위한 핵심 고려사항을 설명하고, 주요 공기지연 클레임 유형별로 핵심적으로 고려해야 할 Check Point를 소개한다.

제3장에서는 현장에서 공기지연 클레임을 추진하는 데 핵심적으로 준비해야 하는 업무를 포함하여 클레임 업무 수행에 대한 주요 프로세스와 공기지연 클레임 서류의 일반적인 구성 내용을 소개한다.

제4장에서는 공기지연 클레임에서 공기지연에 대한 책임일수를 분석하는 방법을 소개한다. 국내외에서 적게는 몇 종류에서 많게는 수십 종류로 구분되는 다양한 분석

방법이 있지만, 실무에서 많이 활용되는 분석 방법들의 개념과 내용을 소개하고 공기지연 사례에 대한 Case Study를 통해 각 분석 방법들의 특성과 방법을 이해할 수 있도록 구성하였다.

제5장에서는 공기지연 클레임과 분쟁 실무에서 준공지연의 책임 분석 못지않게 중요하게 다루어지는 공기연장 권한에 따른 손실비용을 입증하는 방법을 소개한다. 공기연장 비용 산정과 관련해서는 해외와 국내의 실무가 상이하기 때문에 해외공사 EOT 클레임 실무상에서 활용할 수 있는 산정 방법과 국내 공사에서의 공기연장 비용 산정기준을 별도로 구분하여 정리하였다.

제6장에서는 제기된 EOT 클레임에 대하여 클레임의 적정성을 평가하는 방법 대해 설명한다. 이 장에서는 해외의 분쟁판정부에서 공기지연 분쟁을 판단하는 기준과 국내외 실제 클레임 사례에서 발주자가 클레임을 평가한 사례를 통해 공기지연 클레임의 핵심적인 평가 포인트를 제공한다.

제7장에서는 필자가 경험한 국내외 공기지연 클레임과 분쟁 사례 중에서 클레임과 분쟁 업무를 수행하는 실무자들에게 시사점이 있다고 생각되는 주요한 사례를 대상으로 공기지연 영향력의 입증방법과 평가방법 측면의 시사점을 소개하였다.

마지막 제8장에서는 공기지연 클레임 추진과 평가에 못지않게 중요한 선제적인 공기지연 관리방안을 소개하고자 한다. 시공자와 발주자 입장에서 공사계약 체결 전 단계, 공사 초기 단계, 그리고 공기지연 사건 발생 단계별로 공기지연을 관리할 수 있는 방법을 제안한다. 이를 통해 건설공사 프로젝트에서 필연적으로 발생하는 공기지연 사건을 선제적으로 관리할 수 있는 체계를 확립하고, 제기된 공기지연 클레임이 계약당사자 간에 적시에 합의될 수 있는 데 도움이 되기를 바란다.

1.3 공기지연의 개념

1.3.1 지연의 정의(Delay Definition)

건설공사에서 '지연'이라는 것은 전체 공사 중 일부 작업이 당초 예정된 작업일정보다 늦어지는 상황이나, 당초 예정된 공사가 완료되어야 할 시점에 완료되지 못하는 상황을 의미한다.

건설공사의 공기지연은 지연사건의 영향력에 따라 작업지연(Activity Delay)과 준공지연(Completion Delay)으로 구분하여 정의할 수 있다.

(1) 작업지연(Activity Delay)

지연사건으로 인해 공사의 일부 작업이 계획 대비 지연된 상황을 의미한다. 작업지연은 계획된 작업기간 내에 작업을 완료하지 못하고 추가 시간을 소요하여 기간이 초과(기간지연, Duration Delay)하였거나, 계획된 착수일을 초과하여 실제 작업이 늦게 착수(착수지연, Start Delay)한 경우로 구분할 수 있다.

(2) 준공지연(Completion Delay)

지연사건으로 인해 전체 공사의 준공일 또는 계약상으로 지정된 주요 계약일정이 지연되거나 지연이 예상되는 상황을 의미한다. 공사 시행 중에 발생한 작업지연 모두가 전체 작업의 준공일에 대한 준공지연에 해당하지는 않는다(참고 : 발생한 작업지연이 공기지연에 해당하는지와 그 영향력을 분석하는 방법은 제2장에서 구체적으로 설명함).

1.3.2 공기지연의 분류

건설공사 공기지연 클레임 추진과 평가 실무에서 지연사건의 책임소재와 비용 보상 가능 여부에 따라 다음 그림 1.1과 같이 공기지연을 분류할 수 있다.

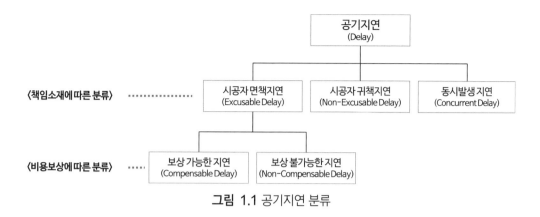

그림 1.1 공기지연 분류

(1) 책임소재에 따른 분류

공기지연 사건에 대한 책임을 계약당사자 중에 누가 가지느냐에 따라 분류할 수 있다. 이는 지연사건이 어느 당사자로부터 발생했는지에 따라 결정될 수도 있지만, 가장 중요한 결정 기준은 계약조건에 해당 공기지연의 책임을 누가 가지는지를 정의한 기준에 따라 결정되는 것이 보편적이다. 대부분의 건설공사 계약조건에는 공기연장이 가능한 조건을 명시하거나 공기연장이 해당하지 않는 조건을 명시하고 있다.

① 시공자 면책지연(Excusable Delay) : 지연사건 발생이 시공자 과실이 아니고, 계약조건상으로도 지연의 책임이 시공자에게 있지 않은 지연사건을 의미하며, 일반적으로 공기연장이 가능하다. 여기에 해당하는 일반적인 공기지연으로는 발주자가 추가 지시한 업무(Variation)이나 발주자 귀책으로 발생한 공기지연 등이 있다.

② 시공자 귀책지연(Non-Excusable Delay) : 계약조건상 지연사건의 책임이 발주자 책임에 해당하지 않거나 시공자 귀책으로 인한 지연을 의미한다. 일반적으로 지연사건으로 인해 계약준공일이 지연될 때 시공자에게 공기연장 권한이 주어지지 않는다. 여기에 해당하는 일반적인 공기지연으로는 시공품질 저하로 인한 지연이나 시공자의 관리책임이 있는 하도급업체의 공기지연 등이 있다.

③ 동시발생 공기지연(Concurrent Delay) : 계약적으로 공기연장이 가능한 지연사

건과 공기연장이 불가능한 지연사건이 동시에 발생하는 경우, 그 동시에 해당하는 기간에 대한 공기지연을 의미한다. 발주자 책임의 지연사건과 시공자 책임의 지연사건이 한 시점에 동시에 발생하는 경우이다. 대다수의 계약조건에서는 동시에 발생한 공기지연에 대해 발주자 책임의 지연사건의 준공지연에 대한 영향력을 시공자가 입증할 경우 공기연장 권한을 부여하고 있으나, 최근 들어 해외 대형 공사에서는 동시발생 공기지연에 대해 공기연장 권한을 인정하지 않는다는 조항을 계약조건에 포함시키고 있다.

(2) 보상 가능 여부에 따른 분류

공기지연으로 인한 손실의 보상 가능 여부에 따라 지연사건을 분류할 수 있으며, 일반적으로 보상 가능 여부의 기준은 상호 간에 합의한 계약조건에 명시된 기준에 의해 판단된다. 계약조건에 구체적인 보상 기준이 명시되어 있지 않을 경우에는 해당 지연사건의 예측 가능성, 지연사건 발생의 과실 여부, 그리고 계약상 지정된 해당 국가의 법령기준에 의해 판단된다. 공기지연 클레임 또는 분쟁환경에서 지연사건에 대한 보상 가능성 판단이 당사자 간에 핵심적인 쟁점이 되므로 보상 가능 여부에 대한 이해가 중요하다.

① 보상 가능한 공기지연(Compensable Delay) : 작업지연이나 준공지연으로 인해 추가적으로 발생하는 금액에 대해 계약자가 보상을 받을 수 있는 지연사건을 말한다. 일반적인 공사계약조건에서 대표적인 보상 가능한 공기지연으로는 시공자 책임이 아닌 발주자 요청으로 인한 설계 변경이나 설계도서 승인 지연, 법령 변경 등이 있다.

② 보상 불가능한 공기지연(Non-Compensable Delay) : 작업지연으로 발생하는 준공지연에 대한 계약기간 연장 권한이 주어지지만 지연으로 인해 추가적으로 발생하는 금액에 대해서는 보상을 받을 수 없는 지연사건을 말한다. 일반적인 건

설공사계약에서는 지진이나 태풍, 전쟁, 전염병 등과 같은 불가항력적 사건 등을 손실보상이 되지 않는 지연사건으로 다루고 있다. 일부 국가의 계약에서는 법령 변경에 따른 지연사건에 대해서는 공기연장은 승인하되 추가 비용을 보상하지 않는다고 명시하는 경우가 있다. 최근 들어 해외공사에서는 발주자 귀책의 지연과 시공자 귀책의 지연이 동시에 발생하는 동시발생 지연사건의 경우 공기연장 권한뿐만 아니라 비용 보상도 불가하다는 조항을 계약조건에 포함시키고 있다.

1.4 공기지연 클레임과 건설 분쟁

건설공사 수행 과정에서는 발주자와 시공자 그리고 공사 참여자들은 예기치 못한 사유들로 인해 적지 않은 지연사건들을 필연적으로 경험한다. 발생한 지연사건의 영향력이 심대해서 공기지연을 만회할 수 없을 경우에 해당 지연사건은 결국 전체 공사의 공기연장 문제로 확대된다. 건설공사의 준공기일이 연장이 되면 발주자나 시공자 모두 현장관리비, 경비, 준공목적물의 운영착수 지연에 따른 운영수익 손실, 수요자로부터의 지체배상금 발생 등 경제적 손실을 피할 수 없게 된다.

국내외 주요 건설현장에서 대형 건설업체뿐만 아니라 건설 전문업체들도 건설공사 수행 중에 발생한 각종 변경사항에 대한 손실을 만회하기 위해 건설 클레임을 추진하고 있다. 건설 클레임의 대다수는 공기지연에 따른 추가 비용 청구 및 지체배상금에 대한 내용을 포함하고 있다.

계약당사자 간에 공기지연과 관련된 클레임을 협의하는 데 합리적인 입증 방법과 객관적인 평가 방법이 요구된다. 이러한 클레임이 적시에 합의되지 못할 경우 제3자를 활용한 조정이나 최종적으로는 법률대리인을 의뢰하여 소송이나 중재를 통해 클레임을 해결하게 된다.

다음 그림 1.2는 공기지연 사건 발생에 따른 공사기간의 조정 및 공기지연 관련 손실액의 결정을 위해 계약당사자 간에 수행하는 클레임과 분쟁에 대한 절차를 도식화한 자료이다. 계약 조건에 따라 다소 차이는 있을 수 있지만, 통상적으로 양측의 협상을 통해 자체적으로 진행하는 클레임 단계와 계약서상에 명시된 절차에 따른 조정이나 중재, 소송과 관련된 분쟁 단계, 이 두 가지 단계로 나눌 수 있다.

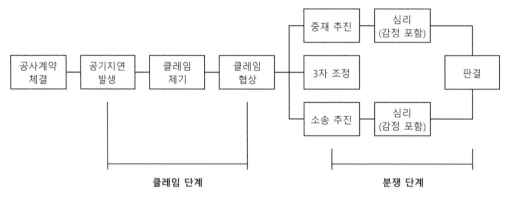

그림 1.2 건설 클레임과 분쟁

공기지연으로 인한 공사기간 조정과 손실금액에 대한 협상 및 확정과 관련하여 발주자와 시공자 모두 입증 자료 작성과 평가에 대해 상당한 시간과 비용을 투입하고 있다. 그러나 공기지연의 영향력이 심대하거나 복잡한 지연사건들을 포함하고 있는 경우에는 클레임 단계에서 당사자 간 합의가 이루어지지 못하고 제3자의 조정이나 법률전문가들이 참여하는 중재나 소송과 같은 분쟁으로 최종적인 판단이 이루어진다.

공사내용이 복잡한 대형 공사에서 공기지연 관련 분쟁 진행 과정에서는 계약당사자들과 소송대리인들의 분쟁 승소를 위한 귀책사유 및 손실에 대한 입증 노력 이외에도, 분쟁 판정부에서도 일반적으로 제3의 건설 전문가들에게 지연사건의 공기와 비용에 대한 영향력을 검토하는 기술적인 분석을 시행하는 별도의 감정제도를 운영하고 있다.

건설공사 중에 빈번하게 발생하는 공기지연에 대한 합리적 관리 목적과 준공지연에 따른 계약당사자들의 경제적 손실에 대한 합리적 판단 목적을 위하여, 공기지연의 책임일수 분석 방법과 입증 방법 그리고 합리적 평가 방법에 대한 기준이 필요하다.

CHAPTER 02
공기지연 클레임의 핵심 고려사항

CHAPTER 02
공기지연 클레임의 핵심 고려사항

건설공사 공기지연과 관련한 클레임과 분쟁 업무를 수행하는 데 클레임의 합리적 해결을 위해 클레임 서류에 대한 작성 및 평가와 관련한 실무자가 반드시 알아두어야 할 핵심요소가 있다. 공기지연 클레임과 관련한 여러 가지 다양한 개념들에 대한 이해가 필요하지만 계약상에 지정된 클레임 통지기한, Critical Path 영향력, 동시발생 공기지연 등이 공기지연 클레임 실무에서 대표적으로 이해해두어야 할 기본 개념이다.

2.1 통지(Notice) 기한

건설공사 계약조건에는 시공자에게 공기연장 권한이 있는 지연사건이 발생하면 시공자는 이러한 사건의 발생에 대해 특정 기한 내에 지정된 형식으로 통지하도록 명시되어 있고, 그 지정된 기한 내에 통지를 하지 않았을 경우 시공자의 공기연장 권한이 완전히 상실된다는 내용을 일반적으로 포함하고 있다. 이러한 지정된 기한 내에 공기연장 사건의 발생을 통지하지 않으면 공기연장 권한이 없어진다는 조항을 'Time-Bar 조건'이라고 한다.

필자의 공기연장 클레임 실무 경험에서 볼 때, 해외 건설 공기연장 클레임 사례에서 발주자 측에서 공기연장 클레임을 평가하는 데 가장 중요한 항목 중의 하나는 시공자의 클레임이 Time-Bar 조건을 준수하였는지의 여부이다. 그렇지만 안타깝게도 많은 현장에서 공사 초중반 시기에 공기연장이 가능한 지연사건이 발생했음에도 불구하고 적시 통지가 이루어지지 않은 경우를 많이 경험하였다. 그 원인으로는 공기지연에 대한 적시 영향력 분석을 하지 못하는 기술적인 요인도 있지만, 일부 현장관리자들에게는 공기연장 사건에 대한 발생통지가 발주자에게 반드시 공기연장 조치와 추가 비용을 청구하겠다는 시공자의 강한 의지로 해석되어 발주자에게 적시 준공에 대한 부정적 인식을 수 있다는 잘못된 생각을 가지고 있기 때문이다.

대부분의 대형 해외 건설공사의 계약조건상에 통지기한 및 Time-Bar 조건을 두는 주요한 목적은 지연사건 발생에 따른 공기연장에 대한 빠른 합의의 목적보다는 사업의 준공에 영향을 줄 수 있는 지연사건이 발생하였음을 발주자가 적시에 인지함으로써 공기지연 사건에 대한 발주자의 대처가 가능할 수 있도록 하는 것이다.

어느 시점이 적시 통지 시점의 기산일이 되는가와 관련하여, 실무에서 논의되고 있는 의견을 공유하고자 한다. 적시 통지 기한의 시작시점이 변경사항이나 지연사건이 발생하거나 최초로 인지한 시점인지, 또는 지연사건 발생으로 계약준공일이 발생될 것으로 최초로 인지한 시점인지, 또는 지연사건이 발생했지만 지연만회 방안을 강구해서 공사를 진행하다가 도저히 계약준공일을 맞출 수 없다고 인지한 시점인지에 대한 의견들이다.

여기서 한번 짚고 넘어가야 할 문제는 준공일에 영향을 주지 않는 사소한 지연사건이 발생하였는데, 그러한 모든 지연사건에 대해 발주자에게 공식적인 지연사건 발생통보는 할 필요가 없다는 점이다.

그렇지만 이에 못지않게 더 중요한 사항은 준공일에 영향을 줄 수 있는 중대한 지연사건이 발생했을 때, 향후 지연사건의 영향력을 구체적으로 분석하는 것이 실무적으로 부담이 되거나 향후에 지연사건의 만회를 할 수도 있다는 안일한 생각이다. 또한 앞서 기술한 바와 같이 지연사건의 발생통보가 발주자와의 우호적인 계약관계에 마이너스가 될 수 있다는 비전문가적인 판단으로 통지를 하지 않았을 때, 향후 공기연장 클레임이나 분쟁에서 절대적으로 어려운 상황에 처할 수 있다는 점이다. 현장은 최소한 달에 한 번 정도 전체 공사의 공기에 대한 업데이트를 시행하고 발주처에게 정기적 보고를 하고 있기 때문에, 필자의 경험상 늦다고 주장할 수 있는 지연사건의 통지에 대한 인지시점은 해당 지연사건 발생 이후 발주처에 정기 공정보고를 하는 시점으로 볼 수 있다.

다음은 해외 건설공사에서 많이 쓰이는 FIDIC 계약조건의 Time-Bar 관련 계약조건 참고 사례이다. 공기연장 지연사건이 발생하였을 경우 시공자는 발주자에게 28일 이내에 통지해야 하며, 이를 지키지 못했을 경우 시공자의 공기연장 권한이 제한된다는 내용이다.

표 2.1 해외 건설공사 공기연장 Time-Bar 조건 예시

Conditions of Contract for CONSTRUCTION [First Edition 1999, FIDIC]

20.1 Contractor's Claims

If the Contractor considers himself to be entitled to any extension of the Time for Completion and/or any additional payment, under any Clause of these Conditions or otherwise in connection with the Contract, the Contractor shall give notice to the Engineer, describing the event or circumstance giving rise to the claim. The notice shall be given as soon as practicable, and not later than 28 days after the Contractor became aware, or should have become aware, of the event or circumstance.

If the Contractor fails to give notice of a claim within such period of 28 days, the Time for Completion shall not be extended, the Contractor shall not be entitled to additional payment, and the Employer shall be discharged from all liability in connection with the claim.

최근 들어 일부 해외 건설공사 사례에서는 공기지연 사건의 통지기한을 3일 또는 7일로 비교적 짧게 계약조건을 제시하고 있으므로 Time-Bar 조건을 시공자가 준수하지 못할 경우 시공자의 공기연장 권한에 대한 리스크가 커진다는 지적이 있다.

국내 공공건설공사 계약서에는 특정 기한 내에 공기연장 권한이 있는 사건이 발생하지 않으면 공기연장 권한이 제한된다는 Time-Bar 조건이 포함되어 있지 않다. 그렇지만 다음과 같이 공기연장 사유가 발생하면 지체 없이 발주처 관련자에게 통보해야 하는 의무는 존재한다. 따라서 시공자는 가능한 한 빠른 시기에 공기연장에 대한 발주처 통지를 이행하여 공기지연으로 인한 지체상금 위험을 회피하고 추가지연을 방지할 수 있도록 추가협의를 진행해야 한다.

표 2.2 국내 공공건설공사 공기연장 통지조건 예시

공사계약일반조건 [시행 2020. 3., 기획재정부 계약예규]

제26조(계약기간의 연장) ① 계약상대자는 제25조제3항 각호의 어느 하나의 사유가 계약기간 내에 발생한 경우에는 계약기간 종료 전에 지체 없이 제17조제1항제2호의 수정공정표를 첨부하여 계약담당공무원과 공사감독관에게 서면으로 **계약기간의 연장신청을 하여야 한다.** 다만, 연장사유가 계약기간 내에 발생하여 계약기간 경과 후 종료된 경우에는 동 사유가 종료된 후 즉시 계약기간의 연장신청을 하여야 한다.
② 계약담당공무원은 제1항에 의한 계약기간연장 신청이 접수된 때에는 즉시 그 사실을 조사 확인하고 공사가 적절히 이행될 수 있도록 계약기간의 연장 등 필요한 조치를 하여야 한다.
③ 계약담당공무원은 제1항에 의한 **연장청구를 승인하였을 경우에는** 동 연장기간에 대하여는 제25조에 의한 **지체상금을 부과하여서는 아니 된다.**

공기연장 사건 발생에 대한 기한 내 통지를 명시한 Time-Bar 조항이 시공자에게 반드시 불리한 것만은 아니다. 이러한 적시 통지에 대한 시공자의 인식 및 실행을 통해 공기연장 클레임에 대한 자료들을 체계적으로 축적함으로써 향후 클레임 및 분쟁을 대비할 수 있다.

2.2 Critical Delay vs. Non-Critical Delay

건설공사 수행 중에 발생한 모든 지연사건이 계약 준공일 연장을 필요로 하는 것은 아니다. 공사 수행에 지장을 주는 지연사건 모두가 전체 공사 준공일에 영향을 주지는 않는다는 뜻이다. 예를 들면, 발주자 요청으로 일부 구역 전기배전판에 대한 디자인 변경이나 각종 안내표시판의 위치 조정 등은 일반적으로 전체 공사의 공기에 영향을 주지 않는다. 반면 본 건물이 위치하는 지역의 토공사 시행 중 예측치 못한 고고학적 유물 또는 지장물 발견, 지상층 골조공사 진행 중 발주자 요청으로 기준층의 층고 조정 등은 준공일 지연에 직접적인 영향을 준다.

지연사건의 전체 공기의 대한 영향력을 검토하는 데 그 지연사건이 전체 공사의 공기지연에 Critical한지 아닌지를 검토할 필요가 있다. 해외 건설 판례나 연구논문, 그리고 최근 국내의 건설 클레임 연구논문들에서도 지연사건의 Critical에 대한 개념이 공기지연 클레임에서 중요하게 다뤄지고 있다.

컨베이어 벨트상에 일련의 순서에 따르는 공장생산의 제작 공정과는 달리, 건설공사는 한 시점에 현장의 여러 공간에서 다수의 작업들이 동시에 수행되는 특성을 지니고 있다. 여러 작업들 중에 전체 공사의 공기를 결정짓는 가장 긴 경로를 건설공사에서는 CP(Critical Path)라고 정의한다. 이러한 Critical Path상에 발생하는 지연을 Critical Delay라고 하고, 발생한 지연사건이 Critical Path에 해당하지 않는 지연을 Non-Critical Delaly라고 한다.

다양한 작업들이 동시에 수행되는 건설공사에서 발생한 지연사건이 Critical Path에 해당하는지를 판단하는 방법은 쉬운 일이 아니다. 전체 공사의 여러 공정경로를 파악하고 그 공사에서 전체 공사의 공기에 영향을 주는 작업을 정의하는 것이 복잡한 작업이기 때문이다.

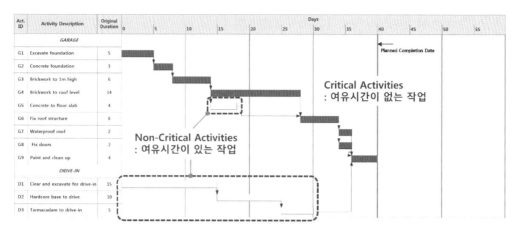

그림 2.1 Critical Activity와 Non-Critical Activity의 예시

해외 대형 건설공사에서는 일반적으로 계약조건 및 공정관리 시방서에 공정관리 전문 소프트웨어를 활용하여 Critical Path를 정의하고 관리할 수 있는 공정관리 업무를 명시하고 있다. 이에 반해 국내의 경우 계약조건에 이러한 Critical Path에 대한 정의도 없으며, 공정관리 전문 소프트웨어 운영도 명시화되지 않은 경우가 대부분이다.

해외 대형 현장 클레임 실무와 국내의 대다수 건설 클레임 사례나 분쟁 사례 실무 경험상, 국내 공사의 경우 공사의 Critical Path에 대한 공정정보와 지연사건 발생 시 영향력 분석에 대한 실무가 절대적으로 부족함을 절실히 느끼고 있다. 이로 인해 국내 건설공사 공기지연과 관련한 클레임이 적시에 해결되지 못해서 분쟁으로 확대되는 데 영향을 주고 있으며, 해외 건설공사에서도 공기지연으로 인한 지체상금 문제와 현지 업체들과의 공기지연 분쟁이 지속적으로 발생하는 원인으로 작용하고 있다.

건설공사 공기지연 클레임을 수행하는 데 지연사건이 전체 공사의 Critical Path에 해당하는지와 지연사건의 전체 공사 공기지연에 대한 영향력을 분석하는 작업은 아주 중요한 핵심적인 업무이다. 이 책의 제4장에서는 이러한 Critical Path 개념을 활용한 공기지연 사건의 영향력을 분석하는 방법들을 구체적으로 다루고 있다.

2.3 동시발생 공기지연(Concurrent Delay)

동시발생 공기지연은 공기지연 클레임을 추진하거나 평가하는 데 반드시 알아두어야 할 중요한 개념이다.

일반적으로 한 시점에 두 가지 이상의 지연사건이 동시에 발생했을 때 그 지연사건들을 동시발생 공기지연이라고 한다. 공기지연 클레임에서 주요하게 논의되는 동시발생 지연사건의 책임이 다른 두 지연사건이 한 시점에 동시에 발생하는 경우이다. 일부 서적이나 연구논문에서는 이러한 귀책사유가 다른 두 가지 이상의 지연사건이 발생하는 경우에 한해서 동시발생 공기지연(True Concurrent Delays)이라고 정의하기도 한다. 이러한 동시발생 공기지연의 예를 들자면 대표적인 발주처 귀책사유인 설계 변경 또는 설계승인 지연사건이 발생한 시점에 대표적인 시공자 귀책사유인 인력동원이나 시공 품질문제 등으로 인한 지연사건이 동시에 발생하는 공기지연이 공기지연 클레임에서 중요하게 검토되어야 하는 동시발생 공기지연에 해당한다.

시공자가 공기연장 권한이 있는 지연사건을 적시에 통지하고 지연사건의 전체 공기에 대한 영향력을 분석해서 제출했다고 하더라도 대부분의 발주처에서는 공기연장을 바로 승인해주지 않는 경우가 대부분이다. 시공자가 제기하는 공기지연 클레임에 대해 발주자 측에서 공기연장을 인정하지 않는 경우를 살펴보면 이러한 동시발생 공기지연과 관련이 있다고 할 수 있다. 시공자는 공기연장이 가능한 지연사건이 발생하여 공기연장 권한이 있다고 주장할 때, 발주처 측에서는 시공자가 주장하는 공기연장 클레임에서 시공자 귀책의 지연사건들에 대한 지연분석이 합리적으로 고려되지 않아서 공기연장 요청을 승인할 수 없다고 하는 경우가 많이 발생하고 있다.

동시발생 공기지연은 특히 클레임 평가가 엄격한 해외 대형 건설공사에서 주요하게 검토되는 개념이다. 그 원인은 클레임 평가 과정에서 앞서 언급된 지연사건의 Critical Path 해당 여부가 검토되어야 한다는 주장이 제기되고 있기 때문이다. 이러한 개념은 공기지연 분석 방법과 깊은 연관관계가 있다. 두 가지 지연사건이 동시에 발생했다고 하더라도, ① 어느 한 가지 지연은 준공지연에 Critical하고 다른 지연은 준공지

연에 Non-Critical하지 않은 경우도 있고, ② 두 가지 지연 모두 준공지연에 Critical할
수도 있으며, ③ 어느 한 가지 지연도 준공지연에 Critical하지 않는 경우가 있다.

국내 건설공사 클레임에서는 해외 건설 클레임 평가 과정에서 핵심적으로 논의되
고 있는 동시발생 공기지연에 대한 이해가 익숙하지 못한 게 현실이다. 일부 해외 건
설공사 클레임 경험이 많은 대형 건설업체의 일부 클레임 전문가나 국내에서 클레임
컨설팅 업무를 하고 있는 해외 컨설팅 업체의 일부 전문가들 정도만이 이러한 동시발
생 공기지연에 대한 분석 개념을 이해하고 클레임 추진 및 평가 시에 활용할 수 있다.

필자의 경험상 심각한 공기지연이 발생한 대부분의 건설공사에는 시공자와 발주자
의 지연이 동시에 발생하는 동시발생 공기지연 사건이 반드시 발생하기 마련이다. 지
연사건과 변경사건에 대한 후속조치 의사결정과정에서 계약당사자별로 일정 부분 지
연에 대한 책임이 발생하기 때문이다.

동시발생 공기지연이 발생했을 때 지연사건의 책임기준으로 구분하면 그림 2.2와
같이, ① 시공자와 발주자 책임의 지연사건이 동시에 발생한 경우, ② 시공자 지연이
발생하는 과정에서 발주자 지연이 일부 중첩하여 동시에 발생한 경우, ③ 발주자 지연

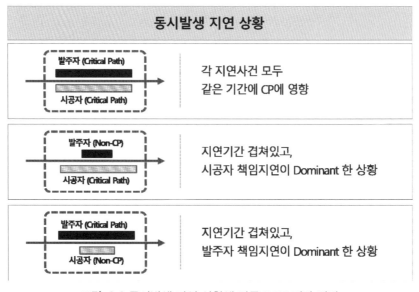

그림 2.2 동시발생 지연 상황에 따른 EOT 평가 결과

이 발생하는 과정에서 시공자 지연이 일부 중첩하여 동시에 발생하는 경우가 있다. 각 상황별로 클레임을 분석하는 실무자는 지연사건의 CP 해당 여부, 두 지연사건의 상호 관련성, 발주자 지연으로 인한 시공자의 공사 추진 영향(Prevention Theory), 여유시간을 고려한 의도적 공기지연(Pacing Delay) 등을 종합적으로 고려하여 준공지연에 대한 책임일수를 결정하여야 한다.

2.4 공기지연 클레임 추진 시 사전 체크포인트

공기지연 클레임의 수행 과정에서는 계약적인 권한 검토와 실적자료 조사 그리고 지연에 대한 실제 영향력 분석 및 서류 작성 등의 상세한 검토와 분석이 체계적으로 시행되어야 한다. 공기지연 사건의 책임일수 분석 방법과 비용 영향력 입증 방법이 클레임 추진과 평가에 핵심적인 업무이며 이 책의 제3장과 제4장에서 상세하게 그 내용을 다루고 있다.

공기지연에 따른 클레임은 크게 공기연장기간 클레임과 공기지연 따른 추가 비용 클레임 두 가지로 구분할 수 있으며, 공기지연에 따른 추가 비용 클레임은 일반적으로 시공자가 청구하는 추가 비용 클레임과 발주자가 시공자에게 청구하는 지체상금 클레임으로 다시 구분할 수 있다.

이 책의 주요 목적인 공기지연 클레임의 추진 방법과 평가 방법에 대한 상세한 설명을 하기에 앞서, 건설현장에서 무분별한 클레임 제기를 방지하고 성공적인 클레임 추진을 위하여 건설현장에서 발생하고 있는 대표적인 공기지연 클레임 종류별로 Bramble & Callahan(2000)의 자료에서 소개하고 있는 공기지연 클레임 추진 시 사전적으로 체크해야 할 포인트를 소개하고자 한다.

2.4.1 시공자 공기연장 클레임 추진 시 체크리스트

공기지연 클레임 중 건설현장에서 가장 많이 제기되는 클레임은 시공자의 공기연장 클레임이다. 발주자 귀책의 지연사건이나 계약상에 별도로 지정되어 있는 공기연장 가능한 사건이 발생하였을 때 시공자가 발주자에게 공기연장을 청구하는 클레임이다.

시공자가 공기연장을 추진하기 전에 다음과 같은 항목을 검토하여 클레임의 적정성 확보와 미비점 보완 등을 검토할 필요가 있다.

1. 지연사건은 공기연장이 가능한 지연사건인가?
    ① 계약조건을 확인할 것
    ② 계약에 규정된 적용법상에 공기연장 청구가 가능한지를 조사
2. 공기연장 신청을 했는가?
    ① 계약조건상에 Time Bar 조항 준수 여부
    ② 계약조건에 명시된 기한 내에 적정한 입증 자료를 제출했는지 여부
3. 지연사건이 예상 가능했는가?
4. 지연사건이 시공자의 실수나 무책임한 관리 때문에 발생했는가?
5. 지연사건이 전체 공기에 영향을 주었는가?
6. 공기연장 가능사건이 발생했을 때 시공자 책임의 지연사건이 동시에 발생했는가?
7. 동시발생 공기지연 중 공기연장 가능지연과 공기연장이 불가능한 지연으로 나눌 수 있는가?
8. 적정한 공기지연 분석 방법이 수행되었는가?
    ① 적정한 공정분석용 공정표
    ② 실적공정 정보
    ③ CP상에 있는 지연사건의 분석
    ④ 동시발생 공기지연의 분석

2.4.2 시공자 공기연장 추가 비용 클레임 추진 시 체크리스트

시공자 입장에서 공기지연에 따른 가장 큰 위험은 준공지연에 따른 지체상금 부담이다. 시공자는 우선적으로 공기연장 클레임을 추진해서 지체상금 위험을 회피하고, 지연으로 인한 추가 손실을 보전하기 위해 공기연장 추가 비용 클레임을 추진한다. 이러한 공기연장에 따른 추가 비용 클레임을 추진하는 데 다음과 같은 항목을 검토하여 클레임의 적정성 확보와 미비점 보완 등을 검토할 필요가 있다.

1. 앞서 2.4.1절의 공기연장 클레임 추진 시 체크리스트를 검토해볼 것
2. 계약조건상에 비용 보상 가능한 지연사건인가?
    ① 계약조건상에 비용 보상 가능한 조건에 해당하는지 검토
    ② 계약에 규정된 적용법상에 비용 보상이 가능한지를 조사
3. 동시발생 공기지연이 있었는가?
4. 동시발생 공기지연들 모두가 공기연장 가능하고 보상이 가능한 지연인지를 검토
5. 동시발생 공기지연 중 일부가 공기연장이 불가능하거나 비용 보상이 불가능한지를 구분할 수 있는지 검토
6. 시공자가 지연사건과 관련된 비용에 대해 적정한 자료를 확보하고 있는가?
7. 시공자가 공기연장에 따른 비용 보상을 청구할 수 있는 적정한 계약적 행위를 시행했는가?
8. 주장하는 비용 보상 클레임에서 동시발생 공기지연을 구분하여 입증하였는가?
9. 계약조건에 추가 비용 최소화 의무 및 청구 불가 등의 조항이 있는지를 검토
10. 적정한 공기지연 책임일수 분석 방법이 시행되었는가?
    ① 공기지연 영향력 분석을 위한 적정한 분석기준공정표를 선정했는지 여부
    ② 실적 공정의 일정 정보가 있는지의 여부
    ③ CP(Critical Path)에 대한 분석이 제대로 시행되었는지의 여부
    ④ 동시발생 공기지연에 대한 책임일수 분석이 제대로 시행되었는지 여부

2.4.3 발주자 지체상금 클레임 추진 시 체크리스트

건설현장에서 발생하는 대부분의 공기지연 클레임은 시공자의 공기연장 클레임이지만, 계약준공일을 초과한 공기지연 현장에서는 또 다른 중요한 공기지연 클레임 이슈가 발생한다. 발주자 입장에서도 공기연장에 대한 당사자 간에 공식적인 합의가 없었다면 준공지연에 따른 지체상금(Liquidated Damage)에 대한 검토를 해야 한다. 건설공사 수행 경험이 많은 해외 발주자나 국내 공공기관은 특히 준공지연에 따른 지체상금에 대한 계약적 권리를 대부분 행사한다.

필자의 경험상 국내외 대부분의 발주처는 준공지연이 발생했을 경우 시공자에게 지체상금을 부과하겠다고 공식적으로 의견을 표명하고, 그 이후에 기성금 공제, 유보금 증액 등의 지체상금에 대한 대체적 권한을 지속적으로 유지하는 경우가 많다. 특히 해외 대형 공사에서는 준공지연에 대한 시공자의 귀책사유가 명확하고 발주자에게 자금조달 이자 및 운영 관련 손실이 명백하게 발생하는 사례에서는 발주자가 시공자에게 지체상금에 대한 클레임을 공식적으로 청구하고 경우에 따라 소송이나 중재를 바로 제기하는 사례도 있다.

발주자가 지체상금 권한 행사에 대한 클레임 업무를 추진하기 전에 다음과 같은 항목을 검토하여 클레임을 원활하게 처리하여야 한다.

1. 계약조건에 지체상금에 대한 조건이 명시되어 있는가?
2. 계약준공일을 초과할 때까지 준공이 달성되지 못했는가?
3. 시공자에게 공기연장을 청구할 권한이 있는가?
   ① 계약조건에 지체상금에 대한 규정이 있는지 확인할 것
   ② 계약조건에 지체상금에 대한 규정이 있더라도, 계약상에 명시된 해당 국가의 적용법상에 지체상금을 청구할 수 있는지를 조사(법률전문가의 검토 필요)
   ③ 시공자가 기 청구한 공기연장 요청이 존재하는가?
      • 공기연장 청구가 계약상 지정된 통지기한 요건을 충족하는가?

- 공기연장 청구가 계약상에 명시된 각종 요구조건을 충족하는가?

4. 공기지연 관련 발주자 귀책의 동시발생 지연사건이나 Critical 지연이 있었는가?

5. 발주자 책임으로 인한 공기연장 가능기간이 존재한다고 볼 수 있는가?

6. 발주자가 주장하는 지체상금이 발주자에게 발생할 수 있다고 설명할 수 있는 합리적인 손실금액인가? (공기지연 관련 판례를 참고할 때, 계약상에 명시된 산정 기준에 따른 지체보상금 산정금액이 준공지연으로 인해 발주자에게 발생한 손실에 비해 지나치게 과다할 경우 관련 클레임 청구금액은 판정부에 의해 조정될 수 있다.)

CHAPTER 03
공기지연 클레임 추진 절차

공기지연 클레임 추진 절차

건설공사에서는 공기지연 사건이 발생하면 시공자는 지연사건에 대한 영향력을 평가할 수 있는 주체가 되고 발주자에게 지연사건이 발생했음을 통보하여 발주자가 제때에 지연사건에 대한 적정한 대응을 할 수 있게 조치할 의무가 있다. 이러한 이유로 일반적으로 계약조건에 통지와 관련된 조항을 명시한다. 지연사건 발생에 대한 통보를 시작으로 공기지연 클레임 서류를 준비하여 제출함으로써 후속적으로 제출된 클레임에 대한 발주자의 검토 및 공기지연 사건에 대한 협의절차를 갖는다.

본 장에서는 현장의 공기지연 클레임 추진을 위해 공기지연 클레임 서류를 작성하기 위한 일반적인 프로세스를 소개하고, 각 단계별 수행해야 할 업무 및 추진 절차에 대해 설명하고자 한다.

3.1 프로세스 개념도

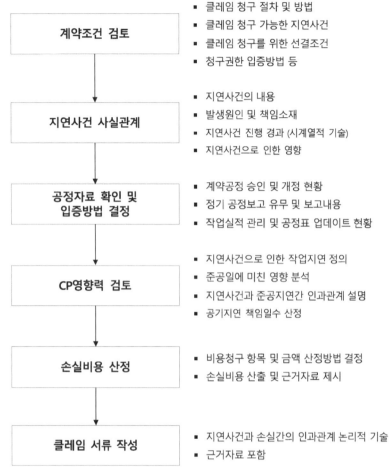

| 계약조건 검토 | ▪ 클레임 청구 절차 및 방법
▪ 클레임 청구 가능한 지연사건
▪ 클레임 청구를 위한 선결조건
▪ 청구권한 입증방법 등 |

| 지연사건 사실관계 | ▪ 지연사건의 내용
▪ 발생원인 및 책임소재
▪ 지연사건 진행 경과 (시계열적 기술)
▪ 지연사건으로 인한 영향 |

| 공정자료 확인 및 입증방법 결정 | ▪ 계약공정 승인 및 개정 현황
▪ 정기 공정보고 유무 및 보고내용
▪ 작업실적 관리 및 공정표 업데이트 현황 |

| CP영향력 검토 | ▪ 지연사건으로 인한 작업지연 정의
▪ 준공일에 미친 영향 분석
▪ 지연사건과 준공지연간 인과관계 설명
▪ 공기지연 책임일수 산정 |

| 손실비용 산정 | ▪ 비용청구 항목 및 금액 산정방법 결정
▪ 손실비용 산출 및 근거자료 제시 |

| 클레임 서류 작성 | ▪ 지연사건과 손실간의 인과관계 논리적 기술
▪ 근거자료 포함 |

그림 3.1 공기지연 클레임 추진 프로세스

3.2 기초자료 검토

3.2.1 계약조건 검토

건설공사 클레임은 상호 합의한 계약조건에 근거하여 진행하는 것이 중요하다. 통상적으로 건설공사 과정에서 자신의 책임이 아닌 사유로 손실이 발생한 경우 보상을 청구하는 방법, 선결 조건 등이 계약조항으로 명문화한 경우가 많다.

만약 클레임 제기 시 계약조건에 정해진 절차를 준수하지 않고 클레임 청구를 위한 선결 조건을 충족시키지 않았을 경우 보상 권한을 인정하거나 평가할 수 없다. 따라서 클레임을 준비하거나 평가할 때 관련 계약조항을 반드시 검토하여 진행하는 것이 중요하다.

공기연장 클레임과 관련하여 검토해야 하는 주요 계약조건은 다음과 같다.

(1) 공사기간 산정 기준

공사기간은 계약에 의해 확정되고, 공기연장은 계약에 따라 상호 합의된 공사기간을 변경하는 것으로 계약 변경이 된다. 따라서 공기연장 클레임을 추진하는 데 계약공사 기간이 얼마로 설정되어 있는지 그리고 공기를 산정하는 착수 기준일(Commencement Date)이 무엇인지를 확인하는 것은 중요하다. 공기를 산정하는 착수 기준일이 NTP (Notice to Proceed) 발급일인지 아니면 별도의 착수 기준일을 계약에 명기하고 있는지 혹은 착공을 위한 선결조건이 충족된 날을 기산일로 갈음하는지에 대한 기준을 계약조건에서 확인하고, 공사기간 및 계약 준공일을 확인하여야 한다.

사례 ▶ 공기산정 기산일에 대한 규정이 명시된 계약조건 예시

Clause 00 Time for Completion

The Contractor shall complete the Works and any phase or part of Works within the Time or Times for Completion stated in :

(a) The Letter of Acceptance; or

(b) The Appendix, as the case may be

---

(2) 공정표 작성 및 제출, 승인, 변경에 관한 사항

통상적으로 공기연장 클레임에서 상호 합의된 계약공정표(CBP, Contract Baseline

Programme)는 공기지연 분석의 기준이 되는 공정표로 활용된다. 실제 공기연장 클레임 진행 과정에서 부적정한 분석기준공정표의 활용으로 인하여 입증 결과가 거부되는 사례도 발생하므로 계약에 명기된 공정표 관련 사항을 검토할 필요가 있다. 따라서 공사 초기 상세공정표의 작성 방법 및 제출 시기, 제출 후 발주자 또는 감리자의 검토/승인 절차에 관한 사항을 검토하여야 한다. 그리고 공사 초기에 절차에 따라 계약공정표의 제출 및 승인 업무를 진행하여 상호 합의된 계약공정표와 관리기준을 확정해야 한다.

공사가 진행되면서 지연 또는 변경사항(Change)이 발생하여 일정 계획이 바뀌었을 경우 당초 승인된 계약공정표를 개정(Revision)하게 된다. 초기 계약공정표의 설정 못지않게 공정표 개정에 대한 업무 또한 중요하므로 그 절차와 세부사항을 계약으로 정하는 경우가 있다. 특히 공정표의 개정은 공기연장 업무와 연계되는 경우가 종종 있으므로 공기연장 승인 또는 지연의 만회, 돌관공사 추진 업무와 연계하여 접근할 필요가 있다.

사례 ▶ 공정표 제출 및 승인 관련 계약조건 예시(FIDIC Red Book 2nd Edition)

Clause 8.3. Programme

The Contractor shall submit an initial programme for the execution of the Works to the Engineer within 28 days after receiving the Notice under Sub-Clause 8.1 [Commencement of Works]. This programme shall be prepared using programming software stated in the Specification (if not stated, the programming software acceptable to the Engineer). The Contractor shall also submit a revised programme which accurately reflects the actual progress of the Works, whenever any programme ceases to reflect actual progress or is otherwise inconsistent with the Contractor's obligations.

The initial programme and each revised programme shall be submitted to the Engineer in one paper copy, one electronic copy and additional paper copies (if any) as stated in the Contract Data, and shall include :

(a) the Commencement Date and the Time for Completion, of the Works and of each Section (if any)

(b) the date right of access to and possession of (each part of the Site is to be given to the Contractor in accordance with the time (or times)

(중략)

The Engineer shall Review the initial programme and each revised programme submitted by the Contractor and may give a Notice to the Contractor stating the extent to which it does not comply with the Contract α ceases to reflect actual progress or is otherwise inconsistent with the Contractor's obligations. If the Engineer gives no such Notice :

- within 21 days after receiving the initial programme; or
- within 14 days after receiving a revised programme

The Engineer shall be deemed to have given a Notice of No-objection and the initial programme or revised programme (as the case may be) shall be the Programme.

공정계획을 수립할 때 계약조건에 명기된 중간 마일스톤 등 Key Date를 확인하여야 하며, 해당 Key Date의 일정을 달성하지 못하였을 경우 지체상금(Liquidated Damage) 또는 위약금(Penalty)이 얼마나 부과되는지에 대한 규정을 검토하여야 한다. 이러한 Key Date는 계약조건 외 별도의 공정관리 시방에 첨부되는 경우도 있으므로 관련 시방서 또한 검토하여야 한다.

사례 ▶ Key Date에 대한 규정이 명기된 계약조건 예시

Clause 00 Key Date

The Contractor shall ensure that the key dates in Schedule are adhered to strictly so as not to impede the works of the Interfacing Contractors and all other parties affected by the Works.

The key dates in Schedule shall be incorporated in the preparation of the Baseline Programme and Co-Ordinated Installation Programme.

Clause 00 Milestones

The Contractor shall provide milestone dates including the procurement, delivery, installation and inspections of all necessary items for the timely completion of the Works and to be accepted by the Engineer.

〈Schedule-Milestones〉

Description	Date
Design Submission 1) Interim Updated Final Design Submission 　(Cut-off date for exchange of information on 30 August 2020)	30 Sep 2020
2) Updated Final Design Submission 　(Cut-off date for exchange of information on 30 November 2020)	01 Dec 2020
Sectional Completion 1) Basic Structure Completion-(Section 1)	30 Oct 2022
2) Basic Structure Completion-(Section 2)	30 Dec 2022
3) Exterior/Interior Finishes	30 Oct 2023
Power On/Water On	30 Dec 2023
Commencement of Test Running	30 Mar 2024
Completion of the whole of the Works	30 Jun 2024

(3) 공정보고 및 만회의무

공정보고는 공정표 실적 업데이트, 공기지연 현황, 원인, 지연사건 진행 경과 등 공기지연 관리의 중요 정보를 발주처에 공식적으로 보고하는 자료이며, 공기지연 리스크에 대하여 적정한 대응을 할 수 있는 기회로 활용될 수 있다.

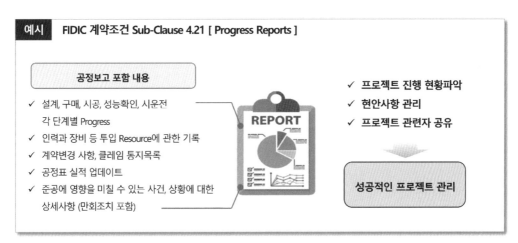

그림 3.2 공정보고 주요 포함 내용 및 중요성

계약자는 계약서에 명기된 사항을 포함하여 프로젝트 진행 현황, 현안사항, 공기지연을 포함한 각종 리스크, 의사결정 필요사항 등을 빠짐없이 기록하고 발주처에 공식적으로 보고하여 발주처가 적절한 프로젝트 관리행위를 할 수 있는 기회를 제공해야 한다.

사례 공정보고 관련 계약조항 예시(FIDIC Red Book 2nd Edition)

Clause 4.20 Progress Report

Monthly progress reports, in the format stated in the Specification (if not stated, in a format acceptable to the Engineer) shall be prepared by the Contractor and submitted to the Engineer. Each progress report shall be submitted in one paper-original, one electronic copy and additional paper copies (if any) as stated in the Contract Data. The first report shall cover the period up to the end of the first month following the Commencement Date.

Reports shall be submitted monthly thereafter, each within 7 days after the last day of the month to which it relates. Reporting shall continue until the Date of Completion of the Works or, if outstanding work is listed in the Taking-Over Certificate, the date on which such outstanding work is completed. Unless otherwise otherwise stated in the Specification, each progress report shall include :

FIDIC 계약조건에 따르면 공정보고에 포함하여야 할 내용으로, a) 프로젝트 단계별 공사 진행 사항을 파악할 수 있는 도표 및 상세 설명, b) 공사 진행 관련 사진 및 영상 기록, c) 주요 기자재 item의 생산자, 위치, 작업진도율, d) 작업자, 장비의 실제 작업시간, 가설작업 및 시공작업의 종류, 자재 종류 및 물량 등의 정보, e) 품질관리 문서, 검사 보고서 및 결과, 부적합 보고서 등, f) 변경 및 클레임 관련 사항, g) 보건, 안전, 환경 관련 사항, h) 계획 대비 실적 진도율을 비교한 준공일 지연 및 그에 영향을 주는 사건을 포함하도록 규정하고 있다.

그리고 다음에 사례에서 볼 수 있듯이 싱가포르의 LTA(Land Transport Authority)에서는 별도의 공정관리 시방(General Specification-Programme Requirement)에서 공정보고에 관련된 세부사항을 규정하고 있을 뿐만 아니라 보고서 구성 Format 또한 제시하고 있다.

사례 ▶ 싱가포르 LTA 공정관리 시방에 규정된 공정보고 내용

Contents	Description
1. Overview	• Highlight items of significant achievement and areas of concern in a brief summary for a review of general progress. • Contract Information Sheet.
2. Safety	• Report on the accidents on site • Discuss general safety matter including any necessary precautionary measures.
3. Contractor's Organization & Resources	• Report on staff changes. • Labour, plant and equipment resources on site.
4. Interfaces/Key Date	• Completion, handover, interfacing key dates achieved during the reporting period and due in the next six months. • Review and forecast the dates by which the key dates will be achieved.

Contents	Description
5. Programme	• Status a programme preparation, submissions and updates.
6. Progress	• Description of works in progress and status against accepted Baseline Programme. • Explanations for any progress slippage. • Details of technical difficulties incurred or expected. • Identify areas of delay and details of reasons for delay and of proposals for action to overcome such delays to sustain the progress.
7. Design	• Design development, preparation and submissions. • Design interface and co-ordination with interfacing contractors. • Engineering queries requiring Engineer's urgent attention.
8. Procurement/ Manufacture/ Delivery	• Procurement, manufacturing, inspection, shipping and deliver status of major plants, equipment and pre-fabricated permanent works.
9. Coordination	• Major issues concerning co-ordination with parties in charge of matters affected by the Works or upon which the Works depend. • Discuss actions taken, or action required to resolve matters concerning • Interface with other parties. Interfacing status against accepted Co-ordinated Installation Programme
10. Quality Matters	• Highlight achievement and shortfall as compared to the Contractor's Quality Plan
11. Environmental Matters	• Environmental issues; water quality control, noise control, air quality • control and complaints etc.
12. Contractual and Financial	• Progress payments. • Contractor's cash flow projection. • Engineer's instructions, variations, quotations. • Claims matters. • Insurance matters.
13. Areas of Concern/14. Spares/15. Manuals/16. Training/17. As-Built Drawing/18. Any Other Business/19. Attachments	

최근 여러 계약에서 공기연장 청구를 위한 선행조건으로 공기지연 사건 발생에 따른 공정만회(Mitigation)에 대한 계약자의 노력의 입증을 요구하고 있는 추세이다. 공정만회에 대한 의무사항이 계약조건에 명시적으로 표현되어 있지 않았다 하더라도, 공기준수는 계약자의 내재된 의무(Implied Obligation)에 해당한다. 따라서 성공적인 공기지연 관리를 위해서 계약자는 공정지연에 따른 만회계획 수립/운영 및 발주자와 협의하는 과정이 필요하다.

사례 ▶ 지연만회에 관한 계약조건 예시(FIDIC Red Book 2nd Edition)

Clause 18.3 Duty to Minimize Delay

Each Party shall at all times use all reasonable endeavours to minimise any delay in the performance of the Contract as a result of an Exceptional Event.

If the Exceptional Event has a continuing effect, the affected Party shall give further Notices describing the effect every 28 days after giving the first Notice under Sub-Clause 18.2 [Notice of an Exceptional Event].

The affected Party shall immediately give a Notice to the other Party when the affected Party ceases to be affected by the Exceptional Event. If the affected Party fails to do so, the other Party may give a Notice to the affected Party stating that the other Party considers that the affected Party's performance is no longer prevented by the Exceptional Event, with reasons.

사례 ▶ 동남아지역 발전 프로젝트 계약조건 예시

Clause 00 Mitigation Delay

The Contractor shall at all times use <u>all reasonable endeavours</u> consistent with prudent industry practices to avoid or overcome or, if this is not possible, <u>minimize any delay in the performance of its obligations</u> under the Construction Contract as consequence of any Ground for Extension

공기지연 만회는 지연의 원인 및 손실보상 여부에 따라 구분될 수 있다. 첫 번째는 Expedition(Recovery, 공정단축)으로 이는 시공자 책임으로 인하여 발생한 지연을 만회하는 것을 의미한다. 따라서 지연 만회에 소요되는 모든 비용을 시공자가 부담해야 하며 해당 지연을 만회하지 못하였을 경우 지체상금 부과의 대상이 된다.

두 번째는 Mitigation(공정만회)이다. 이는 지연이 발주자 또는 제3자, 즉 공기연장이 가능한 사유가 원인이며, 시공자는 신의성실 원칙에 의해 지연을 만회하는 것을 의미한다. 이때 시공자는 Mitigation을 위해 비용을 투입할 의무가 없으며, 비용을 투입하더라도 시공자 스스로 용납할 수 있는 최소한의 범위로 한정된다.

세 번째는 Acceleration(돌관공사)으로 계약자는 추가 비용을 투입하는 것을 전제로 적극적 지연만회를 수행하는 것을 의미한다. 물론 계약자가 공기연장 권한이 있을 경우에 해당된다. 추가적인 비용이 소요되는 만회행위이므로 계약자는 Acceleration 시행 전에 반드시 발주자와 추가 비용에 관한 동의가 필요하다.

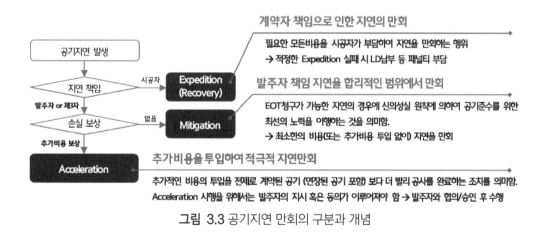

그림 3.3 공기지연 만회의 구분과 개념

(4) 클레임 청구 절차 및 방법에 관한 조건

자신의 책임이 아닌 사건으로 시간적 비용적 손실이 발생을 인지하였을 때 클레임 의사를 상대방에게 통지하고, 상대방은 클레임 청구 내용과 기록자료를 검토하여 적기에 평가하고 상호 협의하는 절차가 진행된다. 그리고 계약조건으로 클레임 진행 절차의 기한이 정의된 경우도 있다.

국제 건설공사 표준계약조건으로 널리 활용되는 FIDIC에서는 제20조 Employer's and Contractor's Claims에서 클레임 절차와 진행 방법, 처리기한 등이 명기되어 있다.

우선 20.2.1 Notice of Claim 조항에서는 클레임 통지 기한, 통지 기한을 준수하지 못하였을 경우 클레임 청구권한이 없음을 명시하고 있다. 20.2.2항은 Engineer's Initial response로 당사자가 기한(28일) 내 클레임 통지를 못 하였다고 판단하는 경우, Engineer는 14일 이내에 클레임을 제기한 당사자에게 해당 사실을 통지하여야 하고 이를 준수하지 못하였을 경우 클레임 통지는 유효한 것으로 간주한다고 규정하고 있다. 20.2.3 Contemporary Records에서는 클레임 제기 시 기록자료의 유지·관리에 관한 사항을 다루고 있으며, 20.2.4 Fully Detailed Claim에서는 상세 입증 자료의 구성 내용과 제출 시기 등을 규정하고 있다. 20.2.5 Agreement or Determination of the Claim에서는 상세 입증 자료에 대한 평가와 결정에 관한 사항, 20.2.6에서는 지연이 지속될 경우 클레임을 제기하고 처리하는 방법을 규정하고 있다.

제21조 Disputes and Arbitration에서는 당사자 간 Claim 합의에 실패하였을 때, 분쟁 조정 절차와 방법에 대한 사항을 규정하고 있다.

클레임을 청구할 때 상기와 같은 계약조건이 어떻게 규정되어 있는지를 검토하고 이에 근거하여 클레임 청구, 평가, 후속 업무를 진행하는 것이 중요하다.

(5) 클레임 청구 가능한 지연사건

클레임을 통하여 공기연장 또는 비용 보상이 가능한 지연사건을 계약조건으로 명기하기도 하고 지연사건별 보상 가능한 범위도 포함하는 경우가 있다. 지연사건에 따른 보상 가능한 범위는 공기연장만 가능한 사건인지 아니면 공기연장과 손실비용 모두 청구 가능한 사건인지, 그리고 손실비용에 이윤까지 보상 범위로 포함하는지에 대한 내용을 의미한다.

이러한 사항은 어떤 사건이 발생하였을 때, 클레임 청구권한과 연계되는 이슈이므로 발주자 책임위험(Employer Risk)에 대한 정의와 보상 범위에 대한 규정을 계약조건에서 확인하여야 한다.

FIDIC의 경우에는 8.5 Extension of Time for Completion에서 공기연장이 가능한 사건을 설계 변경, 이상기후, 전염병이나 정부 조치에 따른 인력 또는 상품(자재 포함)의 부족, 발주처의 타 계약자에 의한 방해 또는 지연을 언급하고 있다.

사례 ▶ 공기연장 가능한 지연사건이 명기된 계약조건 예시(FIDIC Red Book 2nd Edition)

Clause 8.5 Extension of Time for Completion

(a) a Variation (except that there shall be no requirement to comply with Sub-Clause 20.2 [Claims For Payment and/or EOT]);

(b) a cause of delay giving an entitlement to EOT under a Sub-Clause of these Conditions

(c) exceptionally adverse climatic conditions, which for the purpose of these Conditions shall mean adverse climatic conditions at the Site which are Unforeseeable having regard to climatic data made available by the Employer under Sub-Clause 2.5 [Site Data and Items of Reference] and/or climatic data published in the Country for the geographical location of the Site;

(d) Unforeseeable shortages in the availability of personnel or Goods (or Employer-Supplied Materials, if any) caused by epidemic or governmental actions; or

(e) any delay, impediment or prevention caused by or attributable to the Employer, the Employer's Personnel, or the Employer's other contractors on the Site.

---

(6) 동시발생 지연사건의 정의 및 공기연장 처리에 관한 조건

최근 해외 건설공사에서 동시발생 지연 상황에 대한 정의와 보상 규정과 관련된 사항을 계약조건에 포함하는 경우가 종종 있다. 공기지연 클레임에서 동시발생 지연 상황을 명확히 평가하여 공기연장 기간을 결정하는 것은 어려운 일이며 평가의 기준에 대해서도 여러 논란이 있다.

동시발생 지연의 평가는 서로 중첩하여 발생한 지연의 주도적 영향력(Criticality)을 따져 평가하거나, 상호 간의 책임 여부를 분배(Apportionment)하여 평가하는 등 해석 방법 또한 다양하다.

따라서 어떠한 상황을 동시발생 지연이라 정의하는지, 동시발생 지연이 발생하였을 때 공기연장평가 및 보상의 기준이 어떻게 규정하고 있는지를 검토하여 클레임 청구 절차를 진행하여야 한다.

사례 ▶ 동시발생 공기지연 관련 계약조건 예시(FIDIC Red Book 2nd Edition)

Clause 8.5 Extension of Time for Completion

"If a delay caused by a matter which is the Employer's responsibility is concurrent with a delay caused by a matter which is the Contractor's responsibility, the Contractor's entitlement to EOT shall be assessed in accordance with the rules and procedures stated in the Special Provisions (if not stated, as appropriate taking due regard of all relevant circumstances)."

앞의 사례에서와 같이 FIDIC의 경우에는 8.5 Extension of Time for Completion에서 Concurrent Delay에 대한 사항을 규정하고 있다. 동시발생 지연 상황에서 계약자가 공기연장 권한을 가지는지에 대한 평가는 특별 규정에 따라 진행해야 하며, 그러한 규정이 언급되어 있지 않다면 관련 상황에 따라 적정하게 평가하는 것으로 규정하고 있다.

동시발생 공기지연 관련 계약조건 예시

Clause 00 Contractor's Claim

"If more than one event causes concurrent delays and the cause of at least one of those events, but not all of them, is a cause of delay which would not entitle the Contractor to an extension of time under Clause xx [Extension of Time for Completion], then to the extent of the concurrency, the Contractor will not be entitled to an extension of time.

앞의 계약조항 사례와 같이 일부 해외 건설공사 계약조건은 동시발생 지연 상황을 포괄적으로 규정하고, 동시발생 지연 시 공기연장 및 비용 보상을 제한하는 계약조항이 포함되는 경우도 있으므로 해당 조항을 반드시 검토하여야 한다.

(7) 클레임 청구를 위한 선결 조건

계약자는 지연사건이 발생하였음을 인지하였을 때 정해진 기한 내에 발주자에게 통지해야 하며, 클레임 상세 입증 자료를 발주자에게 제출하여야 한다. 이러한 통지의무, 상세 입증 자료의 제출 기한과 포함 내용을 계약조건으로 규정하는 경우가 있다. 그리고 통지기한과 상세 입증 자료 제출 기한을 준수하지 못하였을 때 클레임 권한이 상실된다는 조항(Time-Bar)이 포함되기도 한다.

제출된 클레임에 대한 평가와 검토 기한 또한 계약조건으로 정해진 경우가 있고, 만약 평가기한을 초과하였을 경우 제기된 클레임을 어떻게 처리한다는 내용이 규정되기도 한다.

FIDIC의 경우 20.2.1 Notice of Claim에서 지연사건을 인지했거나 인지했었어야 하는 시점부터 28일 이내에 해당 사실을 통보하여야 하며, 이를 실기(失期)하였을 경우 클레임 권한이 상실된다는 내용이 규정되어 있다.

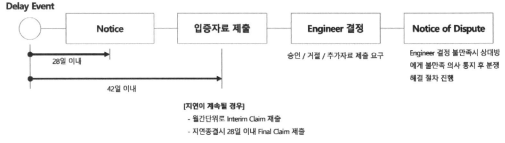

그림 3.4 FIDIC 계약의 클레임 청구 절차

Clause 20.2.1 Notice of Claim

"The claiming Party shall give a Notice to the Engineer, describing the event or circumstance giving rise to the cost, loss, delay or extension of DNP for which the Claim is made as soon as practicable, and no later than 28 days after the claiming Party became aware, or should have become aware, of the event or circumstance (the "Notice of Claim" in these Conditions).

If the claiming Party fails to give a Notice of Claim within this period of 28days, the claiming Party shall not be entitled to any additional payment, …"

20.2.4 Fully detailed Claim에서는 상세 클레임의 포함 내용과 제출 기한(지연사건 인지 후 42일 이내)을 규정하고 있다. 그리고 통기기한 초과와 마찬가지로 42일 이내 상세 클레임을 제출하지 못하였을 경우 클레임 권리를 상실한다는 Time-Bar 조항도 규정하고 있다. 상세 클레임 제출 시 포함해야 하는 사항은 다음과 같다.

상세 입증 자료 관련 규정 예시(FIDIC Red Book 2nd Edition)

Clause 20.2.4 Fully Detailed Claim

(a) a detailed description of the event or circumstance giving rise to the Claim;
(클레임 제기와 관련된 사건과 상황에 대한 내용)

(b) a statement of the contractual and/or other legal basis of the Claim
(클레임에 관한 계약적 또는 법적 근거에 대한 기술)

(c) all contemporary records on which the claiming Party relies; and
(클레임을 제기하는 당사자가 인용하는 모든 당시 기록자료)

(d) detailed supporting particulars of the amount of additional payment claimed (or amount of reduction of the Contract Price in the case of the Employer as the claiming Party), and/or EOT claimed (in the case of the Contractor) or extension of the DNP claimed (in the case of the Employer).
(추가 청구금액 또는 공기연장 기간을 뒷받침하는 세부내역)

클레임을 제기하는 당사자가 기한 내에 상세 클레임을 제출하지 않았을 경우 Engineer는 기간 만료 후 14일 이내 클레임을 제기한 당사자에게 해당 사실을 통지하여야 하며, 14일 이내에 통지하지 않을 경우 클레임 통지는 유효한 것으로 간주된다.

그리고 20.2.6 Claims of Continuing Effect 조항에서는 지연사건의 영향이 지속하여 이어질 경우 클레임 진행 절차에 대한 내용을 정하고 있다. 지연이 진행되고 있는 상황이므로 20.2.4 조항에서 규정하고 있는 상세 클레임은 중간 보고서로 형태로 제출하며, 월간 단위로 상세 클레임을 업데이트하여 추가 제출하여야 한다. 이후 지연 영향이 종결되면 종결시점으로부터 28일 이내에 최종적인 상세 클레임을 제출하여야 한다.

Clause 20.2.6 Claims of Continuing Effect

(a) the fully detailed Claim submitted under Sub-Clause 20.2.4 [Fully detailed C/aim] shall be considered as interim;

(b) in respect of this first interim fully detailed Claim, the Engineer shall give his/her response on the contractual or other legal basis of the Claim, by giving a Notice to the claiming Party, within the time limit for agreement under Sub-Clause 3.7.3 [Time /limits];

(c) after submitting the first interim fully detailed Claim the claiming Party shall submit further interim fully detailed Claims at monthly intervals, giving the accumulated amount of additional payment claimed (or the reduction of the Contract Price, in the case of the Employer as the claiming Party), and/or extension of time claimed (in the case of the Contractor as the claiming Party) or extension of the DNP (in the case of the Employer as the claiming Party); and

(d) the claiming Party shall submit a final fully detailed Claim within 28 days after the end of the effects resulting from the event or circumstance, or within such other period as may be proposed by the claiming Party and agreed by the Engineer. This final fully detailed Claim shall give the total amount of additional payment claimed (or the reduction of the Contract Price, in the case of the Employer as the claiming Party), and/or extension of time claimed (in the case of the Contractor as the claiming Party) or extension of the DNP (in the case of the Employer as the claiming Party).

계약조건에 클레임 선결 조건이 명기되어 있고 이를 충족시키지 못할 경우 클레임 청구권한이 상실되는 상황이 발생할 수 있으므로 해당 계약조건은 반드시 검토하여 절차를 준수하는 것이 중요하다.

(8) 손실 입증 방법

일부 계약조건에서는 지연사건으로 인한 손실을 입증하는 방법을 정하기도 한다.

예를 들면, 미국 공병단 FED 계약조건에 첨부된 공정시방에서는 지연 손실 입증 방법으로 Time Impact Analysis[1]를 적용하는 것을 명시하고 있다.

미국 공병단 공정시방에서는 분석 방법의 명시뿐만 아니라, Time Impact Analysis를 시행하는 방법 및 절차에 대한 가이드라인(별첨 2 참조)을 AACE의 가이드라인 52R-06 (별첨 4 참조)을 준수하여 이행할 것을 구체적으로 규정하고 있다.

사례 ▶ 손실 입증 방법에 대한 계약조건 예시(FED, Schedule Specification)

Clause 3.8.1 Justification of Delay

Provide a description of the event(s) that caused the delay and/or impact to the work. As part of the description, identify all schedule activities impacted. Show that the event that caused the delay/impact was the responsibility of the Government. Provide a <u>time impact analysis</u> that demonstrates the effects of the delay or impact on the project completion date or interim completion date(s). Multiple impacts must be evaluated chronologically; each with its own justification of delay. With multiple impacts consider any concurrency of delay. A time extension and the schedule fragnet becomes part of the project schedule and all future schedule updates upon approval by the Contracting Officer.

Clause 3.8.2 Time Impact Analysis (Prospective Analysis)

Prepare a time impact analysis for approval by the Contracting Officer based on industry standard AACE 52R-06. Utilize a copy of the last approved schedule prior to the first day of the impact or delay for the time impact analysis. If Contracting Officer determines the time frame between the last approved schedule and the first day of impact is too great, prepare an interim updated schedule to perform the time impact analysis. Unless approved by the Contracting Officer, no other changes will be incorporated into the schedule being used to justify the time impact.

---

1 지연이 발생한 시점에서 Criticality를 파악하여 준공일에 미치는 영향을 분석하는 방법.

이와 같이 계약조건으로 특정 입증 방법을 규정하는 사례는 흔하지 않은 것이 사실이다. 특정한 입증 방법을 규정하지 않았지만, 지연이 발생한 시점에서 CP 영향력이 있음을 입증하여 한다거나, 이미 발생한 지연에 대하여 분석하는 Retrospective Approach[2]를 적용하여야 한다고 규정하는 계약조건은 해외 대형 건설공사에서 나타나고 있다. 이렇게 특수조건이나 공정시방서에 계약조건이 명시되어 있는 경우가 있으므로 공기지연에 대한 영향력을 입증하는 서류를 작성할 때 관련 계약조건을 면밀히 검토해야 한다.

사례 ▶ 손실 입증 방법에 대한 계약조건 예시

Clause 00

Contractor is required to adopt a method that shows the alleged impact on the critical path in accordance with Clause xx and contemporaneously. It shall be based on identification of the effect and analyzing the cause retrospectively. Reference is made to the SCL protocol Rider 1 item 4.5.

앞의 사례와 같이 입증 방법이 계약조건으로 규정되어 있거나, 상호 합의된 입증 방법이 있다면 이를 우선적으로 적용하여 클레임 진행해야 하므로 해당 내용을 확인하는 과정이 중요하다.

만약 계약조건에 규정된 입증 방법을 적용하지 않는 등 입증 관련 규정을 준수하지 않았을 때 클레임을 거부할 근거가 될 수 있기 때문이다.

3.2.2 지연사건 관련 기록자료 검토

공기연장 클레임을 추진하는 과정에서 지연사건과 공기지연 간의 인과관계 입증이

---

2   실제 발생한 지연에 기반하여 공정지연을 입증하는 접근 방법.

필수적이고, 이를 논리적으로 설명해야 한다. 이를 위해서는 지연사건의 내용이 무엇이고, 발생 원인을 파악해야 하며, 이를 뒷받침할 수 있는 기록자료를 함께 검토해야 한다.

건설공사를 수행하는 과정에서 수많은 기록자료들이 생성되기 때문에 한정된 시간 내에 공기연장 클레임을 준비하기 위해서는 체계적으로 기록자료가 유지·관리되어야 한다.

대부분의 계약조건에서 지연사건이 발생하면 정해진 기일 내에 통지하여 지연사건 발생 사실을 상호 간에 공유하도록 규정할 뿐만 아니라, 계약자는 지연사건이 발생한 시점의 정기적 기록자료(Contemporaneous Record)를 적정하게 유지·관리하여 발주자에게 제출하도록 규정하고 있다.

공기연장 클레임을 준비하는 과정에서 고려해야 하는 기록자료를 정리하면 다음 표와 같다.

표 3.1 공기연장 클레임 관련 기록자료

구분	기록자료
공정표 및 작업진도 관련 정보	• 계약공정표 제출 및 승인 사항, 작업의 순서와 일정 계획 • 작업의 범위(Scope of Works) 및 시공 계획서(Method Statement) • 자원(장비, 인원, 자재 등) 투입 계획 및 실적 • 공정표의 개정 이력 및 개정의 원인이 되는 변경사항 또는 의도 • 변경사항이 준공에 미치는 영향력 검토 자료 • 작업 실적기록 및 공정표 실적 업데이트 자료 • 각종 회의록(일간/주간/월간/수시회의 등)
공정보고 자료	• 설계, 조달, 시공, 시운전 등 작업 진척사항 • 지연이 발생한 작업과 지연이 발생하게 된 원인 • 투입장비 및 인원의 유휴/대기 시간 • 테스트 및 각종 검사 결과 • 부적합 보고서 및 수정조치 사항 • 사진 및 영상자료

표 3.1 공기연장 클레임 관련 기록자료(계속)

구분	기록자료
Communication 기록	• 수발신 공문(Letters) • 각종 제출물(Transmittals) • Fax 및 e-mail 자료 • 질의 및 요청자료(RFIs, Request for Information) • 각종 승인자료(Certificates)
비용 관련 자료	• 계정별 비용투입 기록 및 인력, 장비 투입 기록 • 하도급 비용지급 내역 • 비용투입 분석보고서 • 변경사항

공기지연을 수행할 때, 공사수행 계획이 포함된 공정표, 시공계획서, 자원 투입 계획과 실제 진행된 실적의 비교를 통해 지연 상황을 명확히 인지하고 지연 원인의 책임관계를 판단하는 것이 선행되어야 한다. 따라서 공정표 및 작업진도와 관련된 자료, 공정보고자료가 필수적인 기록자료가 된다.

그리고 지연사건과 관련되어 발주자와 계약자간 주고받은 문서와 각종 회의자료, e-mail 및 fax 등에 대한 기록은 상황에 대한 상호 인지 여부와 중요 의사결정 사항을 포함하고 있기 때문에 공기지연 클레임에서 핵심적인 증빙자료로 활용될 수 있다. 분쟁 단계 판정부에서는 증빙자료의 신뢰성을 중요하게 판단하고 있으므로 현장에서 자료관리는 무엇보다 중요하다. 이 책의 7.3에서는 건설분쟁 판정부에서의 자료에 대한 판단 기준을 별도로 다루고 있다.

공기지연 책임일수의 규명에 따라 수반되는 비용의 손실 또는 투입과 관련된 자료도 검토하고 확보해야 한다. 공기지연으로 인한 손실의 보상은 실제 손실에 대한 명확한 근거가 있어야 이루어질 수 있으므로 신뢰성 있는 근거를 제시할 수 있어야 한다.

3.3 공정자료 확인

3.3.1 계약공정표 및 실적 업데이트 공정표

건설공사를 수행하는 주체별 작업 범위(Scope of Work)와 공사수행 계획을 이해하여야 지연사건이 공정에 미치는 영향과 주체별 책임범위를 명확하게 판단할 수 있다. 공정표는 작업의 범위와 작업의 순서, 시공 방법과 자원 투입 계획이 종합적으로 고려되어 작성한 일정 계획이며, 건설공사의 관리에 매우 중요하게 활용된다. 공기지연 클레임에서도 지연의 정의와 공기지연 책임일수를 판정할 때 기준으로 활용되므로, 공정표의 제출 및 승인사항, 개정 이력과 개정의 원인이 되는 변경사항을 검토해야 한다.

실제 건설공사를 수행하는 과정에서 관리 목적에 따라 여러 공정표를 작성하고 운영하지만 건설공사 관리와 공기지연 클레임을 추진할 때 가장 핵심이 되는 공정표는 관리기준공정표(Baseline Programme)이다. 관리기준공정표는 양 당사자가 서로 합의하여 계약적 근거를 확보하고 있으며, 사업관리의 기준이 되는 공정표로 정의할 수 있다. 관리기준공정표는 계약자가 작성하여 발주자에게 승인을 받게 되므로 양 당사자는 작성된 일정 계획을 상호 인지하고 있다고 볼 수 있다. 계약자는 관리기준공정표를 기준으로 작업의 진척도를 정기적으로 측정하고, 그 결과를 발주자에게 보고하는 업무를 수행하며, 발주자는 관리기준공정표에 근거하여 작업의 지연 여부를 판단하여 계약자에게 만회계획을 수립할 것을 요구하는 등 계약적 건설관리 행위를 수행한다.

따라서 공기지연 리스크 관리 측면에서 운용되는 많은 공정표 중 관리기준공정표로서 의미를 지니는 공정표가 무엇이고 실제 공사가 진행된 과정에서 공정표가 발주자와 시공자의 공사관리 업무에 어떻게 활용되었는지를 확인하는 것은 관리기준공정표의 의미를 미루어 판단하였을 때 공기지연 클레임의 핵심적인 과정일 것이다.

통상적으로 공기지연 클레임을 추진할 때에는 시공자가 작성하고 발주자로부터 승인된 계약공정표를 분석기준공정표로 선정하고 이를 기준으로 공기지연 책임일수를 산정한다.

실제 공기지연 클레임을 진행하는 과정에서 상호 합의되지 않은 공정표를 기준으로 책임일수를 산정하고 공기연장 클레임을 추진하였을 때, 분석기준공정표를 부정하여 클레임이 합의되지 않은 사례도 발생하므로 공사 초기에 계약공정표의 승인업무를 유의하여 진행하여야 한다.

사례 ▶ 분석기준공정표의 적정성이 논란이 된 클레임 사례

[사례 1] 승인되지 않은 공정표를 기준으로 클레임을 진행한 사례

발주처는 시공자가 공기지연 입증을 위해 사용한 분석기준공정표가 승인되지 않아 계약적으로 유효하지 않음을 지적하였다.

The Contractor uses a "baseline" which has no reference to any prior submission/ approval. For that matter, the baseline production rate and assumption were not provided to support the duration as applied.

[사례 2] 계약공정표가 개정 상황이 고려되지 않은 사례

공사 진행 중 계약공정표의 개정/승인이 이루어졌으나, 시공자는 개정되기 이전의 공정표를 기준으로 공기지연 입증을 실시하였다. 이에 발주자는 개정된 공정표를 기준으로 공기지연 분석을 실시하여야 한다고 지적하였다.

Additionally, we would also expect to see any analysis undertaken as measured against the Baseline Schedule as submitted and approved on DD-MM-YY respectively, as the dd-mm-yy programme used for analysis is not considered as the Baseline Schedule

---

공사가 진행 중 지연 또는 변경사항이 발생하여 당초 수립한 계약공정표와 실제 작업 상황과의 차이가 크게 발생할 경우 공정표의 개정(Revised Programme)을 준비한다. 계약공정표를 개정하는 시점 이전에 이미 지연이 발생하였고, 해당 지연의 보상 여부에 대하여 상호 간 합의를 이루지 못한 상태에서 공정표를 개정할 경우 개정 공정표에 발생한 지연을 반영하여야 한다.

시공자는 공기지연에 대한 만회의무를 지니고 있으므로 공정표 개정 이전에 발생

한 지연에도 불구하고 당초 계약일정을 준수하는 계획을 수립하고 발주자와 합의하는 경우는 이전에 발생한 지연을 시공자가 모두 만회할 의지가 있으며, 이로 인한 공기연장은 불필요한 것으로 해석될 수 있다.

계약공정표의 승인관리뿐만 아니라 작업의 진척사항을 계약공정표에 업데이트하고 준공일 또는 주요 마일스톤의 일정이 어떻게 변경되는지에 대한 실적 업데이트 공정표(Updated Programme) 관리도 중요하다. 작업의 진행 사항을 기록한 실적자료와 실적 업데이트 공정표에는 작업의 지연, 지연의 만회 등에 대한 정보가 포함되어 있고 이는 공기지연 클레임을 준비하는 과정에서 매우 중요한 정보이기 때문이다.

공기지연 클레임에서 활용되는 실적자료는 발주자와 시공자 상호 간에 정기적으로 공유되어 관리하는 것이 중요하며, 이를 근거로 지연기간을 정의하고 영향력 분석을 실시하여야만 분석 결과의 신뢰성을 높일 수 있다.

그리고 공사가 완료된 이후에 모든 작업의 실적을 입력하여 준공공정표(As-Built Programme)를 작성하고 준공도서에 포함하여 발주자에게 제출한다. 준공공정표는 공사의 착수부터 종료까지의 모든 작업의 실제 추진일정이 기록되어 있으므로 계약공정표, 실적 업데이트 공정표와 함께 공기지연 분석 및 클레임에서 중요한 공정자료로 활용된다.

3.3.2 공정보고 자료(Daily/Weekly/Monthly Progress Report)

공정보고는 발주자와 계약자가 공사 진행과 관련된 중요한 정보를 공유하고 서로 Communication하는 공식적인 건설공사 관리 업무이다. 그리고 보고내용에는 작업의 진행 경과, 투입된 자원의 실적, 검사 및 각종 테스트에 대한 정보를 포함하여야 할 뿐만 아니라, 작업의 지연에 영향을 준 원인, 지연 및 클레임 통지 현황, 그 진행 경과 또한 포함된다. 발주자는 공정보고 내용을 기반으로 프로젝트 진행 현황을 인지하고 발생한 리스크 대응계획을 수립한다. 이와 같이 공정보고는 프로젝트 관리에서 중요한 의미를 가지고 있기 때문에 계약조건으로 공정보고에 대한 내용과 주기를 정하고 있다.

공정보고는 프로젝트의 시작부터 끝날 때까지 정기적으로 진행되므로 지연사건이 발생하는 시점에서의 지연의 원인과 상황을 정확하게 기록하고 있다. 공사 후반부 또는 종료 후에 클레임을 준비하는 경우에는 공사 중 지연사건이 발생한 시점과 클레임 추진 시점의 시간적 차이가 발생하게 된다. 그러므로 공사 진행 과정에서 정기적으로 기록된 자료가 없을 경우 클레임 준비과정에서 어려움을 겪을 수밖에 없고 기록에 의존하여 기록을 새로이 생성하기도 한다.

클레임을 준비하는 시점에서 신규로 생성된 기록보다 지연사건이 발생한 시점에서 생생한 지연 상황과 환경에 대하여 정확하게 기록된 자료(Contemporaneous Record)가 더 신뢰성이 있다고 할 수 있다.

사례 ▶ 월간 공정보고 (Monthly Progress Report) 사례

Table of Contents

3.4 공기지연 영향력 검토

특정사건으로 초래된 지연이 준공에 미치는 영향은 지연사건마다 상이할 수 있다. 어떤 지연은 준공을 달성하는 데 상대적으로 여유가 있는 작업에 영향을 미치고, 어떤 지연은 여유가 없는 Critical Activity에 영향을 미칠 수 있기 때문에 공기지연 영향력 판정은 상이한 결론이 나올 수 있다. 공정계획상 발생하는 여유시간(Float)의 개념으로 이해할 수 있다.

공기지연의 준공일 영향력은 우선 각종 기초자료 및 공정자료를 검토한 이후, 지연 사건으로 인하여 초래된 작업의 지연을 정의한다. 그리고 이러한 지연이 Critical Path 및 준공일에 미치는 영향과 후속 영향력(Ripple Effect)을 분석하는 절차로 진행된다. 준 공일 영향력 분석은 4장에서 상세하게 기술한 공기지연 분석 방법에 따라서 수행된다.

CP 영향력 검토는 지연사건과 작업의 지연, 이로 인해 초래된 준공일 지연 간의 인과관계(Cause and Effect)를 명확히 설명하고 입증하는 것이 핵심이다. 우선 분석기준공정표의 계획일정과 실적일정을 비교하여 지연을 정의(Delay Definition)하고, 지연을 초래한 사건의 사실관계를 설명하여야 한다. 이후 선정된 공기지연 분석 방법을 통하여 지연사건이 CP에 미치는 영향을 분석하여 참여자별 책임지연일수를 결정한다.

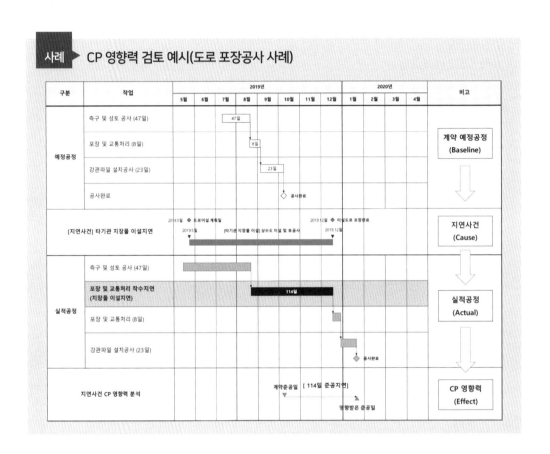

3.5 손실비용 산정

공기지연이나 변경사항이 발생하면 작업의 지연이 발생하고 작업이 지연되면 공사 기간에 비례하여 투입되는 비용 손실이 발생하게 된다. 작업이 지연되지 않았다 하더라도 당초 수립된 계획에 따라 작업이 진행되지 못하고 순서를 조정하는 과정에서 생산성 저하가 수반될 수 있다.

작업의 지연으로 초래된 비용 손실은 실제 투입비용을 기반으로 산정하며, 손실비용 항목별 산정 방법은 제5장에서 세부적으로 기술하였다.

손실비용의 청구는 실제 발생한 손실금액의 범위에서 계상하고, 지연으로 인해 직접적으로 발생한 손실만을 인과관계에 입각하여 산정하여야 한다.

3.6 클레임 추진 전략 설정

공사관리에 책임이 있는 계약자는 지연사건의 책임을 규명하고 계약상 지정된 준공일 또는 계약마일스톤에 대한 영향력을 정량적으로 분석하여야 한다. 또한 만회의무를 이행하였음에도 선의의 계약자로서 감당할 수 없는 범위의 리스크로 인하여 계약공기의 연장이 필요하다고 판단될 경우 공기연장 클레임을 추진하여야 한다.

공기연장 클레임 추진을 위해서는 우선적으로 공기지연에 대한 책임 및 공기연장 가능기간에 대한 객관적 인식이 필요하고, 지연 상황 및 가용할 수 있는 자료 및 자원에 맞는 최선의 클레임 전략을 수립하여야 한다.

클레임을 추진하는 전략을 수립할 때는 공정표 및 실적 자료, 기록자료의 유지·관리 현황에 따라 추진 가능한 전략이 달라질 수 있다. 그리고 지연사건에 대한 통지내용, 사실관계에 대한 기록에 따라서도 클레임 추진 전략을 다르게 접근하여야 한다.

지연사건별 공기지연 및 추가 비용의 인과관계(Causal Linkage)를 명확하게 입증하는 것이 어려울 경우 공기지연의 원인이 상대방 책임지연의 전반적인 영향에 기인한다고 설명하는 개략 클레임(Global Claim)으로 접근하는 사례가 있다. 개략 클레임은 지연사건(원인)과 공기지연(결과)의 인과관계를 직접적으로 설명하지 못하는 한계 때문에 상대방으로부터 인정받지 못하는 경우가 종종 발생한다.

공사를 진행하는 과정에서 지연사건의 발생과 책임소재 여부 등 참여자 간 서로 이해하고 있는 수준의 차이, 협의내용을 고려하고 발주자가 프로젝트를 진행하는 최고의 가치도 고려하여야 한다.

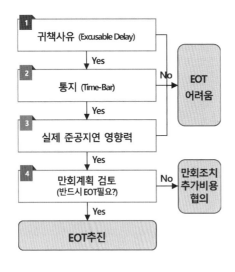

1. 공기지연의 귀책사유가 누구인가?
   계약조건상 시공자 책임의 지연이 아니고, EOT가 가능한 사건에 해당하는지 확인
2. 지연사건 발생에 따른 계약자로서의 적정한 조치를 이행하였는가?
   계약조건상 EOT 청구권한이 포기되는 기한(Time-Bar) 내에 통지하여 EOT 권한을 확보하였는지를 확인
3. 지연사건 영향으로 실제 준공일이 지연되는가?
   지연사건 발생으로 준공일(LD 마일스톤 포함)의 지연이 실제로 예상되는지 분석
4. 시점상으로 반드시 EOT가 필요한 상황인가?
   지연사건의 영향력을 최소화하기 위해 계약자로서의 조치를 하였는지 여부와 청구 시점에서 EOT가 반드시 필요한 시점인지를 검토

마지막으로 준비하고 있는 클레임을 어떠한 용도로 활용할 것인지에 따라 상이한 접근 방법이 필요하므로 제반 사항을 종합적으로 고려하여 최적의 공기연장 클레임 전략을 수립하는 것이 중요하다.

표 3.2 공기연장 클레임 전략 수립 시 고려사항

검토항목	고려사항
① 공정표 제출/승인 현황	EOT 기간 산정 시 '분석의 기준'이 되는 기준공정표를 적정하게 선정(일반적으로 발주처 최근 승인공정표 활용)
② 공정 실적자료 유지 여부	실제 공정의 실적자료를 충실하게 유지하였는지의 여부를 확인하고, 부재할 경우 실적자료를 확보해야 함
③ 클레임 대상 지연사건	EOT 대상이 되는 지연사건에 대한 통지내용, 보고 및 회의기록 등의 확인을 통한 Story Line 확인

표 3.2 공기연장 클레임 전략 수립 시 고려사항(계속)

검토항목	고려사항
④ 발주처의 성향 및 상호 협의 내용	발주처 또는 계약자의 지연사건 및 EOT에 대한 인식, 과거 EOT 추진 사례 및 성향 고려
⑤ EOT제출 서류의 활용 방향	단순하게 지연영향력 입증하여 제공하는 수준인지, 공식 EOT 서류 제출인지, 중재/소송의 활용 자료인지를 결정 예) 분쟁 예상될 경우 국제규범에 부합하는 접근이 필요하나, EOT 협의가 우호적인 경우 단순한 방법을 선호

3.7 클레임 서류의 구성

앞서 설명한 절차 및 세부내용에 따라 공기연장 클레임을 준비하고 최종적으로는 서류를 작성하여 상대방에게 제출하게 된다. 클레임 서류에는 ① 클레임 제기 공문,

표 3.3 클레임 서류의 구성 및 주요 내용

구분	주요 내용
클레임 요약	1. Executive Summary
클레임 제기내용 (원인, 근거, 요구)	2. Introduction 3. Contract Particulars 4. Contract Clauses Giving Rise to Entitlement 5. Delay Events
요구사항 산출 근거	6. Demonstration of Delay Impact 7. Quantum 8. Conclusion
첨부 계약조항 발췌 증빙자료 등	Appendix A Related Contract Clause Appendix B List of Delay Events Appendix C Quantum Referenced Documents Appendix D Detailed Contract Schedule of Delay Analysis

② 클레임 요약, ③ 클레임의 근거와 원인, 구체적인 요구사항을 포함하는 청구 내용, ④ 청구 내용의 산출 근거, ⑤ 증빙자료 첨부가 포함된다.

사례 ▶ **국내 공기지연 클레임 서류 목차 사례**

I. 보고서의 목적 및 사업개요
  1. 보고서의 목적
  2. 사업 개요
  3. 당해사업 및 공사수행의 특징
  4. 사업의 주요업무 추진 및 공사착수
II. 공기연장에 관한 규정과 책임
  1. 당해 실시협약에서 정한 공기연장관련 규정
  2. 「민간투자시설사업 기본계획(RFP)」에서 정한 공기연장관련 규정
  3. 기타 '관계법령'에서 정한 공기연장과 책임관련 규정
III. 공기연장 사유 발생 및 타당성 검토
  1. 공기연장 사유
  2. 공기연장 사유의 타당성 검토
IV. 공기지연 분석 방법
  1. 공기지연 분석 기법
  2. 최적 공기지연 분석 방법의 선정
  3. TIA(Time Impact Analysis) 절차
V. 공기지연 분석 공정표 선정 및 실적자료 검토
  1. 제출 공정표 현황
  2. 공기지연 분석 기준공정표
  3. 실적 공정자료 검토
VI. 분석 방법을 통한 분석결과
  1. 지연사건의 준공영향 분석
  2. 공정진척 상황을 고려한 준공영향 분석
VII. 잔여공기 적정성 검토
VIII. 결론

TABLE OF CONTENTS

CHAPTER 04
공기지연 책임일수 분석 방법

CHAPTER 04
공기지연 책임일수 분석 방법

건설공사를 진행하는 과정에서 예기치 못한 다양한 원인에 따른 지연사건이 발생하며, 이로 인하여 당초 계획된 작업 또는 계약 준공일이 지연되는 문제가 발생할 수 있다. 계약 준공일 지연과 지연사건 간의 인과관계를 규명하여, 건설공사 참여 주체별 책임일수를 과학적으로 입증하는 과정을 공기지연 분석이라 한다.

공기지연 분석은 이러한 지연사건이 특정작업 또는 계약 준공을 포함한 계약 마일스톤에 미치는 영향을 정량적으로 산출하는 과정이라 할 수 있다. 공기지연 분석은 공기연장 클레임에서 참여자별 또는 지연사건별 책임지연일수를 판단하는 기준이 되므로 분석 방법의 개념을 이해하는 것이 중요하다.

4.1 분석 관련 주요 개념 정의

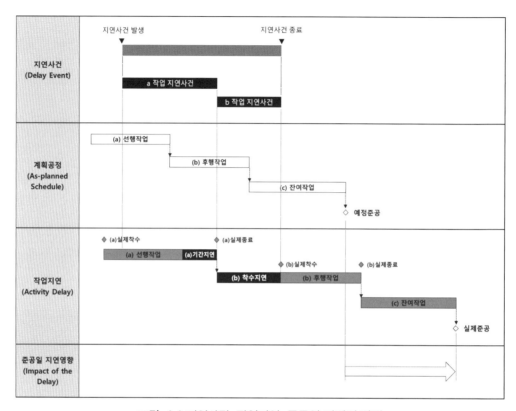

그림 4.1 지연사건, 작업지연, 준공일 지연의 관계

4.1.1 지연사건(Delay Event)

공기지연의 원인이 되는 요인이나 사건을 지연사건이라고 부른다. 건설공사의 대표적인 지연사건의 예로는 설계 변경, 지질조건 상이, 적기 부지인도 실패, 적기 장비 및 인원 동원 실패 등이 있다.

4.1.2 작업의 지연(Activity Delay)

작업의 지연은 지연사건으로 인해 작업에 발생한 실제 지연으로 작업의 지연에는 기간지연(Duration Delay)과 착수지연(Start Delay)이 있다. 기간지연 또는 착수지연을 규정하기 위해서는 해당 작업의 당초 계획일정과 실제로 작업이 실행된 실적일정을 비교 검토하는 과정이 필요하다. 그러므로 작업의 일정 계획이 포함된 예정공정표상의 일정과 작업기간, 그리고 실제 작업이 수행된 일정과 작업기간 정보를 확인할 필요가 있다. 기간지연은 당초 계획된 작업기간보다 실제 수행한 작업기간 대비 초과된 작업 일수로 정의할 수 있으며, 착수지연은 당초 착수하기로 예정된 날짜와 실제 착수된 날짜의 차이로 지연일수를 정의할 수 있다.

4.1.3 부분공정표(Fragnet)

지연사건의 영향력 분석을 위해 작업지연이 정의한 공정표를 부분공정표라고 부른다. 앞의 그림 4.1의 부분공정표에서 보는 바와 같이 작업지연의 정의(Delay Definition)는 계획일정과 실제 진행 일정의 비교를 통해 영향받은 작업이 지연된 일수를 정량적으로 산출하고 지연사건과의 인과관계를 설명할 수 있어야 한다.

4.2 분석기준공정표

분석기준공정표는 지연정의의 기준이 되는 공정표로서, 작업지연의 정도를 판단하는 기준으로 활용된다. 공기지연 분석을 할 때, 공정표에 표현된 작업 간의 순서 및 관계, 여유시간 등에 의해서 지연사건이 준공일에 미치는 영향을 계산하기도 한다. 이러한 특성으로 인하여 분석기준공정표는 계약당사자 간 상호 합의된 공정표를 기준으로 하는 것이 일반적이다. 통상적으로 계약자가 작성하고 발주자(감리자)가 승인한 계약공정표(CBP, Contract Baseline Programme)를 분석기준공정표로 정하는 경우가 많다.

SCL Delay and Disruption Protocol[1]에서도 공기연장 클레임에서 공정표(Programme)

---

1   Society of Construction Law Delay and Disruption Protocol, 2nd edition, February 2017.

에 관한 사항을 다음과 같이 설명하고 있다.

Core Principles 1. Programme and records

Contracting parties should reach a clear agreement on the type of records to be kept and allocate the necessary resources to meet that agreement. Further, to assist in managing progress of the works and to reduce the number of disputes relating to delay and disruption, <u>the Contractor should prepare and the Contract Administrator (CA) should accept a properly prepared programme</u> showing the manner and sequence in which the Contractor plans to carry out the works. The programme should be updated to record actual progress, variations, changes of logic, methods and sequences, mitigation or acceleration measures and any EOTs granted. If this is done, then <u>the programme can be more easily used as a tool for managing change and determining EOTs and periods of time for which compensation may be due.</u>

SCL Protocol에서도 분석기준공정표가 작업의 순서와 방식을 표현하고 있고, 계약자에 의해 작성되고 발주자 승인을 통해 상호합의에 대한 내용을 언급하고 있다. 뿐만 아니라 실제 공정 진행 사항, 공사의 변경, 작업 선후행관계 조정, 작업방식과 순서의 변경, 공정의 단축과 같은 당초 계획 대비 변경된 사항을 업데이트하여야 한다고 설명하고 있다. 그리고 공기연장 기간을 결정하는 데 이렇게 관리된 공정표가 도구로 활용된다고 기술하고 있다.

공사를 진행하는 과정에서 시공자는 작업의 진척사항 및 변경에 대한 기록을 공정계획에 업데이트하여 발주자에게 보고하고 결과물을 상호 공유하여야 한다.

이렇게 상호 합의된 계약공정표와 공사 진행 중 공유되고 유지·관리된 기록은 공기연장 클레임에서 중요한 근거자료로 활용될 수 있다.

4.3 공기지연 분석 방법(Delay Analysis Method)

공기지연 분석 방법은 건설공사 공기연장 클레임에서 지연사건이 Critical Path 또는 준공일에 미치는 영향을 정량적으로 산정하는 것으로, 공기연장 판정의 근거가 되는 매우 중요한 과정이다. 공기연장 분석 방법의 종류는 다양하며, 방법에 따라 공기지연 책임일수 산정 결과도 차이가 발생한다. 공기연장 분석 방법별로 적용되는 메커니즘이 서로 다르고 활용하는 공정자료 또한 차이가 있기 때문이다.

그러므로 공기지연 분석 방법별 특성 및 장단점을 이해하고, 분석 대상이 되는 건설공사의 특성, 가용할 수 있는 자료의 범위를 종합적으로 고려하여 가장 적합한 분석 방법을 선정하는 것이 중요하다. 본 장에서는 건설공사 공기연장 클레임 실무에서 주로 활용되는 공기지연 분석 방법의 종류와 그 특징 및 내용에 대하여 정리하고자 한다.

4.3.1 공기지연 분석 방법의 종류

건설공사 공기연장 클레임 진행 과정에서 참여자별 공기지연 책임일수를 산정하고 평가하는 데 참고할 수 있는 International Practice가 있다. 대표적인 것이 영국 SCL의 Delay and Disruption Protocol, 미국의 AACEi의 Recommended Practice가 대표적이다. AACEi Recommended Practice No. 29R-03 : Forensic Schedule Analysis에서는 공기지연 분석의 절차와 방법을 세부적으로 기술하고 있으며, Recommended Practice No. 52R-06에서는 공사 진행 중에 공기지연 영향을 분석할 수 있는 Time Impact Analysis의 개념과 적용 방법을 소개하고 있다. 이 책의 별첨 5에 AACEi Recommended Practice No. 52R-06의 내용을 소개하였으므로 공기연장 분석 방법을 적용할 때 참고할 수 있을 것이다.

그리고 또 다른 International Practice인 SCL Delay and Disruption Protocol은 건설공사 공기연장 클레임에서 가장 범용적으로 활용되는 기준이라 할 수 있다. 이 책에서는 SCL Delay and Disruption Protocol에서 설명하고 있는 여섯 가지 공기지연 분석 방법의 특징과 내용을 다음 표 4.1과 같이 설명하고자 한다.

표 4.1에서 볼 수 있듯이 공기지연 분석 방법별로 분석의 유형, Critical Path를 결정하는 방식, 준공일 영향력을 평가하는 방식, 분석에 필요한 자료가 서로 차이가 있음을 알 수 있다. 각 분석 방법에 대한 내용을 설명하기에 앞서 분석 방법의 특성을 구분하는 개념을 먼저 설명하고 한다.

표 4.1 공기지연 분석 방법의 종류와 특징(SCL Delay and Disruption Protocol)

Method of Analysis	Analysis Type	Critical Path Determined	Delay Impact Determined	Requires
Impacted As-Planned Analysis	Cause & Effect	Prospectively	Prospectively	• Logic linked baseline programme • A selection of delay events to be modeled
Time Impact Analysis	Cause & Effect	Contemporaneously	Prospectively	• Logic linked baseline programme • Update programmes or progress information with which to update the baseline programme • A selection of delay events to be modeled
Time Slice Window Analysis	Effect & Cause	Contemporaneously	Retrospectively	• Logic linked baseline programme • Update programmes or progress information with which to update the baseline programme
As-Planned versus As-Built Window Analysis	Effect & Cause	Contemporaneously	Retrospectively	• Baseline programme • As-built data
Retrospective Longest Path Analysis	Effect & Cause	Retrospectively	Retrospectively	• Baseline programme • As-built programme
Collapsed As-Built Analysis	Cause & Effect	Retrospectively	Retrospectively	• Logic linked as-built programme • A selection of delay events to be modeled

(1) 분석 방법의 유형(Analysis Type)

SCL Delay and Disruption Protocol에서는 6개의 공기지연 분석 방법의 유형을 두 가지로 구분하고 있다. 첫 번째는 Cause and Effect 방식이며, 두 번째는 Effect and Cause 방식이다. 여기서 Cause는 공기지연을 유발하는 원인을 의미하며, 공기지연 사건을 일컫는다. Effect는 공기지연 사건(원인)에 의하여 유발되는 작업의 지연 또는 준공일 지연을 의미하고 사건(원인)에 대한 결과로 해석할 수 있다.

Cause and Effect 방식은 원인(지연사건)을 먼저 규명하고, 원인으로 인해 초래되는 결과(공기지연 책임일수)를 산정하는 접근방식이다. 반대로 Effect and Cause 방식은 공기지연일수를 먼저 판정하고, 해당 지연이 발생한 원인이 무엇인지를 각종 기록에 근거하여 찾아내어 공기지연 책임일수를 설명하는 접근방식이다.

(2) 주공정선 결정방식(Critical Path Determined)

주공정선(CP)은 CPM(Critical Path Method) 기법에서 잔여작업 간 연관관계(Relationship)에 따라서 결정되며, 준공에 이르는 여러 경로 중에 가장 긴 경로(Longest Path)가 CP(Critical Path)에 해당하고 총 공사기간이 결정된다.

공기지연 분석에서는 지연사건이 주공정선에 미치는 영향을 규명하므로 주공정선이 어떻게 판별하는지가 중요하다. 주공정선 결정방식은 Prospective, Contemporaneous, Retros-pective의 세 가지로 구분할 수 있다.

먼저 CP를 Prospective 방식으로 결정하는 것은 공정진척도를 고려하지 않고 공정표의 로직에 의해 미래의 작업의 준공일에 대한 주도적 영향(Criticality)을 찾아내는 방식이다. 다시 말해 작업 실적이 입력되지 않은 계획 공정표에서 CP를 결정하는 접근법으로 이해하면 된다.

Contemporaneous 방식은 공정이 진행되는 중 어느 특정 시점에서 이미 진행된 작업에 대해서는 실적을 고려하고, 진행되지 않은 잔여작업은 계획을 반영하여 CP를 찾아내는 방식이다. 즉, CP를 결정하는 시점에서 진행된 작업의 실적을 업데이트한 후 잔여작업의 CP를 Prospective 방식으로 규정하는 것이다.

마지막으로 Retrospective 방식은 진행되지 않은 잔여작업의 계획은 고려하지 않고, 진행된 작업의 실적을 기준으로 CP를 결정하는 방식이다. CPM 공정표의 작업 간 연관관계는 고려되지 않으며, 실적기록에 근거하여 분석가의 직관에 의해 결정되는 경우도 있다.

(3) 준공 영향력 결정방식(Delay Impact Determined)

지연사건이 준공일에 미치는 영향을 결정하는 방식은 Prospective 방식과 Retrospective 방식의 두 가지로 구분할 수 있다. 앞서 기술한 주공정선 결정방식에서와 동일한 표현을 사용하고 있으며, 결정방식의 개념은 유사하다.

Prospective 방식은 지연사건이 발생한 시점을 분석 기준일(Data Date)로 정하고 지연사건의 준공일에 미치는 영향을 산정하는 접근법이다. 분석 기준일은 지연분석을 수

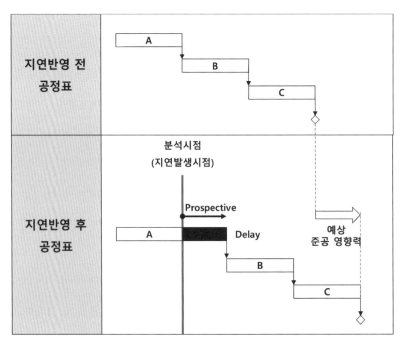

그림 4.2 Prospective 방식의 준공 영향력 결정 개념

행하는 시점을 의미한다. 이 방식을 적용한 분석 결과는 실제 준공 영향력이 아닌 예측되는 영향력(Likely Effect)으로 공사가 완료된 후 실제 상황과 상이할 가능성이 있다. 실제로 공사를 진행하는 과정에서 작업의 순서 또는 공법의 변경, 공정 만회 또는 단축, 추가 지연 등 다양한 행위가 일어날 수 있지만 이러한 지연사건 발생 이후의 실적 사항들이 고려하지 않기 때문이다.

반면 Retrospective 방식은 실제로 지연사건이 종료된 상황에서 규명된 As-Built CP에 지연사건이 미친 영향을 분석하는 접근법이다. Prospective 방식과는 반대로 분석 시점에서 실제로 진행된 공정 상황을 고려하는 접근법이다.

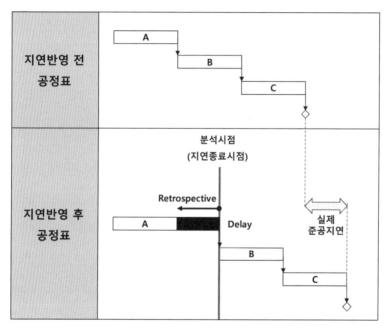

그림 4.3 Retrospective 방식의 준공 영향력 결정 개념

(4) 분석 필요사항(Requires)

공기지연 분석 방법별로 접근하는 개념이 서로 상이하기 때문에 분석에 활용되는 자료 또한 다소 차이가 있다. 하지만 어떠한 분석 방법이라도 표현의 방법의 차이가

있지만 기본적으로 공정자료와 지연사건을 정의한 결과는 공통적으로 필요하다.

공기지연 분석에 활용되는 공정자료는, 첫 번째, 분석기준공정표(Baseline Programme)가 필요하다. 분석 방법별로 활용되는 Baseline Programme은 다시 작업의 연관관계가 정의된 공정표(Logic Linked Baseline)인지 아니면 연관관계가 없는 공정표인지로 나뉜다. 쉽게 연관관계가 정의된 공정표는 CPM 공정표가 대표적이며, 연관관계가 없는 공정표는 Bar-Chart 공정표가 대표적이다.

그리고 공정자료 중 두 번째로 작업 실적 정보가 포함된 공정자료가 필요하다. 이는 단순 실적자료(As-Built Data), 공사 진행 중간에 작업 실적을 업데이트한 공정표(Updated Programme), 공사가 완료된 이후 준공공정표(As-Built Programme)로 구분된다. 실적자료는 작업의 실제 착수일, 완료일, 진행 기간의 정보를 기록한 것을 의미한다. 실적 업데이트 공정표는 Baseline Programme에 분석 시점까지의 진행된 작업실적을 입력하여 업데이트한 공정표이다. 마지막으로 준공공정표는 공사가 완료된 후 모든 작업의 실적이 업데이트된 공정표이다.

지연사건을 정의한 결과는 CPM 공정표에 삽입할 수 있는 부분공정표 형태로 표현(A Selection of Delay Events to be Modeled)되었는지 아니면 단순히 지연의 시작일과 종료일만 정의되었는지에 따라 적용되는 분석방식이 달라질 수 있다. CPM 공정표에 삽입하기 위해서는 지연 상황이 시작일, 종료일, 소요기간을 가지는 Activity 형태로 표현되고 작업 간 선후행관계가 정의되어야 한다. 지연의 상황이 부분공정표(Sub-Network, Fragnet)로 표현하는 것이다.

이처럼 공기지연 분석에 가용한 자료의 유무 또는 형태에 따라 적용할 수 있는 분석 방법이 제한되어 있으므로, 공기지연 분석 방법 선정에 앞서 확보된 자료의 형태를 반드시 검토하여야 한다.

4.3.2 공기지연 분석 방법의 주요 내용

첫 번째, Impacted As Planned Analysis는 'What-If' 방식으로 지칭되기도 하며, 예정공

정에 발주자의 지연사건 또는 시공자의 지연사건만을 반영하여 전체 공정에 미치는 영향을 분석하는 기법이다.[2]

SCL Delay and Disruption Protocol에서는 Impacted As-Planned Analysis Method는 로직이 연결된 분석기준공정표에 지연사건의 Sub-Network를 삽입하고 CPM 기법의 소프트웨어를 활용하여 준공일에 미치는 가상의 영향을 계산하는 방법으로 설명하고 있다.

Impacted As Planned Analysis 분석 방법 설명

The impacted as-planned analysis method involves introducing delay event sub-networks into a logic-linked baseline programme and its recalculation using CPM programming software in order to determine the prospective impact these events have on the predicted contract completion dates shown within the baseline programme. Before embarking upon the analysis, the analyst needs to confirm that the sequences and durations for the works shown in the programme are reasonable, realistic and achievable and properly logically linked within the software, to deal with the risk that the baseline programme contains fundamental flaws which cannot be overcome.

In general, this is thought to be the simplest and least expensive form of delay analysis, but has material limitations, principally because it does not consider actual progress and changes to the original planned intent.

The product of this method of analysis is a conclusion as to the likely effect of the modeled delay events on the baseline programme. In limited circumstances this analysis may be deemed sufficient for assessing EOT entitlement. Such circumstances include where the impacted as-planned method is dictated by the terms of the contract and/or where the delay events being considered occurs right at the outset of the works.

---

2   Veterans Admin, VACPM Handbook H-08-11, 1985.

두 번째, Time Impact Analysis는 지연이 발생한 시점에서 해당 지연이 CP 또는 준공에 미친 영향을 분석하는 방법이다. 즉, 지연이 발생한 시점을 기준으로 이전에 작업 진행 실적을 모두 업데이트한 후 해당 지연의 Sub-Network를 삽입하여 준공일 지연을 분석하는 접근 방식이다.

지연이 발생한 시점까지의 작업실적을 업데이트하면, 지연 발생 이전에 발생한 단축 상황 또는 지연상 황이 반영되어 준공일이 변경될 수 있으며, 이러한 조건에서 지연을 삽입하여 추가적인 준공일 Impact를 분석하는 방식이다.

SCL Delay and Disruption Protocol에서는 Time Impact Analysis를 다음과 같이 설명하고 있다.

Time Impact Analysis 분석 방법 설명

The time impact analysis involves introducing delay event subnetworks into a logic-linked baseline programme and recalculation of this updated programme using CPM programming software in order to determine the prospective impact the delay event would have on the then predicted completion dates. The baseline programme for each analysis can be either a contemporaneous programme or a contemporaneously updated baseline programme (i.e. an Updated Programme), the difference being the revised contemporaneous programme may have logic changes/activity/ resource changes from the original baseline programme. In either case, the analyst needs to verify that the baseline programme's historical components reflect the actual progress of the works and its future sequences and durations for the works are reasonable, realistic and achievable and properly logically linked within the software. Mitigation and acceleration already incorporated into the updated baseline programme need to be considered as these can conceal or distort the projected impact of the delay events. The number of delay events being modeled has a significant impact on the complexity and cost of deploying this method. The product of this method of analysis is a conclusion as to the likely delay of the modeled delay events on the programme/critical path that is most reflective of the contemporaneous position when the delay events arose. This method usually does not capture the eventual actual delay caused by the delay events as subsequent project progress is not considered. This method is also described in the guidance to Core Principle 4 in the context of a contemporaneous assessment of an EOT application.

세 번째, Time Slice Window Analysis는 전체 작업기간을 세분화된 분석구간으로 구분하고, 각 분석구간의 끝 지점에서의 지연 상황을 고려하여 CP를 규명한 후 준공지연의 범위를 결정한다. 그리고 각 구간에서 어떤 지연사건이 준공지연을 유발하였는지를 프로젝트 기록에 기반하여 판별하고 책임지연일수를 산정한다. 지연 상황과 CP를 결정은 실적 업데이트 공정표의 잔여일정 Network에 따라 결정된다.

SCL Delay and Disruption Protocol에서 Time slice analysis method는 일련의 실적 업데이트 공정표의 신뢰성이 확인되어야 적용할 수 있는 방법이라고 설명하고 있다. 따라서 Time Slice Analysis Method 적용을 위해서는 공정표 실적 업데이트 주기, 업데이트 시점에서 실제 공정 현황을 정확하게 반영하고 있는지 여부, 발주자와 월간 또는 주간으로 정기적인 공정 실적자료를 공유하였는지 여부를 먼저 검토하여야 한다.

Time Slice Window Analysis 분석 방법 설명

The time slice analysis method is the first of two 'windows' analysis methods. This method requires the analyst to verify (or develop) a reliable series of contemporaneously updated baseline programmes or revised contemporaneous programmes reflecting an accurate status of the works at various snapshots (being the time slices) throughout the course of the works. Through this process, the progress of the works is divided into time slices. The time slices are typically carried out at monthly intervals. The series of time slice programmes reveals the contemporaneous or actual critical path in each time slice period as the works progressed and the critical delay status at the end of each time slice, thus allowing the analyst to conclude the extent of actual critical delay incurred within each window. Thereafter, the analyst investigates the project records to determine what events might have caused the identified critical delay in each time slice period. For each time slice programme the analyst needs to verify that the historical components reflect the actual progress of the works and that its future sequences and durations for the works are reasonable, realistic and achievable and properly logically linked within the software.

네 번째, As Planned vs. As Built Window Analysis는 분석 대상이 되는 전체 기간을 세부 분석구간으로 구분하는 Window 분석 방법 중 하나이다. 분석구간에서의 실제 CP를 결정하고 CP 작업의 실제 시작일 또는 완료일을 분석기준공정표상의 계획일과 비교하여 CP 지연의 범위를 결정한다. 이후 CP 지연의 원인을 각종 공사기록에 근거하여 규명하여 책임일수를 산정하는 방식이다.

SCL Delay and Disruption Protocol에서는 As-Planned Versus As-Built Windows Analysis Method를 Time Slice Window Analysis보다 공정표의 의존도가 낮은 특성이 있다고 언급하고 있다. 그 이유는 분석구간의 CP를 결정하고 지연일수를 계산할 때, 잔여일정의 공정표 로직에 따라 결정하지 않고, Common-Sense에 의해 결정하는 방식이기 때문이다. 이러한 사유로 분석기준공정표 및 실적 업데이트 공정표의 신뢰성에 대하여 확신할 수 없을 때 적용할 수 있는 방법이라고 설명하고 있다.

As-planned vs. As-built Windows Analysis 분석 방법 설명

The as-planned versus as-built windows analysis method is the second of the 'windows' analysis methods. As distinct from a time slice analysis, it is less reliant on programming software and usually applied when there is concern over the validity or reasonableness of the baseline programme and/or contemporaneously updated programmes and/or where there are too few contemporaneously updated programmes. In this method, the duration of the works is broken down into windows. Those windows are framed by revised contemporaneous programmes, contemporaneously updated programmes, milestones or significant events. The analyst determines the contemporaneous or actual critical path in each window by a common-sense and practical analysis of the available facts. As this task does not substantially rely on programming software, it is important that the analyst sets out the rationale and reasoning by which criticality has been determined. The incidence and extent of critical delay in each window is then determined by comparing key dates along the contemporaneous or actual critical path against corresponding planned dates in the baseline programme. Thereafter, the analyst investigates the project records to determine what delay events might have caused the identified critical delay. The critical delay incurred and the mitigation or acceleration achieved in each window is accumulated to identify critical delay over the duration of the works.

다섯 번째, Retrospective Longest Path Analysis는 공사가 완료된 시점에서 준공공정표 (As-Built Programme)를 구성하고, 준공으로부터 역방향으로 연속된 Longest Path를 추적하여 As-Built CP를 결정한다. SCL Delay and Disruption Protocol에서는 As-Built CP상의 Key Date와 대응되는 분석기준공정표의 계획일을 비교하여 지연범위를 결정한 후 프로젝트 기록에 근거하여 지연원인을 규명하는 방식이라 설명하고 있다.

Retrospective Longest Path Analysis 분석 방법 설명

The retrospective longest path analysis method involves the determination of the retrospective as-built critical path (which should not be confused with the contemporaneous or actual critical path identified in the windows methods above). In this method, the analyst must first verify or develop a detailed as-built programme. Once completed, the analyst then traces the longest continuous path backwards from the actual completion date to determine the as-built critical path. The incidence and extent of critical delay is then determined by comparing key dates along the as-built critical path against corresponding planned dates in the baseline programme. Thereafter, the analyst investigates the project records to determine what events might have caused the identified critical delay. A limitation to this method is its more limited capacity to recognize and allow for switches in the critical path during the course of the works.

마지막으로 여섯 번째, Collapsed As-Built Analysis는 As-Built Programme에서 지연사건을 제외함으로써, 지연사건이 발생하지 않았다면 어떤 결과가 나왔을지에 대한 추정에 기반하여 분석하는 방법이다. SCL Delay and Disruption Protocol에서는 모든 지연이 포함된 As-Built Programme에서 일방의 책임지연만을 제외한 후 준공일의 변화를 검토하여 지연사건의 영향력을 판정한다고 설명하고 있다.

Collapsed As-built Analysis 분석 방법 설명

The collapsed as-built (or but-for) analysis method involves the extraction of delay events from the as-built programme to provide a hypothesis of what might have happened had the delay events not occurred. This method does not require a baseline programme. This method requires a detailed logic-linked as-built programme. It is rare that such a programme would exist on the project and therefore the analyst is usually required to introduce logic to a verified as-built programme. This can be a time consuming and complex endeavour. Once completed, the sub-networks for the delay events within the as-built programme are identified and they are 'collapsed' or extracted in order to determine the net impact of the delay events. This method is sometimes done in windows, using interim or contemporaneous programmes which contain detailed and comprehensive as-built data. A limitation to this method is that it measures only incremental delay to the critical path, because the completion date will not collapse further than the closest near critical path.

4.3.3 사례 적용을 통한 분석 방법의 이해

여섯 가지 공기지연 분석 방법에 대한 특징과 내용은 Sample Project의 공기지연 상황을 가정하고 시뮬레이션 분석을 통해 설명하고자 한다.

- 1개층 규모의 주택 및 차고 건설공사
- 계약공기 : 16주
- 실제 완성 공기 : 24주
- 지연기간 : 8주

1개층 규모의 주택과 차고를 건설하는 샘플 프로젝트로 계약공기는 16주이나, 계획 대비 8주가 지연되어 실제로는 24주가 걸린 상황이다.

샘플 프로젝트 계획공정을 CPM(Critical Path Method) 공정표로 작성하면 다음과 같다.

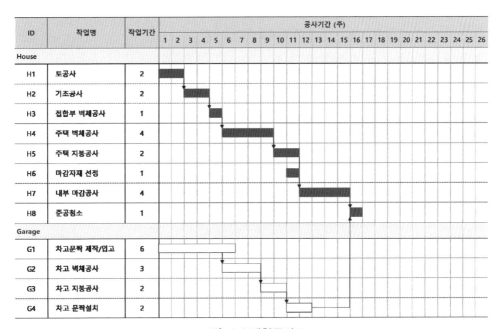

그림 4.4 계획공정표

계획공정의 Critical Path는 주거 부분 토공사, 벽체공사, 마감공사, 준공청소로 이어지는 경로이며, 차고 부분은 주거 부분에 비하여 여유시간을 가지고 있는 상황이다. 실제 작업 상황을 반영한 실적공정은 다음과 같다.

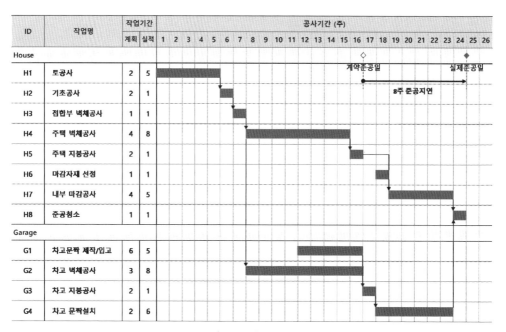

그림 4.5 실적공정표

당초 16주 기간 동안 진행되는 계획일정이었으나, 여러 복합적인 공기지연이 발생하여 실제 24주가 소요되었으며, 8주의 준공지연이 발생하였다. 발생한 지연사건을 정리하면 표 4.2와 같다.

표 4.2 지연사건의 개요

구분	지연사건	지연기간	영향받은 작업
발주자 책임 지연사건	지장물 발견으로 인한 지연	3주	[H1] 토공사
	창호 디자인 변경	2주	[H4] 주택 벽체공사
	마감자재 선정 지연	7주	[H6] 마감자재 선정
	차고문짝 변경 요청	4주	[G4] 차고 문짝 설치
시공자 책임 지연사건	벽체공사 목수팀 변경	4주	[H4] 주택 벽체공사
	마감공사 공기 증가	1주	[H7] 내부 마감공사
	차고문짝 발주 지연	4주	[G1] 차고문짝 제작/입고
	차고벽체 공기 증가	3주	[G2] 차고 벽체공사

다양한 지연사건에 의해 영향받은 작업의 계획 대비 실적을 비교하여, 증가된 작업 지연 및 착수지연을 정의하고 실적공정에 매칭하면 다음 그림과 같이 정리할 수 있다.

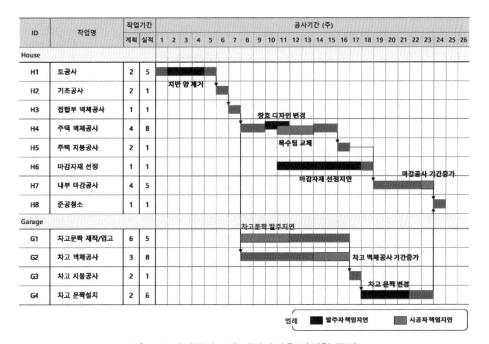

그림 4.6 실적공정표에 지연사건을 반영한 공정표

이와 같이 가정된 샘플 프로젝트의 공기지연 상황에서 다양한 공기지연 분석기법의 내용과 적용방식을 시뮬레이션을 통해 설명하고자 한다.

(1) Impacted As Planned Analysis

Impacted As Planned Analysis 방법의 분석 절차는 다음과 같이 정리할 수 있다.

① 분석 기준이 되는 예정공정표를 설정한다. 이 과정에서는 분석기준공정표(Baseline Programme)의 작업순서 및 기간의 기초적인 결함이나 합리성과 현실성을 검토하여야 한다.

② 일방의 지연사건을 정의하여 'Sub-Network'³로 작성하고, 설정된 분석기준공정표에 삽입한다. 이때 발주자 또는 계약자 어느 일방의 지연사건만을 삽입하여야 한다.

③ 지연사건의 Sub-Network 삽입 결과 준공일에 미치는 영향을 산정하여, 참여자별 책임일수를 산정한다.

이러한 분석과정을 샘플 프로젝트를 대상으로 시뮬레이션할 수 있다. 우선 발주자 책임지연만을 대상으로 설명하고자 한다.

계획공정을 분석기준공정표로 선정하고, 발주자 책임지연의 Sub-Network를 다음과 같이 작성할 수 있다. 토공사 중에 예견하지 못한 암이 발생하였고 이를 제거하는 데 지연이 발생하였다. 당초 계획되지 않은 지반암 제거공사는 2주 차부터 4주 차까지 진행되었으며, 해당 기간 동안 토공사가 지연된 상황이다. 따라서 지반암이 발견되기 이전까지의 토공사 작업을 '토공사(전반부)', 지반암 제거 이후에 잔여 토공사 작업을 '토

---

3   작업지연의 상황이 부분공정표 형태로 정리된 것을 의미하며, 지연의 시작 및 종료일, 지연기간, 선후행 작업 로직의 정의를 포함한다.

공사(후반부)'로 정의하여 지반암 제거에 대한 Sub-Network를 다음 그림과 같이 표현할 수 있다.

ID	작업명	작업기간	공사기간 (주)						
		실적	1	2	3	4	5	6	
House									
H1-1	토공사 (전반부)	1							
Delay	지반 암 제거	3			Delay				
H1-2	토공사 (후반부)	1							

그림 4.7 Sub-Network를 통한 지연반영 개념

이러한 방식으로 모든 발주자 지연에 대하여 Sub-Network를 작성한 후, 계획공정에 이를 삽입한다.

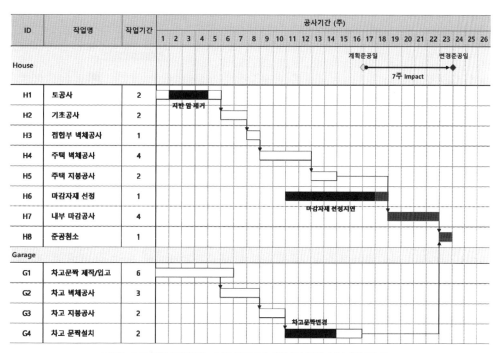

그림 4.8 계획공정에 모든 발주자 책임지연을 반영한 공정표

모든 발주자 책임의 지연사건 삽입 결과 당초 16주에 완료되는 계획준공이 7주가 연장되어 23주로 변경됨을 분석할 수 있다. 이는 발주자 책임지연을 삽입한 결과로 증가된 7주의 지연기간은 발주자 책임으로 판정할 수 있다.

그리고 실적공정에서 총 지연기간은 8주였으며, 7주는 발주자 책임기간으로 결정되었으므로 나머지 1주에 대해서는 시공자 책임기간이라 판정할 수 있다.

발주자 지연 관점에서 Impacted As-Planned Analysis를 시행한 방법과 동일하게 시공자 지연 관점에서도 분석을 진행할 수 있다.

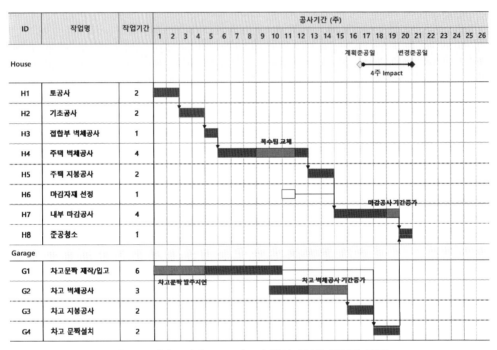

그림 4.9 계약공정에 모든 시공자 책임지연을 반영한 공정표

모든 시공자 책임지연의 Sub-Network를 분석기준공정표에 삽입한 결과 당초 16주인 계획준공일이 20주로 4주가 증가한 결과가 나타났다. 증가된 4주의 지연책임은 시공자에게 있다고 판정할 수 있으며, 총 8주의 지연기간에서 나머지 4주는 발주자 책임지연 기간이라 판정할 수 있다.

앞의 샘플 프로젝트 시뮬레이션 과정에서 볼 수 있듯이 Impacted As Planned Analysis는 작업 간 선후행관계가 정의된 CPM 형태의 예정 공정표(Logic Linked Baseline Programme)가 필요하며, 작업의 지연을 정의한 Sub-Network가 필요한 분석 방법이다.

공기지연의 원인이 되는 지연사건을 삽입하고 그 결과로 초래된 준공지연 기간을 산정하는 방식이므로 Cause and Effect 분석 방식으로 설명할 수 있다. 그리고 지연사건을 삽입한 후 미래에 예측되는 가상의 준공지연일수(Likely Effect)를 공정표에 의해 산정하는 Prospectively Approach 방식이다.

이러한 분석 방법의 특징으로 인하여 Impacted As Planned Analysis는 비교적 간단하고 이해하기 쉽게 준공지연의 책임일수를 설명할 수 있다는 장점이 있지만, 공사 과정에서 Dynamic하게 변화하는 CP의 변동을 고려하지 못한다는 점, 실제 지연이 아닌 예상되는 지연영향을 기준으로 책임일수를 산정한다는 점이 단점으로 지적되고 있다.

표 4.3 Impacted As-planned Analysis 장단점

분석 방법	장점	단점
Impacted As-Planned Analysis	• 이해하기 쉬움 • 분석에 소요되는 자원이 적음 • 실적 공정표(As-Built) 또는 업데이트 공정표가 필요하지 않음	• 계획된 작업의 기간 또는 선후행관계의 변화를 고려하지 못함 • 실제 발생한 준공 영향력이 아닌 가상의 결과(Theoretical Result)로 지연이 발생하였다는 근거 빈약 • 동시발생 지연 상황을 규명하지 못함

(2) Time Impact Analysis

Time Impact Analysis 분석 절차는 다음과 같이 정리할 수 있다.

① 분석 기준이 되는 예정공정표를 설정한다. 이 과정에서는 분석기준공정표(Baseline Programme)의 작업순서 및 기간의 기초적인 결함이나, 합리성과 현실성을 검토하여야 한다. 이 과정은 Impacted As Planned Analysis와 동일하다.

② 지연이 발생한 시점까지의 모든 작업의 실적을 업데이트한다.

③ 지연사건의 'Sub-Network'를 업데이트 공정표에 삽입한 후 준공일에 미치는 영향을 산정하여, 참여자별 책임일수를 산정한다.

④ 지연사건이 발생한 시점을 기준으로 순차적으로 위의 과정을 반복한다.

샘플 프로젝트를 대상으로 위 분석 절차를 다음과 같이 시뮬레이션하여 설명할 수 있다. 우선 모든 지연사건을 발생한 시점을 기준으로 시간순서에 따라 정리하고, 순차적 분석을 위한 분석시점을 구분하면 다음 그림과 같다.

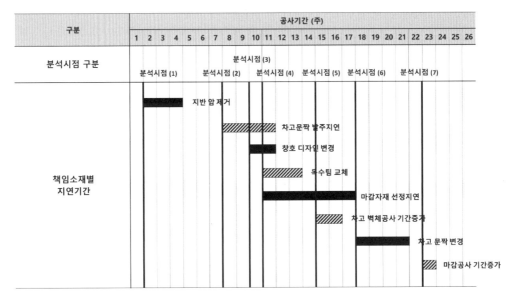

그림 4.10 지연사건 발생 순서에 따른 분석시점 구분

발생한 8개의 지연사건을 발생시점을 기준으로 분석구간을 설정한 결과 7개의 분석시점으로 구분할 수 있으며, 가장 먼저 발생한 지연사건부터 순차적으로 Time Impact 분석을 반복하여 진행한다. Time Impact 분석은 지연 사건별로 동일한 개념에 따라 반복적으로 진행되기 때문에 2주 차(분석시점 (1))와 8주 차(분석시점 (2))에 발생한 지연에 대해서만 설명하고자 한다.

가장 먼저 발생(2주 차)한 지반암 제거에 대한 Time Impact 분석을 실시한다. 지연을 삽입하기에 앞서 지반암 제거 지연이 발생한 시점까지의 작업 실적을 업데이트 하면 다음 그림과 같다. 업데이트 결과 당초 준공일 변화 없이 16주차에 작업이 완료될 계획이 유지됨을 확인할 수 있다.

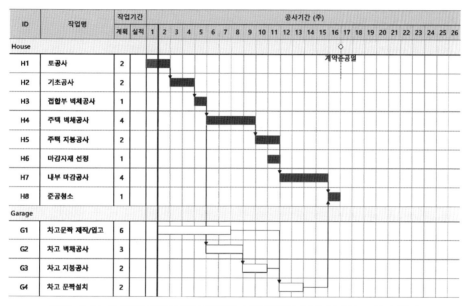

그림 4.11 첫 번째 지연사건이 발생한 시점까지의 실적 업데이트 실시 결과

2주 차까지 업데이트된 실적 공정표에 지반암 제거의 Sub-Network을 삽입한다.

지반암 제거 지연을 삽입한 결과 당초 준공일이 16주에서 19주로 3주 지연되는 결과를 도출할 수 있으며, 해당 지연기간은 발주자 책임기간으로 판정할 수 있다.

지연 발생 시점기준으로 두 번째 발생한 차고문짝 발주지연의 Time Impact 방식도 동일한 과정으로 진행할 수 있다. 우선 지연이 발생한 8주 차까지의 모든 작업실적을 업데이트한다.

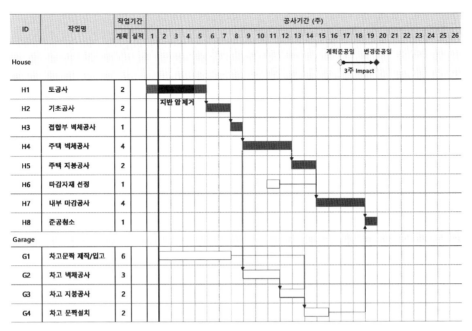

그림 4.12 분석시점 (1)에서 첫 번째 지연을 삽입하여 Time Impact 실시한 결과

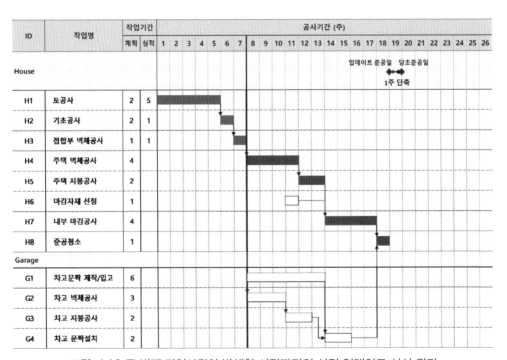

그림 4.13 두 번째 지연사건이 발생한 시점까지의 실적 업데이트 실시 결과

작업 실적 업데이트 결과 당초 지반암 제거로 인한 발생한 준공지연이 1주 단축됨을 확인할 수 있다. 이는 당초 2주가 소요되는 CP 작업인 기초공사를 시공자가 1주 단축시켜 1주에 완료한 결과이며, 시공자에 의한 공기단축 기간이라 판정할 수 있다.

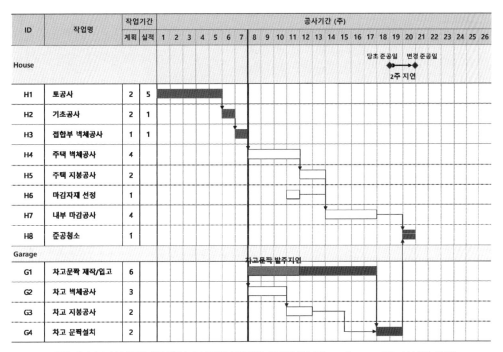

그림 4.14 분석시점 (2)에서 두 번째 지연을 삽입하여 Time Impact를 실시한 결과

차고문짝 발주지연을 8주 차까지 업데이트된 공정표에 삽입한 결과, 준공일이 2주 증가된 결과를 도출할 수 있으며, 이는 차고문짝 발주지연의 책임이 있는 시공자에 의한 지연기간이라 판정할 수 있다.

이와 같은 방식으로 가장 마지막에 발생한 지연사건까지 시간 순서대로 분석을 반복하여 참여자별 책임지연일수를 산정하는 방식이 Time Impact Analysis이다.

표 4.4 Time Impact Analysis 장단점

분석 방법	장점	단점
Time Impact Analysis	• 이해하기 쉬움 • 지연이 발생한 시점의 작업 상황을 고려함 • CP의 변동을 고려하여 분석함 • 준공공정표(As-Built)가 불필요함 • 동시발생 지연 추정 가능	• 실제 발생한 준공 영향력이 아닌 가상의 결과(Theoretical Result)로 지연이 발생하였다는 근거 빈약 • 실제 동시발생 지연을 규명할 수 없음 • 분석과정이 복잡하고, 상당한 자원이 소요됨 • 공사 진행 중간의 여러 실적 업데이트 공정이 필요함

(3) Time Slice Window Analysis

Time Slice Window Analysis 방법의 절차는 다음과 같이 설명할 수 있다.

① 전체 작업기간을 세분화된 Window로 구분한다. 통상적으로 세부화 기간은 월 간격으로 구분한다.

② 개별 분석구간의 끝 지점에서 작업실적 및 잔여작업의 일정 계획을 검토하여 CP를 결정한다.

③ 이전 분석구간에서의 준공일과 당해 분석구간의 준공일을 비교하여 CP 지연일 수를 산정한다.

④ 프로젝트의 기록을 조사하여 CP 지연의 원인이 되는 지연사건을 규명하여 책임 일수를 산정한다.

샘플 프로젝트를 대상으로 주단위의 분석구간을 설정한 후, Time Slice Window Analysis 방법을 적용하면 다음과 같다. (통상적인 Time Slice Window Analysis는 월단위로 분석구간을 설정하지만 샘플 프로젝트의 공사가간이 짧아 주단위로 분석구간을 설정한다.)

지연사건이 발생한 기간에 한하여 주단위로 분석구간을 설정한 결과 24개의 분석구간을 구분할 수 있다.

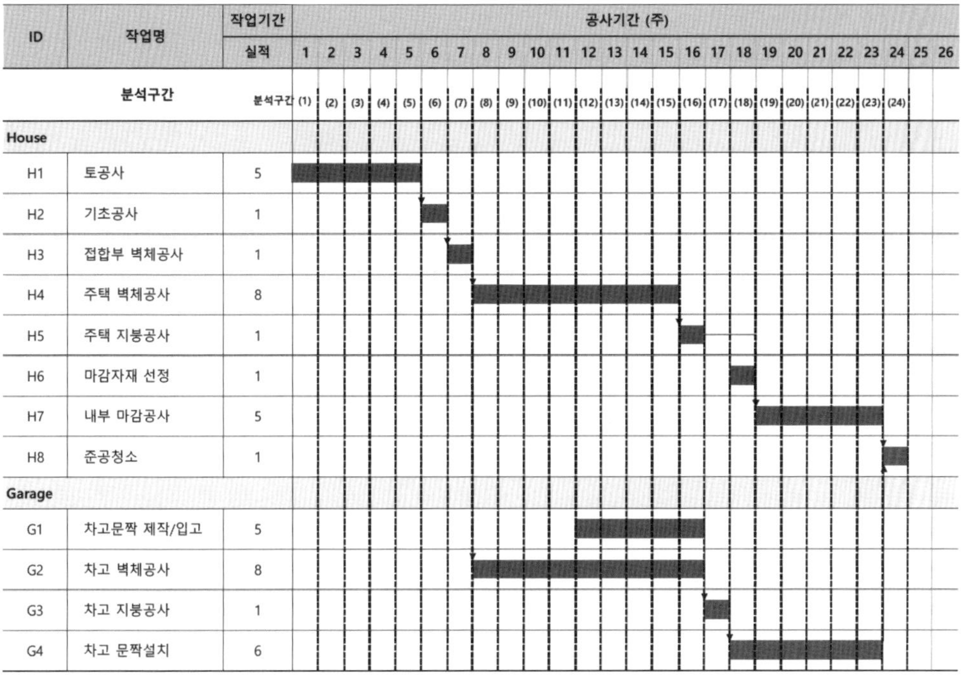

ID	작업명	작업기간 실적	공사기간 (주)																								
			1	2	3	4	5	6	7	8	9	10	11	12	13	14	15	16	17	18	19	20	21	22	23	24	25	26
	분석구간	분석구간	(1)	(2)	(3)	(4)	(5)	(6)	(7)	(8)	(9)	(10)	(11)	(12)	(13)	(14)	(15)	(16)	(17)	(18)	(19)	(20)	(21)	(22)	(23)	(24)		
House																												
H1	토공사	5																										
H2	기초공사	1																										
H3	접합부 벽체공사	1																										
H4	주택 벽체공사	8																										
H5	주택 지붕공사	1																										
H6	마감자재 선정	1																										
H7	내부 마감공사	5																										
H8	준공청소	1																										
Garage																												
G1	차고문짝 제작/입고	5																										
G2	차고 벽체공사	8																										
G3	차고 지붕공사	1																										
G4	차고 문짝설치	6																										

그림 4.15 Time Slice Window Analysis를 위한 분석구간 구분 결과

분석구간은 정기적인 기간으로 구분하며, 주로 발주자와 계약자간 공식적인 공정보고를 주기로 하는 경우가 많다.

Time Slice Window Analysis 방법은 구분된 분석구간에 따라 순차적으로, 그리고 반복적으로 지연분석을 진행한다. 본 책에서는 착수(분석구간 (1))부터 첫 번째 지연이 종결되는 분석구간 (4)까지의 Time Slice Window Analysis 과정을 설명하고자 한다.

① 분석구간 1 : 착수~1주 차

분석구간 1의 종료시점에서 잔여일정의 로직을 검토하면 다음 그림과 같이 House부의 토공사~준공청소 구간이 CP임을 네트워크에 의해 결정할 수 있다.

그리고 분석구간 시작시점에서 준공일은 당초 계획 준공일과 같이 16주 차에 종료됨을 예측할 수 있으며, 분석구간 종료시점에서도 마찬가지로 16주 차에 종료되는 것으로 예상되어 분석구간 1에서의 CP 지연은 없다. 따라서 귀책 여부에 따라 책임일수를 산정할 필요가 없는 구간이다.

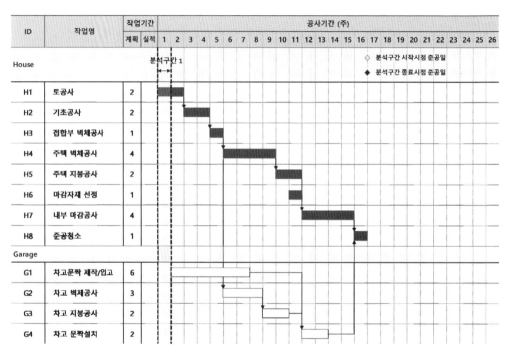

그림 4.16 분석구간 (1)에서의 실제 준공지연 및 CP 결정 결과

② 분석구간 2 : 1~2주 차

분석구간 2에서의 CP는 분석구간 종료시점에서의 잔여일정의 로직에 의해 House 부 토공사~준공청소 구간임을 알 수 있다.

분석구간 2의 시작 시점에서의 준공일은 분석구간 1의 종료시점에서의 준공일과 같은 16주 차에 완료되는 것을 계산할 수 있다. 분석구간 2에서의 잔여작업의 일정과 로직을 검토한 결과 종료시점에서는 준공일은 1주가 지연되어 17주 차에 완료되는 것을 확인할 수 있다.

1주의 준공 지연이 발생한 원인은 Critical Activity인 토공사 수행 과정에서 예기지 못하게 발생한 지반암을 제거하는 데 1주가 소요된 결과이며, 지반암 제거 공사는 분석구간 2의 종료시점에서도 완료되지 못하였으며, 지연이 계속되고 있는 상황이다.

결론적으로 분석구간 2에서는 1주의 준공지연이 발생하였으며, 준공지연의 원인은 예기치 못한 지반암을 제거하는 데 소요된 지연으로 계약자에게 1주의 공기연장 권한이 인정된다.

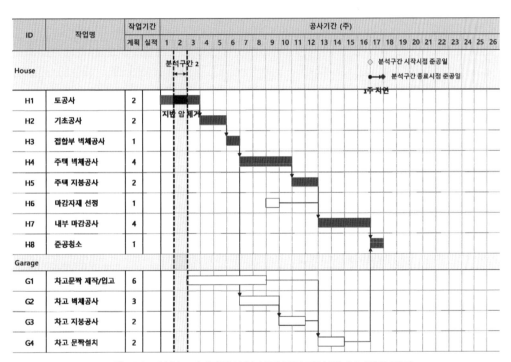

그림 4.17 분석구간 (2)에서의 실제 준공지연 및 CP 결정 결과

③ 분석구간 3 : 2~3주 차/분석구간 4 : 3~4주 차

분석구간 3과 분석구간 4에서도 앞서 분석구간 2에서 발생한 지반암 제거 지연이 지속되었으며, 분석구간의 CP는 동일하며, 1주씩 지연이 증가됨을 알 수 있다.

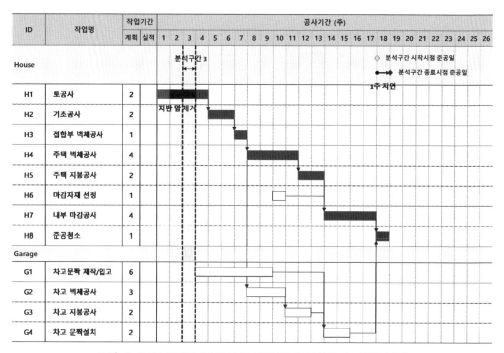

그림 4.18 분석구간 (3)에서의 실제 준공지연 및 CP 결정 결과

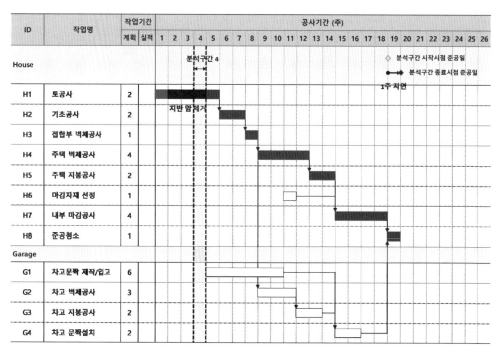

그림 4.19 분석구간 (4)에서의 실제 준공지연 및 CP 결정 결과

주 단위 실적 업데이트 공정표를 기준으로 하여, 분석구간 2에서부터 분석구간 4까지 구간에서 Time Slice Window Analysis 적용 결과를 요약하면, CP는 House부의 토공사~준공청소 구간이며, 총 3주의 준공지연이 발생하였다. 준공지연의 원인은 지반암 제거로 인한 토공사 작업의 지연이며, 해당 지연사건의 책임은 발주자에게 있으므로 계약자에게 3주의 공기연장 권한이 있음을 판정할 수 있다.

이와 같은 방법으로 준공시점까지 반복적으로 분석을 실시하여 참여자별 책임지연일수를 산정할 수 있다.

표 4.5 Time Slice Window Analysis 장단점

분석 방법	장점	단점
Time Slice Window Analysis	공사 진행 중간에 작업 상황을 적절히 반영하여 작성된 Contemporaneous Programme을 분석 기준으로 활용하고, 실제 발생한 지연의 원인을 기록에 의해 규명하므로 신뢰성이 높은 분석 방법임	상호 간에 인지되고 작업의 상황을 반영한 분석기준공정표가 필요하며, 잔여 일정의 Logic이 설정되어 있어야 함

(4) As Planned vs. As Built Window Analysis

As-Planned Versus As-Built Windows Analysis Method 분석 절차는 다음과 같이 정리할 수 있다.

① 주요 마일스톤 또는 Event를 기준으로 분석구간을 구분한다.
② 분석구간에 실제 CP를 결정한다. 이때 공정표 또는 공정관리 소프트웨어에 의존하지 않고 가용한 기록자료와 전문가의 논리, 원인규명에 의해 CP를 결정한다.
③ 규명된 CP상 Key Date의 계획일과 실적일을 비교하여 CP 지연일수를 산정한다.
④ 프로젝트의 기록을 조사하여 CP 지연의 원인이 되는 지연사건을 규명하여 책임일수를 산정한다.

샘플 프로젝트를 대상으로 앞의 분석 절차를 다음과 같이 시뮬레이션하여 설명할 수 있다.

① 분석구간 설정

As Planned vs. As Built Window Analysis는 주요 작업의 마일스톤 또는 주요 지연을 기준으로 분석구간을 구분하기 때문에 분석가의 판단에 따라 분석구간이 상이하게 구분될 수 있다. 본 샘플 프로젝트와 같은 건축공사의 경우 지하부 구조체 공사 완료, 지상부 구조체 공사 완료, 마감공사 완료를 Key 마일스톤으로 고려할 수 있다. 그리고 CP 지연을 검토하면, 초기 토공사 및 기초공사 구간까지는 주거부(House)가 CP에 해당되나, 이후에는 차고부(Garage)가 CP에 해당됨을 인지할 수 있다.

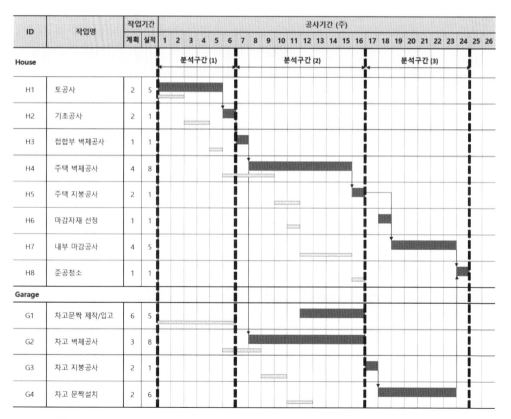

그림 4.20 As Planned vs. As Built Window Analysis를 위한 분석구간 구분 결과

이와 같은 상황을 종합적으로 판단하면 기초공사가 완료되는 시점, 차고 벽체공사가 완료되는 시점, 준공시점을 기준으로 분석구간을 구분하는 것을 고려할 수 있다.

분석구간별로 반복적인 As Planned vs. As Built Window Analysis 분석이 진행되므로 첫 번째 분석구간에 대하여 시행 방법을 설명하고자 한다.

우선 첫 번째 분석구간은 착수부터 지하구조물 완료 시점까지의 6주의 구간이며, 분석구간의 계획공정과 실적공정을 검토하면 다음 그림과 같다.

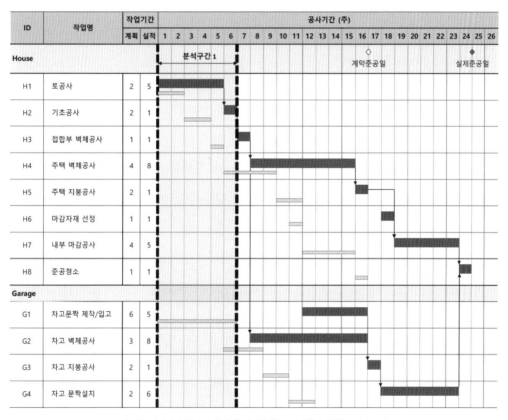

그림 4.21 분석구간 (1)의 계획공정 및 실적공정 비교

② 분석구간 내 CP 결정

계약공정표상에서 해당 구간의 CP는 토공사와 기초공사로 정의할 수 있다. 지하구조물 공사 외 동 기간에 계획된 작업은 차고문짝 제작/입고 작업이 있지만, 해당 작업

의 Total Float는 7주로 지하구조물 작업에 비해 상대적으로 여유가 있는 작업이기 때문이다.

③ CP 지연일수 산정

각 작업의 계획과 실적의 Key Date를 비교하여 지연일수를 결정할 수 있다. 먼저 토공사의 경우 계획은 2주 차에 끝나는 작업이었으나 실제 5주 차에 끝나 총 3주의 지연이 발생하였다. 따라서 첫 번째 작업 또는 첫 번째 분석구간의 지연일수는 다음과 같은 수식으로 구할 수 있다.

$$작업의\ 지연일수 = 실제\ 작업\ 종료일 - 계획\ 종료일$$

분석구간 1에서의 두 번째 CP 작업인 기초공사의 경우 계획은 4주 차에 끝나야 하지만 실제 6주 차에 완료되어 총 2주의 지연이 발생하였음을 앞의 수식을 적용하여 계산할 수 있다. 하지만 해당 지연일수는 선행 작업 또는 선행 분석구간의 지연영향을 포함하는 누적된 지연일수이다.

기초공사의 계획 대비 실적 종료일을 비교하면 2주가 지연되었지만 선행 작업인 토공사가 이미 3주 지연된 상황이므로 기초공사 당해 작업의 순수지연을 계산하면 오히려 1주가 단축됨을 알 수 있다. 따라서 두 번째 작업이나 분석구간부터는 다음과 같은 수식으로 지연일수를 산정할 수 있다.

$$당해\ 작업의\ 순수\ 지연일수 = [당해\ 작업\ 또는\ 분석구간에서의\ 실제\ 작업\ 종료일 \\ - 계획\ 종료일] - [이전\ 작업\ 또는\ 분석구간의\ 지연일수]$$

결론적으로 분석구간 1에서의 총 지연은 2주이며, 토공사 작업이 3주가 지연되었으나 후속 작업인 기초공사 작업을 1주 단축시킨 결과로 해석할 수 있다.

④ 지연원인 규명 및 책임일수 산정

지연사건 발생 기록을 찾으면, 분석구간 1에서는 발주자 책임의 지반암 제거로 인해 발생한 공기지연으로 그 원인을 찾을 수 있다. 토공사 진행 중에 예기치 못한 암이 발생하여 2주 차부터 4주 차까지 3주간 계획되지 않은 암 제거 공사를 수행한 결과이다. 비록 3주의 CP 지연이 발생하였지만 후속공사에서 해당 지연의 일부가 만회되어 실제로는 2주의 지연으로 경감되었고, 해당 지연의 책임이 발주자에게 있으므로 계약자에게 2주의 공기연장 권한이 있는 것으로 판단할 수 있다.

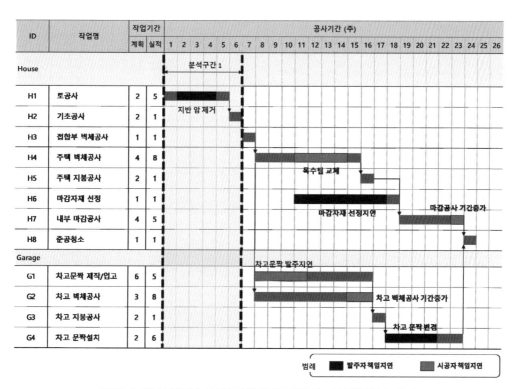

그림 4.22 분석구간 (1)의 지연 원인 규명 및 지연책임일수 산정

이러한 방식으로 공사가 종료되는 시점 또는 분석 기준일(Data Date)까지 반복하여 참여자별 공기지연 책임일수를 산정할 수 있다.

표 4.6 As Planned vs As Built Window Analysis 장단점

분석 방법	장점	단점
As Planned vs As Built Window Analysis	• 분석 방법이 비교적 용이하고 상식적으로 이해할 수 있는 방법임 • 실제 발생한 지연에 대하여 기록자료에 기반하여 책임일수를 산정하므로 신뢰성이 높은 방법임	분석구간 내 Critical Path 결정 시 분석가의 주관이 개입되므로 CP의 신뢰성 논란이 발생할 수 있음

(5) Retrospective Longest Path Analysis

Retrospective Longest Path Analysis 방법의 절차는 다음과 같다.

① As-Built Programme을 구성하고 적정성을 검증한다.

② 완료된 준공으로부터 역방향으로 연속된 Longest Path를 추적하여 As-Built CP를 결정한다.

③ 계획과 As-Built CP의 Key Date를 비교하여 CP 지연의 범위를 결정한다.

④ CP 지연의 원인이 되는 지연사건을 기록에 의하여 규명하고 책임일수를 산정한다.

샘플 프로젝트를 대상으로 하여 Retrospective Longest Path Analysis 방법을 적용한 결과는 다음과 같이 설명할 수 있다.

먼저 공사가 완료된 이후 준공공정표(As-Built Programme)를 다음 그림과 같이 구성할 수 있다.

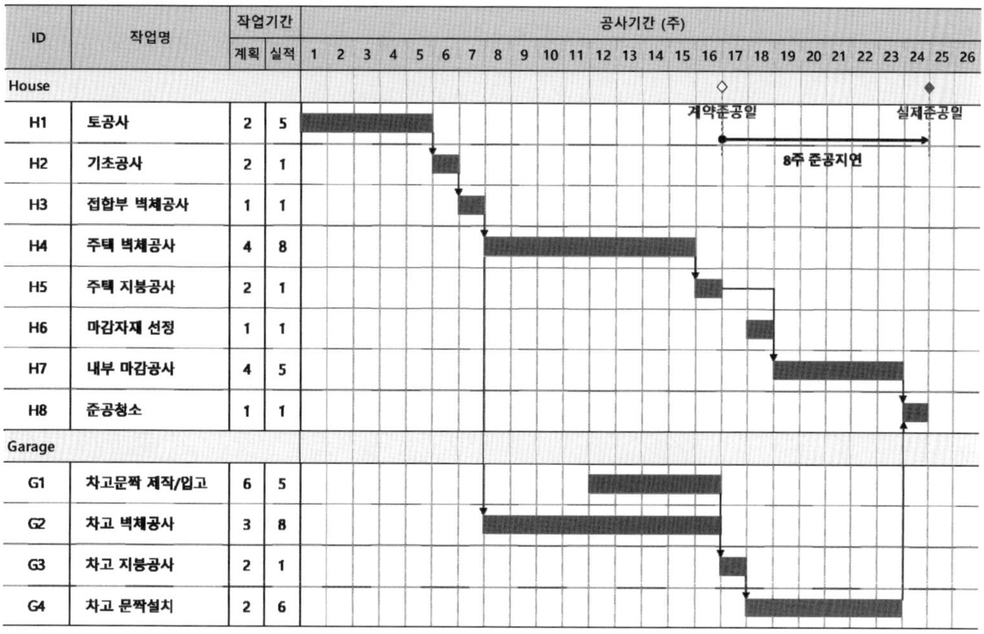
ID
작업명
작업기간
계획
실적
공사기간 (주)
1 2 3 4 5 6 7 8 9 10 11 12 13 14 15 16 17 18 19 20 21 22 23 24 25 26
House
계약준공일
실제준공일
8주 준공지연
H1 토공사 2 5
H2 기초공사 2 1
H3 접합부 벽체공사 1 1
H4 주택 벽체공사 4 8
H5 주택 지붕공사 2 1
H6 마감자재 선정 1 1
H7 내부 마감공사 4 5
H8 준공청소 1 1
Garage
G1 차고문짝 제작/입고 6 5
G2 차고 벽체공사 3 8
G3 차고 지붕공사 2 1
G4 차고 문짝설치 2 6

그림 4.23 준공공정표(As-Built Programme) 작성 결과

그리고 준공공정표를 기준으로 As-Built CP를 다음과 같이 정의할 수 있다.

준공 직전에 마지막으로 수행된 작업이 준공청소였으며, 준공청소는 차고 문짝 설치와 내부 마감공사가 완료된 이후에 착수할 수 있었다. 내부 마감공사 이전에는 주택 지붕공사가 진행되었으나 주택 지붕공사가 완료된 이후 2주의 시간적 여유를 두고 내부 마감공사가 진행되었다. 이를 근거로 내부 마감공사는 CP에 해당하는 작업이 아니었음을 판단할 수 있다. 이러한 방식으로 준공부터 착수까지 역방향으로 As-Built CP를 정의할 수 있다.

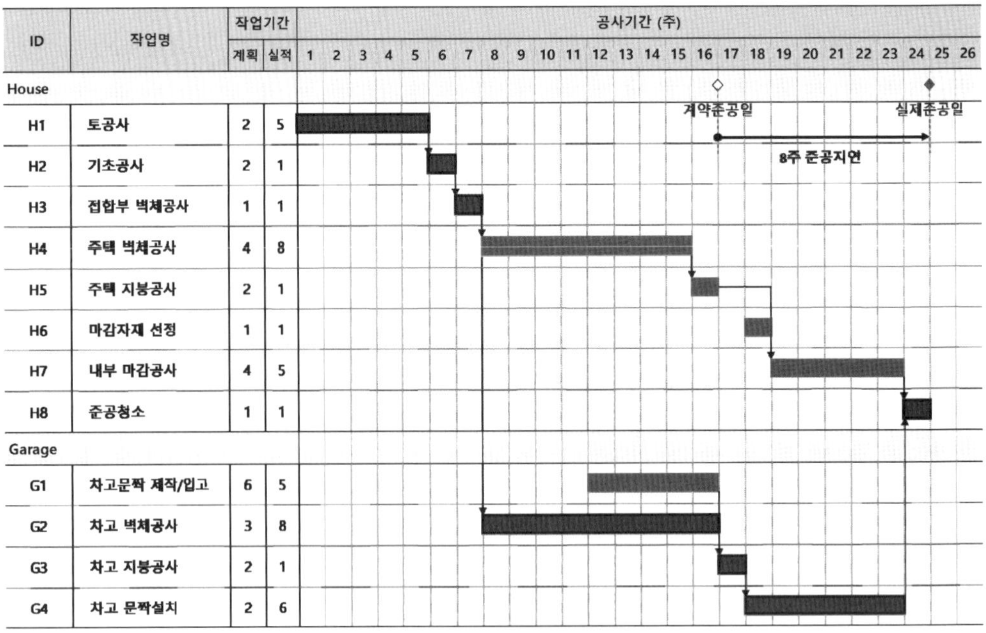

그림 4.24 As-Built CP 정의 결과

Key Milestone인 준공일을 기준으로 계획 완료일, 실제 완료일을 비교하면, 총 8주의 CP 지연이 발생하였음을 판단할 수 있다.

이렇게 정의된 As-Built CP에 지연의 원인을 규명하면, 토공사 기간의 지반암 제거 3주 지연, 차고 벽체공사 기간 증가 3주, 차고 문짝 변경으로 인한 4주 지연으로 총 10주의 CP 지연의 원인을 찾을 수 있다. 기초공사와 차고 지붕공사 작업의 경우 각각 당초 2주의 작업기간이 1주로 단축되어, 합계 2주의 공정단축이 일어났다. 10주의 작업지연이 발생하였음에도 준공지연은 8주가 발생하는 결과가 나타났다.

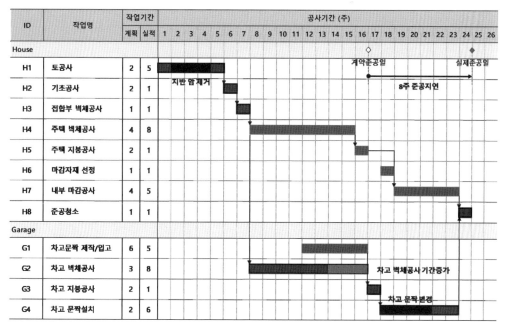

그림 4.25 As-Built CP의 지연기간 산정 및 지연원인 규명 결과

토공사 과정에서 발생한 지연이 기초공사 과정에서 1주가 만회되었고, 차고 벽체공사 과정에서 발생한 지연이 차고 문짝공사를 진행하면서 1주가 만회된 것으로 판단한다면 다음과 같이 책임일수를 산정할 수 있다.

표 4.7 Retrospective Longest Path Analysis 결과 요약

CP	지연일수	지연만회	지연책임	책임일수 판정 결과	
				발주자	계약자
토공사	3주	1주	발주자	2주	-
차고 벽체공사	3주	1주	계약자	-	2주
차고 문짝 설치	4주	-	발주자	4주	-
합계	10주	2주		6주	2주

Retrospective Longest Path Analysis 방법의 특성과 분석과정을 살펴보았으며, 해당 분석 방법의 장단점은 다음과 같이 요약할 수 있다.

표 4.8 Retrospective Longest Path Analysis 장단점

분석 방법	장점	단점
Retrospective Longest Path Analysis	• CPM 형태의 계약공정표가 없어도 분석이 가능함 • 실제 발생한 지연에 대한 책임일 수 산정 방법임	• As-Built CP를 결정하는 데 논란이 발생할 수 있음 • 공사 진행 중 변화하는 CP를 고려하여 분석하지 못함

(6) Collapsed As-Built Analysis

Collapsed As-Built Analysis 방법은 다음과 같은 절차로 설명할 수 있다.

① 작업 간의 관계가 포함된 준공공정표(Logic Linked As-Built Programme)를 작성한다.

② 지연사건을 정의하고 Sub-Network로 표현한다.

③ 어느 일방 책임의 지연 Sub-Network를 As-Built Programme에서 삭제시켜서, 삭제시키기 전후의 준공일의 변화를 검토하여 책임지연일수를 산정한다.

샘플 프로젝트의 Logic Linked As-Built Programme을 구성하고, 준공공정표에 지연사건의 Sub-Network를 중첩하여 표현하면 다음 그림과 같다.

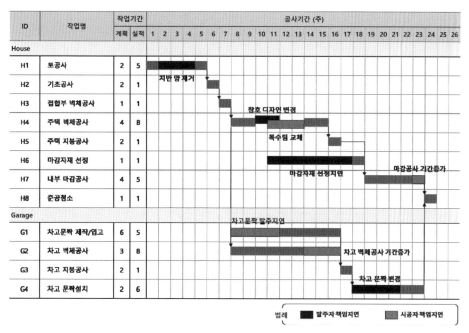

그림 4.26 Logic Linked 준공공정표(As-Built Programme) 작성 결과

여기에서 먼저 발주자 책임의 지연사건을 제외하여 변화되는 일정을 계산한다.

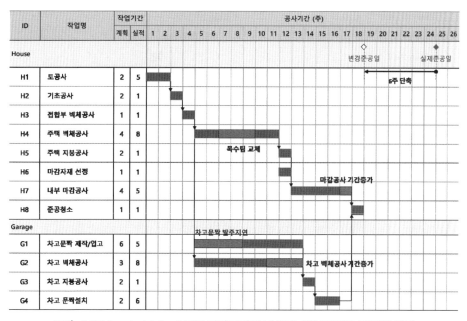

그림 4.27 Logic Linked 준공공정표에서 발주자 책임지연을 제외한 결과

발주자 책임의 지연사건의 Sub-Network를 모두 제거한 결과 24주에 완료되었던 실제 준공일이 6주가 단축되어 18주 차에 완료된 것으로 나타났다. 따라서 총 8주의 지연이 발생한 상황에서 발주자 책임지연일수는 6주, 나머지 2주는 계약자 책임지연일수로 판정할 수 있다.

반대로 계약자 책임지연사건의 Sub-Network를 제외하여 분석할 수도 있다.

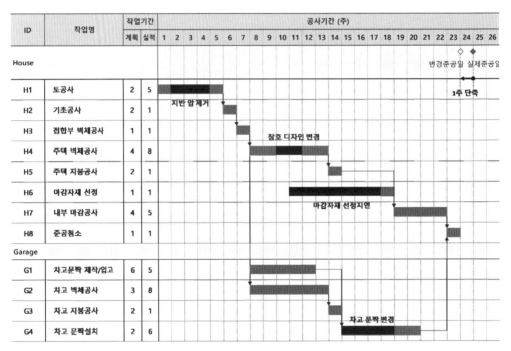

그림 4.28 Logic Linked 준공공정표에서 계약자 책임지연을 제외한 결과

준공공정표에서 계약자 책임지연을 제외한 결과 실제 준공일이 1주가 단축되어 23주 차에 작업이 완료되는 것으로 나타났다. 따라서 총 8주의 준공 지연 중에서 계약자 책임의 지연은 1주, 나머지 7주는 발주자 책임지연으로 판정할 수 있다.

표 4.9 Collapsed As Built Analysis 장단점

분석 방법	장점	단점
Collapsed As Built Analysis	이해하기 쉽고, 분석이 용이함	• Logic Linked As-Built Programme이 필요하나 해당 공정표 구성이 어려움 • 동시발생 지연 분석이 어려움

4.3.4 공기지연 분석 방법 특성 요약

앞서 공기지연 분석 방법의 주요 내용의 소개와 실제 공기지연 Case Study 적용을 통해 각 분석 방법의 개념과 특징을 이해할 수 있었다. 분석 방법별로 개념과 적용 방법이 상이하고 독특한 특징과 그에 따른 장단점을 가지고 있는 것을 알 수 있다.

IAP(Impacted As-Planned Analysis)는 상호 간에 합의한 CPM 계약공정표에 발생한 지연사건의 기간을 추가로 입력하여 공기지연의 영향력을 입증하는 방법이다. 타 분석 방법에 비해 분석 방법이 복잡하지 않고, 분석 결과를 이해하기 쉬운 특성이 있다.

반면 이 IAP 방법은 공사가 실제 진행되기 이전의 예정공정계획을 기준으로 공기지연 영향력 분석을 시행하므로, 예정공정계획이 체계적으로 작성되지 못한 경우나 당초 예측되지 않은 변경사항이 발생하여 예정공정계획과 실제 공정이 상이할 때 지연사건을 예정공정계획에 입력하여 영향력을 분석한 결과가 실제 공정 진행에서의 상황을 반영하지 못하므로 결과의 합리성이 낮아지는 단점을 가지고 있다.

두 번째 분석 방법인 TIA(Time Impact Analysis)는 진행 중인 프로젝트의 공기지연 분석에서 가장 널리 쓰이는 방식이며, 국제 분쟁환경에서도 채택률이 높은 방식으로 평가받고 있다. 지연사건이 발생한 시점에서의 실제 공사 진행 상황, 지연사건 영향력 분석 시 전체 공사 준공일에 대한 주공정선(Critical Path) 확인, 동시발생 공기지연의 영향력 고려, 분석구간에서의 공정만회 등을 종합적으로 고려할 수 있는 체계적이고 합리적 분석 방법이다.

이에 반해 TIA 방법은 분석과정이 다른 분석 방법에 비해 절차가 복잡하고, 분석에

많은 시간이 소요되며, 분석 결과를 통해 산출된 준공지연에 대한 영향력 기간이 실제 준공일에 대한 영향력이 아니라 지연사건이 발생한 공사 진행 시점에서 예정준공일에 대한 영향력 분석 결과를 설명(Likely Effect)한다는 단점이 있다.

세 번째, TSWA(Time Slice Window Analysis)는 공사 진행 당시에 발생한 지연사건의 실적기록이 반영되고 계약 상대방에게 정기적으로 보고된 Updated 공정표를 기반으로 분석을 실시하므로, 타 분석 방법에 비해 분석 결과의 신뢰성이 높은 방식이라 할 수 있다. 각 분석구간별로 발생한 Update 공정표상의 준공지연에 대한 원인을 분석하는 방법으로서, 준공지연 발생 전후의 Critical Path 확인, 분석 당시 Critical Path에 영향을 준 지연사건을 규명하여 공기지연의 책임을 결정하는 방법이다.

TSWA 방법은 TIA 방법과 마찬가지로 공사 진행 과정에서 순차적으로(Contemporaneous) 분석을 시행하기 때문에, 분석 결과를 통해 산출된 준공지연에 대한 책임일수 기간이 실제 준공일에 대한 지연기간이 아니라 공사 진행 시점에서 예정준공일 지연에 대한 영향력 분석 결과를 설명한다는 단점을 가진다. 그렇지만 TIA 분석과는 다르게 상호 정기적으로 공유한 Update 공정기록상에 준공지연이 예상된다는 자료를 가지고 분석을 시행하므로, TIA에 비해 분석 결과의 객관성이 조금 더 높다고 할 수 있다.

다만 TWSA 방법은 계약공정표의 승인, 정기적인 계약공정표의 업데이트 시행, 참여자간 업데이트 공정표의 공유, 실적 공정기록 및 잔여공정 계획에 대한 상호 간의 검토 등이 확보되는 프로젝트에 한해서 적용될 수 있다는 제약요소를 가지고 있다.

네 번째, APAB(As-Planned vs As-Built Window Analysis)는 분석구간의 CP를 결정하고, CP상의 작업의 계획공정표상의 주요 작업의 완료일(Key Date)과 실제 완료일을 비교하는 방식으로 분석을 진행하며, CPM 형태의 공정표가 없어도 분석이 가능하다는 특성이 있다. APAB 방법은 타 분석 방법에 비해 분석 절차가 비교적 단순하므로 공정분석에 대한 익숙하지 않은 비전문가들도 개념을 이해하기 쉬운 장점을 가지고 있으므로, 공정실적정보에 대한 관리가 잘 이루어지지 않은 프로젝트의 건설 분쟁에서 많이 활용되고 있다.

APAB 방법은 분석구간을 구분하고 CP를 결정하는 과정에서 분석가의 주관이 개입될 여지가 있어 분석 결과의 객관성에 대한 논란이 제기될 수 있다. 만약 계약공정표에 대한 승인과 정기적인 업데이트 공정계획의 보고가 이루어진 국내외 대형 공사에서 APAB 방법을 활용하여 CP를 정의하고 분석을 시행했을 때는, 앞서 설명한 TWSA 방법 적용을 통해 비교·검증을 할 경우에 CP가 다르게 정의되고, 지연책임에 대한 분석 결과 또한 상이하게 도출될 수 있으므로, APAB 방법의 적용을 하는 데는 신중을 기해야 한다.

다섯 번째, Retrospective Longest Path Analysis는 CPM 공정표가 없어도 분석이 가능한 방법이며, 실제 발생한 지연에 기반한 분석이 가능하다는 장점이 있다. 상호 간에 합의한 계약공정이 없고 실적공정에 대한 기록이 부재하거나 실적공정 작성이 사실상 불가능하며 전체 공사가 거의 다 종료되었을 경우에 이 방법의 적용을 검토할 수 있다.

하지만 실적공정상의 CP를 구성하는 데 분석가의 주관이 개입하게 되어 분석 결과의 객관성 확보 측면에 단점이 존재한다. 이 방법 또한 ABAP와 같이 계약공정표에 대한 승인과 정기적인 업데이트 공정계획의 보고가 이루어진 국내외 대형 공사에 적용했을 경우, 분석 결과에 대한 반박이 제기될 여지가 높다는 점을 참고해야 한다.

마지막 여섯 번째, Collapsed As-Built Analysis는 실제 완료된 실적공정을 위주로 공정표를 작성하고, 작성된 공정표에서 발주자 귀책의 지연사건을 삭제한 공정표와의 차이를 분석하는 방법으로 기존의 분석 방법에 비해 분석 절차가 단순하고 분석 결과를 이해하기 쉬운 장점을 가지고 있다.

하지만 분석을 위해서는 Logic Linked As-Built Programme이 필요하므로, 공사 종료시점에서 공사 중 실제로 진행된 작업의 선후행관계를 재구성하는 작업이 어려우며, 그 작업에 분석가의 주관성이 개입될 여지가 높아 상대방 측에서 문제점을 제기할 수 있는 단점을 가지고 있다.

이상과 같이 SCL에서 언급하고 있는 여섯 가지 주요한 공기지연 분석 방법에 대해 각각의 분석 방법별로 특성과 장단점을 정리하였다. 다음은 전체 내용을 간략히 표로 요약한 내용이다.

표 4.10 공기지연 분석 방법별 적용 개념 및 특징 요약

분석 방법	적용 개념	특징/장단점
Impacted As-Planned Analysis (IAP)	계획공정에 지연 사건을 반영하여 예상되는 영향을 분석하는 방법	• CPM 공정표를 활용하는 분석 방법 중 단순하고 이해하기 쉬운 방법임 • 지연사건별 분석, 전체 지연 종합분석, 시계열적인 분석 가능 • 계획공정표의 불완전성을 고려하지 못하는 이론적인 분석 방법의 한계
Time Impact Analysis (TIA)	지연 발생시점에서의 공기지연 영향력을 분석하는 방법	• 현행 공기지연 분석 방법 중 가장 널리 쓰이는 방식으로 국제 분쟁환경에서 채택률이 높은 방식 • 지연 발생시점에서의 공정 현황을 고려하며, 동시 발생 지연, 공정만회 등 복잡한 상황에 대한 분석 가능하나 분석이 복잡하며 비교적 많은 시간이 소요됨
Time Slice Window Analysis (TSWA)	주기적인 분석구간의 CP 지연의 인과관계를 설명하는 방법	• 주기적으로 보고된 업데이트 공정표에 기반하여 실제 발생한 지연을 대상으로 지연분석을 실시하므로 신뢰성이 높은 분석 방법임 • 공정만회 등 실제 작업 상황을 고려하는 분석 방법 • 실적 업데이트 공정표의 신뢰성 확보가 필요함
As-Planned vs As-Built Window Analysis	계획공정과 실적 공정의 Key Date를 비교·분석하는 방법	• CPM 공정표 없이 Bar-Chart로 분석 가능 • 주공정선의 계획과 실적의 Key Date를 비교하여 결과 산정 • 분석과정에서 분석가의 주관이 개입되어 분석 결과에 신뢰성에 영향을 미칠 여지가 있음 • 동시발생 지연, 지연만회 노력에 대한 확인 어려움
Retrospective Longest Path Analysis	As-Built CP를 정의하고 지연을 설명하는 방법	• 실제 발생한 지연에 대한 책임일수 산정 방법이며 CPM 공정표가 없어도 분석 가능 • As-Built CP 결정의 신뢰성 확보가 요구되며, 공사 중 변화하는 CP를 고려하는 데 한계가 있음
Collapsed As Built Analysis	실적공정에서 일방의 지연을 제거하여 분석하는 방법	• 계획공정이 없을 경우에도 분석 가능 • 공사수행 정보에 근거하여 실제수행 Logic을 포함한 As- Built Schedule 작성이 현실적으로 어려움

공기연장 클레임과 분쟁 실무에서 공기지연의 영향력과 준공지연기간의 책임기간을 산정하고 평가하는 데 공기지연 분석 방법의 특징과 장단점을 명확하게 이해하고 프로젝트의 상황에 적합한 방법을 선정하여 실무를 추진함으로써 후속 협상과 합의에서 불필요하게 소비되는 시간과 노력을 최소화할 수 있다.

4.4 공기지연 분석 방법에 대한 전문가 의견

공기지연 분석 방법에는 앞서 설명한 바 있는 SCL에서 소개하고 있는 방법 이외에도 다양한 분석 방법들이 있다. 실제 건설현장에서는 앞서 소개한 분석 방법 여섯 가지 분석 방법 이외에도 여러 가지 다양한 형태의 분석 방법들이 혼합되거나 변형되어 사용되고 있다.

공기지연 관련 클레임과 건설 분쟁의 성공률을 높이기 위해서는 실제 현장에서 발생한 공기지연 사건의 영향력을 객관적으로 분석할 수 있는 공기지연 분석 전문가들의 의견과 공기지연 클레임에 대한 최종적인 결정이 이루어진 실제 공기지연 분쟁 판례의 결과를 참고할 필요가 있다.

미국의 공기지연과 관련한 법원 판례와 분쟁 사례를 조사하여 발표한 미국 토목학회 연구자료(2008)를 참고하고자 한다. 분쟁 승소를 위해 손실을 청구하는 측에서는 공기지연 분석 방법 선택에서 현장에서 활용한 공정표의 종류, 공정표 실적 업데이트 상황, 분석용 신규 공정표를 생성했는지의 여부, 분석 전문가의 활용 등을 고려하여 공기지연 분석 방법을 선택하고 있으며, 판정부에서도 전문 공정분석 소프트웨어를 활용하고 공기지연 분석 방법도 하나 이상의 다양한 분석 방법의 검토를 선호하고 있다.

이 연구에서는 총 58건의 공기지연 분쟁 사례에서 손해입증에 활용된 분석 방법의 빈도와 각 분석 방법별 판정부의 채택지수를 조사하였다. 그림 4.29에서 보는 바와 같이 분쟁에서 가장 많이 활용된 분석 방법은 As-Planned vs. As-Built 방법(14건)과 Time Impact Analysis 방법(12건)이었고, 적용된 분석 방법에 대해 판정부에서 적정하다고 인정한 채택지수가 가장 높은 방법은 Time Impact Analysis 방법(3.83점/5점 만점)이었다.

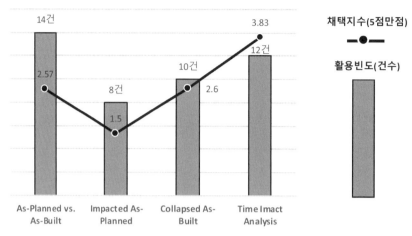

그림 4.29 공기지연 분석 방법별 활용 빈도 및 채택지수

Time Impact Analysis 방법은 공정표가 충실하게 작성되고 정기적으로 실적 업데이트를 시행하는 대규모 프로젝트에서 활용되었고, 판정부에서도 이 방법이 객관적이고 상세한 영향력 분석을 제공할 수 있기 때문에 Time Impact Analysis 방법을 가장 선호하고 있다. 그렇지만 이 방법은 공정정보가 부족하고 실적 업데이트가 제대로 시행되지 않은 현장에는 적용하기 어렵다는 점을 지적하고 있다. 성공적인 공기지연 클레임과 분쟁을 추진하기 위해서 프로젝트 관리자는 공사의 각 단계별로 적절한 공정정보와 실적정보를 관리하여 클레임에 대한 대비를 해야 필요성을 추가적으로 강조하고 있다.

As-Planned vs. As-Built 방법은 공정분석 전문가나 외부 용역을 활용하지 않고 원고 자체적으로 분석을 시행하는 비교적 적은 규모의 공기지연 분쟁 사례에서 활용되는 방법이었고, 58건 사례 중 가장 많은 14건에서 이 방법이 적용되었다. 이 방법은 막대 그래프를 활용하여 단순하고 쉽게 지연에 대한 원인과 영향력을 설명하기 때문에 활용도가 높은 것이라고 밝히고 있다. 그렇지만 높은 활용도에 비해 분석 방법의 채택지수는 Time Impact Analysis 방법에 비해 상당히 낮은(2.57점/5점 만점) 편이다. 그 원인은 앞서 분석 방법의 특성에서 소개한 바와 같이 As-Planned vs. As-Built 방법에서 Critical Path 설정의 객관성이 Time Impact Analysis에 비해 논리적으로 약하기 때문이라고 볼 수 있다.

또 하나 이 연구 결과에서 주목해볼 만한 점은 Impacted As Planned 방법에 관련한 내용이다. 판정부에서는 클레임 청구에서 활용된 Impacted As Planned 방법에 대해 가장 낮은 채택률(1.5점/5점 만점)을 보였다. 이러한 이유는 이 방법은 예정공정표에 대한 영향력을 분석하므로 실제 공정에 대한 영향력을 설명하지 못한다는 이유로 적정한 분석 방법으로 채택되지 못한다고 밝히고 있다. 과거에는 Impacted As Planned 방법이 많이 활용되었지만 이제는 이 분석 방법의 단점을 많은 실무자들이 인식하고 있음을 알 수 있다.

4.5 지연 책임일수 분석 방법 선택

4.5.1 분석 방법 선정 시 고려사항

준공지연이 예상되거나 준공지연이 발생하였을 경우, 시공자는 준공지연에 따른 발주자로부터의 지체배상금 청구에 대한 위험을 회피하고 공기지연에 따른 추가 투입비에 대한 손실을 만회하고자 공기연장 클레임을 추진한다. 발주자의 경우에도 준공지연에 따른 기대 운영수입 손실과 건설기간 추가 간접비 투입에 대한 손실을 보상받기 위해 시공자에게 지체배상금을 청구하거나 손해배상 청구에 대한 분쟁을 준비하게 된다.

앞서 4.3절에서 소개한 바와 같이, 지연사건의 준공지연에 대한 영향력 산정과 계약당사자별 준공지연에 대한 책임일수를 입증할 수 있는 다양한 분석 방법이 존재한다. 각 분석 방법별로 장단점이 있으므로 클레임이나 분쟁 실무에서 분석 방법을 선정하는 데는 공기연장 클레임 작성 및 협상실무와 국내외 공기지연 분쟁에 대한 실무적

이해를 확보하고 있는 건설 클레임 실무 전문가들과 건설 분쟁 실무 법률 전문가들의 의견을 우선적으로 참고할 필요가 있다.

최근 들어, 해외 대형 건설공사의 경우 공기지연 사건의 영향력 결정 관련 논란의 여지를 줄이기 위해 계약조건에 공기지연 분석 방법을 명시하는 경우가 많이 있다. 상호 간에 합의한 계약조건에 분석 방법이 명시되어 있는 경우 그 방법을 적용하여 분석을 시행하면 된다. 하지만 대다수의 계약에는 공기지연 분석 방법을 특정하지 않고 Critical Path에 대한 영향력을 분석해야 한다는 정도의 내용이 명시되어 있다.

당사자 간에 합의한 공기지연에 대한 분석 방법이 없을 경우, 클레임을 추진하는 계약당사자는 상대방을 설득할 수 있는 가장 적정한 방법을 선택해야 한다. 분석 방법 선정 시 고려해야 할 사항은 다음과 같은 다양한 내용이 있다.

① **공정자료의 확보 측면**: 분석기준공정표, 실적공정표 여부, 정기공정자료의 당사자 간 관리 여부

② **공기지연 분석 시점**: 공기지연 클레임이나 분쟁을 제기하는 시점이 계약준공일을 지난 상황인지 아닌지의 여부

③ **상대 측의 클레임에 대한 분석 역량**: 클레임 분석에 대한 전문가를 보유하고 있는지의 여부

④ **클레임의 상황**: 클레임이 초기에 협상자료로 활용될 것인지, LD 부과나 분쟁을 앞두고 객관적으로 작성해야 하는지 여부

⑤ **충분한 EOT 권한 확보 여부**: 객관적 분석을 통해 EOT 권한을 명확하게 주장할 것인지, 권한이 부족할 경우에는 전략적 클레임 추진

이와 같은 여러 가지 고려해야 할 조건의 상황에 따라 공기지연 분석 방법과 클레임 추진 전략이 결정될 수 있다.

필자의 클레임 실무 경험상 가장 우선적으로 검토해야 할 사항은 계약조건에 명시

된 EOT 권한이 있는 지연사건이 충분한지에 대한 여부이다. 계약적으로 실제 EOT 권한이 충분한 지연사건이 존재하는 경우에는 계약상에 명시된 소송이나 중재의 관할 판정부를 설득할 수 있도록, 관련 국가나 중재기관의 유사 판례 판결기준과 국제적 기준에서 타당성을 확보할 수 있는 분석 방법을 채택하여 클레임이나 분쟁을 추진해야 한다. 반대로 EOT 권한이 약한 경우에는 합리성이나 타당도가 다소 떨어지지만 손실을 극대화하여 협상을 추진할 수 있는 전략적인 분석 방법의 채택을 고려해야 한다.

공기지연 권한입증과 관련하여, 위의 다섯 가지 주요 고려사항별로 분석 방법의 선택기준을 다음과 같이 간략하게 설명할 수 있다.

4.5.2 공정자료 확보에 따른 분석 방법 선택

전체 공사에 대한 세부 작업들이 명시되어 있는 계약공정표가 있을 경우는 실제 발생한 실적정보를 활용하여 실제 발생한 지연사건을 정의하고 영향력을 분석하기에 용이하다. 또한 계약공정에 대한 공정 Update 시행과 보고가 정기적으로 이루어져 있을 경우에는 지연사건의 준공지연에 대한 영향력을 파악하기 용이하다.

지연사건의 영향력을 분석할 수 있는 계약공정표가 존재하는지의 여부와 계약당사자 간에 정기적으로 공유한 실적공정이 존재하는지의 여부에 따라 다음과 같이 분석 방법의 선택을 고려할 수 있다.

(1) 승인받은 계약공정표와 정기적인 계약공정표의 실적보고가 존재하는 경우

① 지연이 발생한 시점에서 해당 지연의 준공지연에 대한 영향력을 분석할 수 있는 Time Impact Analysis 방법, 또는

② 준공지연이 발생한 Update 공정표에서 이전 Update 공정표 대비 증가된 준공지연 기간의 책임을 찾는 방법인 Time Slice Window Analysis 방법

을 채택하여 공기지연 분석을 시행하고 ①과 ②의 분석 결과를 비교·분석하여 현장의 공기지연 영향력을 설명할 수 있는 적정한 분석 방법을 선택하도록 한다.

(2) 승인받은 합리적인 수준의 계약공정은 있으나 정기적인 실적공정을 확보하지 않은 경우

① 승인받은 계약공정의 CP 작업을 위주로 주요 작업의 실적자료를 조사하여 분석을 시행하는 As Plan vs. As Built Window Analysis 방법, 또는

② 승인받은 계약공정을 기준으로 지연사건이 발생하기 전까지의 실적을 반영 후 지연사건의 영향력을 분석하는 Time Impact Analysis 방법

을 채택하여 공기지연 분석을 시행하고 ①과 ②의 분석 결과를 비교·분석하여 현장의 공기지연 영향력을 설명할 수 있는 적정한 분석 방법을 선택하도록 한다.

(3) 승인받은 계약공정이 없거나 계약공정이 있더라도 실적공정에서 공정의 순서가 많이 바뀌어서 계약공정의 의미가 약한 경우

① 실제 준공일을 기준으로 준공일에 가장 큰 영향력을 준 작업을 역경로로 찾아서 분석을 시행하는 Retrospective Longest Path Analysis 방법, 또는

② 승인을 받지 못했더라도 예정공정계획의 CP 작업을 위주로 주요 작업의 실적자료를 조사하여 분석을 시행하는 As Plan vs. As Built Window Analysis 방법, 또는

③ 전체 공사의 실적공정을 기준으로 As-Built 공정표를 구성하여, 그중에 발주자 지연만을 제외하여 분석하는 Collapsed As-Built Analysis 방법

을 채택하여 공기지연 분석을 시행하고 ①, ②, ③의 분석 결과를 비교·분석하여 현장의 공기지연 영향력을 설명할 수 있는 적정한 분석 방법을 선택하도록 한다.

4.5.3 공기지연 분석 시점에 따른 분석 방법 선택

공기지연에 대한 영향력을 분석하는 시점에 따라 계약준공일이 도래하지 않은 경우와 계약준공일을 지난 경우로 나눌 수 있다. 즉, 준공지연이 확정되었는지, 아니면 준공지연이 예상되었는지의 차이에 따라 분석 방법은 다를 수 있다.

(1) 준공일 이전 시점의 지연분석

① 승인받은 계약공정을 기준으로 발생한 지연사건을 네트워크상에 추가하여 지연의 영향력을 분석하는 IAP 방법, 또는

② 승인받은 계약공정을 기준으로 지연사건이 발생하기 전까지의 실적을 반영 후 지연사건의 영향력을 분석하는 TIA 방법

을 채택하여 공기지연 분석을 시행하고 ①과 ②의 분석 결과를 비교·분석하여 현장의 공기지연 영행력을 설명할 수 있는 적정한 분석 방법을 선택하도록 한다. 다만 IAP의 경우에는 예정공정과 실적공정의 차이가 거의 없고 공사 초기에 경우에 일부 활용될 수 있고, TIA의 경우에는 공사가 상당히 진행되고 다양한 지연사건이 있을 경우에도 개별 지연사건의 준공지연 영향력을 합리적으로 설명할 수 있다. 공정이 초반을 지나서 복잡한 공정이 진행되고 있는 경우에는 분석 결과의 실제 영향을 반영할 수 있다는 측면에서 IAP보다는 TIA를 채택하는 것을 권고한다.

(2) 준공일 이후 시점의 지연분석

① 실제 준공일까지의 실적을 반영하여 준공지연이 발생한 Update 공정표에서 이전 Update 공정표 대비 증가된 준공지연 기간의 책임을 찾는 방법인 Time Slice Window Analysis 방법, 또는

② 승인받은 계약공정의 CP 작업을 위주로 주요 작업의 실적자료를 조사하여 분석을 시행하는 As Plan vs. As Built Window Analysis

③ 실제 준공일을 기준으로 준공일에 가장 큰 영향력을 준 작업을 역경로로 찾아서 분석을 시행하는 Retrospective Longest Path Analysis 방법

을 채택하여 공기지연 분석을 시행하고 ①, ②, ③의 분석 결과를 비교·분석하여 현장의 공기지연 영향력을 설명할 수 있는 적정한 분석 방법을 선택하도록 한다. 다만 승인받은 계약공정표가 있고 정기적으로 업데이트 공정을 보고하고 공유한 프로젝트의 경우에는 분석 결과의 객관성 반영측면에서 다른 분석 방법보다는 Time

Slice Window Analysis 적용이 우선한다고 볼 수 있다.

4.5.4 상대 측의 클레임 분석 역량에 따른 분석 방법 선택

해외 대형 건설공사의 경우에는 발주처 측에서 별도의 사업관리업체(PM사)를 고용하여 발주처 내부에 기술회사 조직을 운영하는 경우가 있고, 소수의 PM 인력을 고용하여 공사를 관리하는 경우가 있다. 공기지연 클레임을 평가할 수 있는 전문인력이 상대방 측에 있을 경우에는 클레임 추진에 신중한 접근이 요구된다. 특히 발주처가 클레임 전문가나 클레임 컨설팅업체를 확보하고 있는 국내외 대형 건설공사가 여기에 해당된다. 만약 타당하지 않는 공기지연 분석 방법을 포함하여 클레임이 제출될 경우, 클레임의 미흡한 점을 근거로 클레임이 쉽게 거절되어 향후 클레임 협상이 어려워질 수 있으므로 이 점을 특별히 유의해야 한다.

(1) 계약 상대방 내부조직에 클레임을 분석할 수 있는 전문인력이 있는 경우

① 지연사건이 발생했을 시점의 준공일정에 대한 영향력과 동시발생 공기지연에 대한 해석을 할 수 있는 TIA 방법, 또는

② 준공지연이 예측되었을 때 Critical Path상에 영향을 주는 지연사건과 책임기간을 분석하는 TSWA 방법

을 채택하여 공기지연 분석을 시행하고 ①과 ②의 분석 결과를 비교·분석하여 현장의 공기지연 영향력을 설명할 수 있는 적정한 분석 방법을 선택하도록 한다. 두 방법 모두 Critical Path상의 영향력을 분석하는 공통된 특징을 가지고 있지만, 지연사건이 실제 종료되었을 때의 실제 영향력을 고려하는 방식에 차이가 있다. 지연에 대한 관리측면에서 분석 시점에 지연사건의 영향력이 지속적으로 발생할 경우에는 TIA를 원칙적으로 채택하는 것을 고려하고, 지연의 영향력이 종결되었을 경우에는 TSWA를 채택하는 것을 권고한다.

(2) 계약 상대방 내부조직에 클레임을 분석할 수 있는 전문인력이 없는 경우

① 상대방의 준공지연에 대한 영향력을 쉽게 입증할 수 있는 IAP 방법, 또는

② 승인받은 계약공정의 CP 작업을 위주로 주요 작업의 실적자료를 조사하여 지연사건의 영향력을 쉽게 설명할 수 있는 APAB 방법

을 채택하여 공기지연 분석을 시행하고 ①과 ②의 분석 결과를 비교·분석하여 현장의 공기지연 영향력을 설명할 수 있는 적정한 분석 방법을 선택하도록 한다. 우선적으로 지연사건의 준공지연에 대한 영향력 및 공기연장 권한을 우선 확보하는 전략이 필요하다. 만약 상대방 측에서 실적 공정을 반영하지 않은 IAP 방법에 대한 문제점을 제기할 경우에는 APAB 방법을 활용할 수 있다.

4.5.5 클레임의 협의 상황에 따른 분석 방법 선택

여러 현장의 클레임을 수행한 경험상 프로젝트별로 공기연장 클레임을 준비하는 다양한 상황이 있다. 어떤 경우에는 발주처와 시공자 간에 준공지연에 따른 LD 부과나 법적 분쟁을 앞두고 클레임을 추진하는 경우가 있는 반면, 다른 경우에는 계약상에 명시된 지연사건에 대한 통지 후 지연사건의 전체 공기에 대한 영향력을 제출하는 클레임도 있다.

(1) 간략한 공기지연 영향력을 통지하는 클레임의 경우

① 상대방의 준공지연에 대한 영향력을 쉽게 입증할 수 있는 IAP 방법, 또는

② 지연사건이 발생했을 시점에서 지연사건의 준공일정에 대한 영향력을 설명할 수 있는 TIA 방법

을 채택하여 공기지연 분석을 시행하고 ①과 ②의 분석 결과를 비교·분석하여 현장의 공기지연 영향력을 설명할 수 있는 적정한 분석 방법을 선택하도록 한다. 다만 IAP의 경우에는 예정공정과 실적공정의 차이가 거의 없고, 공사 초기에 경우에 일부 활용될 수 있다. TIA의 경우에는 공사가 상당히 진행되고 다양한 지연사건이

있을 경우에도 개별 지연사건의 준공지연 영향력을 합리적으로 설명한다.

(2) LD 산정 및 법적 분쟁 가능성이 있는 경우

① 지연사건이 발생했을 시점의 준공일정에 대한 영향력과 동시발생 공기지연에 대한 해석을 할 수 있는 TIA 방법, 또는

② 준공지연이 예측되었을 때 Critical Path상에 영향을 주는 지연사건과 책임기간을 분석하는 TSWA 방법

을 채택하여 공기지연 분석을 시행하고 ①과 ②의 분석 결과를 비교·분석하여 현장의 공기지연 영향력을 설명할 수 있는 적정한 분석 방법을 선택하도록 한다. 여러 가지 공기지연 분석 방법 중 이 두 가지 방법이 클레임 분석가들 사이에서 논리적 타당성이 높은 방법으로 인정받는다. 만약 두 가지 분석 방법으로 상대방의 귀책사유를 극대화하기 어려울 경우에는, 실제 준공일을 기준으로 준공일에 가장 큰 영향력을 준 작업을 역경로로 찾아서 상대방의 지연사건들을 CP상에 전략적으로 극대화시킬 수 있는 분석을 시행하는 Retrospective Longest Path Analysis 방법을 적용하는 것을 추가적으로 고려할 수 있다.

4.5.6 EOT 권한 확보 여부에 따른 분석 방법 선택

시공자 입장에서 실제 EOT 권한을 명백하게 확보하고 있다고 판단하는 경우가 있고, 발주자 입장에서도 시공자 지연이 명확하여 LD 부과를 강력하게 주장할 수 있다고 판단하는 경우가 존재할 수 있다. 반면에 상대 측의 지연보다 당사자 측의 지연사건들이 더 심대하여 EOT나 LD를 명백하게 주장하지 못하는 경우도 있다.

(1) 명백하게 EOT 권한이나 LD 부과 권한이 있다고 판단되는 경우

① 지연사건이 발생했을 시점의 준공일정에 대한 영향력과 동시발생 공기지연에 대한 해석을 할 수 있는 TIA 방법, 또는

② 준공지연이 발생하거나 예상될 때 분석 시점의 Critical Path상에 영향을 주는 지
　연사건을 정의하고 준공지연 기간에 대한 책임을 분석하는 TSWA 방법

을 채택하여 공기지연 분석을 시행하고 ①과 ②의 분석 결과를 비교·분석하여 현
장의 공기지연 영향력을 설명할 수 있는 적정한 분석 방법을 선택하도록 한다. 여
러 가지 공기지연 분석 방법 중 이 두 가지 방법이 클레임 분석가들 사이에서 논리
적 타당성이 높은 방법으로 인정받고 있으므로, 상대방에게 명백한 분석 결과를 토
대로 외부 클레임 전문가들의 검토의견을 첨부하여 클레임 서류를 보강하는 방식
도 고려할 수 있다.

(2) EOT 권한이나 LD 부과 권한이 약해서 전략적인 클레임 주장이 필요한 경우

① 객관성이 많이 미흡하지만 상대방의 지연영향력을 극대화 할 수 있는 IAP 방법,
　또는

② 실제 준공일을 기준으로 준공일에 가장 큰 영향력을 준 작업을 역경로로 찾아서
　지연사건의 준공지연에 대한 영향력 분석을 시행하는 Retrospective Longest Path
　Analysis 방법

을 채택하여 공기지연 분석을 시행하고 ①과 ②의 분석 결과를 비교·분석하여 현
장의 공기지연 영향력을 설명할 수 있는 적정한 분석 방법을 선택하도록 한다. 상
대방에서 논리적 타당성 부족함을 근거로 IAP 방법의 적용을 반박할 경우에는,
Critical Path 선정에 주관성이 반영되는 문제점은 있지만 지연사건의 영향력을 극대
화하여 표현할 수 있는 Retrospective Longest Path Analysis나 APAB 방법을 대안으로
고려할 수 있다.

CHAPTER 05
공기연장 비용 입증 방법

CHAPTER 05
공기연장 비용 입증 방법

건설공사에서 지연사건이 발생하여 계약당사자 간에 공기연장에 대한 합의가 이루어진다고 하더라도, 지연사건 및 공기연장으로 인하여 투입된 추가 비용(Additional Cost)에 대해서는 별도의 입증 및 협상이 이루어진다. 국내외 대형 건설공사에서는 대다수의 공기지연 관련 클레임이 이러한 공기연장 관련 지체상금(Liquidated Damage) 및 손실비용을 다루고 있으며, 상호 간에 우호적 협의가 되지 않는 경우 건설 분쟁으로 확대되어 적게는 몇 십억 원에서 많게는 몇 천억 원에 해당하는 손실비용을 최종적으로 판결받고 있다.

공기연장과 이로 인해 발생한 비용 손실에 대한 보상은 합의된 계약조건의 관련 규정에 따라 결정되어야 한다. 필자의 경험상 해외공사의 경우에서는 소수의 공사계약을 제외하고는 대다수의 계약조건에는 공기연장에 따른 비용처리에 대한 구체적인 산정방식을 다루고 있지 않다.

국내의 경우 공공공사 계약에서는 공기연장에 따른 추가 비용의 보상방식에 대해 관련 법령이 명시되어 있으므로 정해진 방식에 따라 관련 비용에 대한 입증을 해야 한다. 이에 반하여 해외공사의 경우에는 지연사건과 실제 발생한 손실에 대한 인과관계(Causal Linkage) 설명이 필요하며, 이러한 설명을 뒷받침할 수 있는 추가 비용에 대한 입증 자료가 함께 준비되어야 한다.

본 장에서는 해외 건설공사에서 공기지연 손실비용 산정과 관련하여 일반적으로 사용되는 방법들을 설명하고, 추가적으로 국내 공공공사에서 적용되는 공기연장 비용 산출 방법을 별도로 소개하고자 한다.

5.1 공기연장 비용 보상을 위한 조건

공기연장에 따른 손실비용을 인정받거나 승인하기 위해서는, ① 지연사건(Events), ② 인과관계(Causal Linkage), ③ 지연의 영향(Effect), ④ 비용 보상 청구권한(Entitlement), ⑤ 통지 및 증거자료(Notification and Records)에 관한 내용이 준비되거나 명확히 입증되어야 한다.

5.1.1 지연사건(Events)

먼저 계약조건에 명기된 비용 보상 가능한 지연사건을 확인하여야 한다. 지연사건은 공기연장 및 비용 보상의 인정 범위에 따라 다음과 같이 구분할 수 있다. 이러한 인정범위는 당해 공사의 계약조건과 계약이 적용되는 관련 법령에 의해 결정되므로, 클레임 및 분쟁을 담당하는 실무자는 계약조건에 대한 검토 및 해당 국가의 관련 법령에 인지하고 있는 법률 전문가의 의견을 확인해야 한다.

(1) 비용 보상 가능 지연사건(Excusable and Compensable Delay Event)

예정된 작업에 지연 또는 방해가 발생할 때, 계약에 근거하여 공기연장뿐만 아니라 공기지연에 따른 비용 손실 보상까지도 인정되는 사건을 의미한다.

(2) 비용 보상 불가능 지연사건(Excusable, but Non-Compensable Delay Event)

예정된 작업에 지연 또는 방해가 발생할 때, 계약에 근거하여 공기연장은 가능하지만 공기지연에 따른 비용 손실 보상은 인정되지 않는 사건을 의미한다.

(3) 공기연장 및 비용 보상 불가능 지연사건(Inexcusable Delay Event)

계약자 책임으로 인한 지연사건이다. 비용 보상뿐만 아니라 공기연장 또한 인정되지 않는 사건을 의미하고, 계약조건에 따라 LD 부과의 대상이 될 수 있다.

5.1.2 인과관계(Causal Linkage)

비용 보상을 청구하는 주체는 지연사건과 손실간의 직접적인 인과관계를 입증할 책임이 있다. 물론 여기서 지연사건은 비용 보상 가능 지연사건을 의미하며, 손실은 실제 발생한 시간적·금전적 손해를 의미한다.

입증의 책임이 있는 주체는 해당 지연사건이 일어나지 않았다면 손실이 발생하지 않았을 것이라는 'But for'의 개념으로 접근하여야 한다.

(1) 지연의 영향(Effect)

지연사건으로 인한 작업의 영향을 규명하여야 한다. 이러한 영향은 지연사건이 일어난 시점에서 작업에 미친 실제 영향을 고려하여야 한다.

5.1.3 비용 보상 청구권한(Entitlement)

기본적으로 비용 보상 청구권한은 계약조건에 명시된 비용 보상 가능 지연사건에 해당해야 하고, 비용 보상을 위한 선결 조건을 모두 준수하였을 때 권한이 인정된다.

5.1.4 통지 및 증거자료(Notification & Records)

통지는 비용 보상을 위한 선결 조건으로 계약에 규정된 경우가 많으며, 클레임 인정을 위한 최소한의 조건으로 간주된다. 통상적으로 통지는 기한이 정해져 있으며, 해당 기한 내 통지에 실패하였을 경우 클레임 권한이 상실된다는 조건(Time-Bar)이 명기된 경우도 있다.

그러므로 지연사건의 발생과 그 영향력에 대하여 명확히 인지할 수 있도록 충분한 정보를 포함하여 적시에 상대방에게 통지하여야 하며, 관련 기록자료 또한 유지·관리되어야 한다.

5.2 공기연장 비용 클레임 종류

공기연장 비용 클레임은 '비용 보상 가능 지연사건'으로 계약자의 공사수행 중에 '비용 손실 발생이 예상되는 상황'이나 또는 '발생했을 경우', 계약자의 손실비용을 보전하기 위해 계약적 절차에 따라 발주자에게 보상을 청구하는 것을 의미한다. 건설공사 공기지연과 관련한 비용 클레임은 일반적으로 세 가지로 구분할 수 있으며, 공기연장 추가 비용(Prolongation Cost), 생산성 손실비용(Disruption Cost), 돌관공사 추가 비용(Acceleration Cost)이 이에 해당한다.

5.2.1 공기연장 추가 비용(Prolongation Cost)

(1) 일반사항

'비용 보상 가능 지연사건'으로 주공정선에 지연이 발생하여 전체 공사기간이 연장되는 경우, 계약자에게 발생하는 추가 간접비용 및 제경비에 대한 손실보상 비용을 의미한다.

공기연장 추가 비용은 실제 발생하는 추가 비용을 기준으로 산정해야 하며, 추가 비용 산정의 대상 기간은 계약 준공일의 연장기간이 아닌 지연사건이 발생하여 손실이 발생한 시점을 기준으로 하여야 한다.

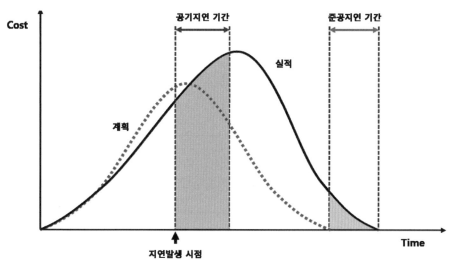

그림 5.1 지연 발생 시점에 따른 추가 비용 산정의 개념

(2) 보상 범위

공기연장으로 인한 추가 비용 청구가 가능한 지연사건 인지를 먼저 검토하고, 이러한 지연사건이 공정에 영향을 미치는 시점과 그 지연기간을 정의해야 한다. 이후에 보상 가능한 지연기간에 해당하는 추가 손실비용을 정량적으로 산정해야 하며, 이때 계약자는 계약자의 책임이 있는 지연기간에 대한 비용을 포함하지 않아야 한다.

그리고 공기연장 비용은 시간과 관련된 비용에 한하여 산정·평가되어야 한다. 공기연장으로 인해 증가된 비용이라 할 수 없는 직접비나 일회성 투입비용은 포함시키지 않아야 하며, 공기연장의 결과로 발생하는 비용(예: 직원급여, 보험, 임대료, 제경비, 채권, 직원 복지비용, 가설사무소, 차량임차 및 운영비용 등)만을 포함해야 한다.

작업과 관련된 비용(예: 직접노무비, 비계 비용 등) 또한 포함시키지 않아야 한다. 만약 작업과 관련된 비용 손실이 발생하였을 경우 추후에 생산성 손실비용(Disruption)으로 인한 별도의 클레임으로 처리하여야 한다.

공기연장으로 추가 비용 산정의 기본적인 논리는 지연이 일어나지 않았을 경우의 상황으로 되돌리는 것이다. 따라서 이윤은 추가 비용에 해당하지 않는다. 다만 공기지연으로 인하여 추가적인 이윤을 창출할 수 있는 기회를 상실한 것에 대한 보상은 청구가 가능하다. 지연된 당해 프로젝트에 투입된 핵심 리소스를 이윤 창출을 위해 타 프로젝트에 투입할 수 없어 기회비용의 손실이 발생하기 때문이다. 하지만 이윤 창출 기회에 대한 보상은 계약조항에 의해 명시적으로 배제될 수 있으므로 해당 조항을 검토하여야 하며, 손실을 객관적으로 입증하여야 한다.

현장 외 본사에서 발생한 관리비용 또한 공기지연의 직접적인 결과로 인정될 수 있다. 이러한 본지사 관리비는 실제 발생하는 비용을 객관적으로 산정하여 포함시켜야 한다. 하지만 실제 건설공사 환경에서 특정 현장에 투입된 본지사 관리비를 구분하여 산출하기는 어렵기 때문에 본지사 관리비를 산정하기 위한 공식(예: Hudson, Emden, Eichley 공식 등)을 활용하는 경우도 있다.

이자와 금융비용 또한 공기연장 비용으로 고려할 수 있다. 공기가 연장됨에 따라 발생하지 않아도 될 금융비용에 대한 입증과 이를 뒷받침할 수 있는 충분한 근거자료를 확보하여 청구할 수 있다.

(3) 산정 방법

공기연장 추가 비용의 입증을 위해서는 공기지연 분석을 통해 '비용 보상 가능 지연 기간'을 산출해야 하며, 이때 가능하면 동시발생 지연도 함께 규명하여야 한다. 계약조건에 따라 동시발생 지연의 보상 범위가 달라질 수 있기 때문이다. 이후 공기연장 기간에 대한 추가 비용을 명확한 기준에 의해 산출하여야 한다.

이를 위하여 계약서에 약정된 공기연장 손실비용 보상 기준이 있는지를 우선적으로 확인해야 한다. 만약 계약에 약정된 공기연장 손실비용이 있다면, 다음과 같이 간단한 산출식을 통해 손실보상 금액을 산출할 수 있다.

LOSS AND EXPENSE ASCERTAINMENT

The amount which the Contractor is entitled to pursuant to Clause 18A of the Conditions of Contract shall be calculated as follows;

$ per day for each day of extension of time

Tenderer to insert

The abovementioned rate shall be fixed regardless of the duration of the delay.

$$\text{공기연장 추가 비용 보상금액} = \frac{\text{계약적으로 유효한 손실보상 단가/요율}}{\text{(도급계약서 확인)}} \times \frac{\text{비용 보상 가능한 준공지연 기간}}{\text{(공기지연 분석 입증 자료)}}$$

만약 계약서에 약정된 공기연장 손실비용 보상 기준이 없는 경우에는 손실을 입증할 수 있는 합리적인 기준과 방법을 적용하여 산출해야 한다.

공기연장 추가 비용은 '공기연장 현장 간접비'와 각종 산출식 또는 증빙자료로 청구할 수 있는 '추가 비용 청구가능 항목'과 같이 두 가지 범주로 분류할 수 있다.

① 공기연장 현장 간접비

공기연장 현장 간접비는 비용 산출 시점이 실제 발생 전후 단계에 따라 다른 손실보상 기준을 적용할 수 있으며, 현장의 여건과 상황에 맞는 방법을 채택하여야 한다.

공기지연 비용 손실이 실제로 발생 전 단계에서는 견적 금액/요율을 적용하여 손실보상 청구금액을 산출할 수 있으며, 공사변경 제안 단계에서 활용될 수 있는 방법이다. 이 경우에는 다음의 간단한 산출식을 통해 손실보상 금액을 산출할 수 있다.

하지만 입찰기준 간접비 평균 금액/요율, 계약금액 간접비 평균 금액/요율은 실제 투입된 손실비용이 아니다. 공기연장 비용의 청구를 위해서는 실제 발생한 손실을 입증하여야 한다. 입찰시점에 산정한 추정치에 근거하지 않고 실 투입을 기록한 회계 데이터(ERP 기록 등)를 사용하는 것을 고려하여야 한다.

따라서 공기지연으로 인해 발생한 실제 비용지출을 입증하여 손실보상 청구금액을 산출하여야 하며, 일반적으로 통합 EOT 및 추가 비용 클레임에서 활용될 수 있는 방법이다.

이 경우에는 다음 예시와 같이 ERP 시스템 전표 내역에서 부대공통비(장비, 인원, 자재), 직원급여 및 복지, 사무실/숙소 유지비, 보험비 등을 통하여 해당 기간의 비용지출 집계 단위 기간(매월)별 일일 현장 간접비 단가를 산출하도록 한다.

현장 간접비 실제 지출금액을 월단위로 분개

합계 : 오브젝트 동화값 (비어 있음)	9월	10월	11월	12월	1월	2월	3월	4월	5월	6월	7월	8월
39,419							15,233		6,618	1,532		
99,157								60,116				
74,348		2,463	618		680	9,256	3,880	684	26,133	1,547	3,411	1,533
32,918						30,313					1,374	580
13,418					221			222	220	1,332	978	2,119
38,737					221					38,737		
609,647					35,514	20,020	53,987	40,040		70,643	35,330	29,120
628,883	2,608	8,100	1,352	180,946	16,891	16,267	31,866	26,840	27,930	26,272	-8,862	42,789
31,157		1,200	14,452	384	2,296	34	113	83	7,299	1,080	280	
3,408,739			200		127,446	158,075	149,978	205,210	424,038	390,380	364,429	384,374
52,624		571	1,374	1,074		3,630		3,548	2,060	5,174		8,151
238,196		3,393	9,140	607	3,840	1,650	5,910	22,361	15,022	3,185	9,445	4,570
6,355				3,471	1,200			224			120	124
7,564								424	1,990			200
135,448					698	1,193	391	3,999	8,903	7,279	8,137	25,689
340,034				38,803	3,345	69,479	4,417	6,955	18,037	18,517	9,968	7,555
4,258					20	56	151	53	102	239	416	148
309,979		5,725	-761	1,869	19,024	19,732	60,443	21,350	8,013	17,921	19,171	123,174
684,747		67,080	9,570	1,525	25,089	50,574	41,707	83,252	108,561	53,257	33,438	91,271
816,954	2,557	13,791	3,157	9,317	33,126	540	102,689	90,275	18,129	38,910	10,968	136,115
31,989												
651,534						4,740	4,786	40,860	33,562	38,665	48,829	39,734
134,965						7,103	7,630	8,329	4,845	7,057	11,412	5,172
157,777	936	552	699	105	2,766	1,845	4,950	6,867	18,039	8,773	8,996	15,401
8,236		339	343	719	818	117	1,187	768		545		
171,049				2,995	-1,691	3,815	1,540	2,253	12,758	2,065	2,988	35,965
163,053								6,831	61,317	69,345	1,650	13,860
59,531	675	3,655	2,396	440	1,134	3,132	2,574	3,914	21,910	5,150	4,453	3,700
3,347			162		162	162		162	2,379			
24,006							4,164	587	10,013	497	3,975	583
117,845									1,000	10,045	12,600	12,600
-17,711								-6,820				
496,456					5,020	25,375	7,573	8,134	18,279	96,580	40,205	16,199
156,265												
18,991										167		
70,941											-128	
88,807												
8,593,431	-0	0	0	15,494	0	-0	-0	0	-0	141,591	140,531	210,170
38,132,814												
Total 76,265,629	233,208	1,167,371	3,376,519	3,285,140	12,157,530	-13,813,860	14,248,969	-2,939,004	-9,291,012	-17,160,562	-4,250,842	32,951,587

② 본사 간접비 및 이윤

공기연장으로 인한 추가 비용 클레임에서 본사 간접비 주장의 근거는 연장기간 동안 본사 간접비를 조달하는 데 영향을 줄 수 있는 다른 계약을 체결할 기회가 있었을 것이라는 전제에 기초하고 있다. 따라서 당해 건설공사가 지연되지 않았더라면, 다른 건설공사 계약 체결이 가능했다거나 또는 실제 입찰 참여에 제한을 받았다는 입증자료가 확보되어야 한다.

공기연장에 따른 본사 간접비 산정의 개념과 손실 입증은 상기의 현장간접비와 같지만 이를 명확하게 입증하는 것은 매우 어렵다. 특히 여러 건설공사를 동시에 참여하고 있는 대형 건설사는 특정 건설공사 지연으로 인한 본사 간접비를 명확히 구분해내는 것은 불가능에 가깝다.

이러한 비용 산정의 어려움으로 인하여 공기연장에 따른 본사 간접비 손실금액을 개략적으로 정량화하기 위한 공식들이 연구되었고, 실무에서는 이를 활용하여 손실비용을 산정하는 방법을 종종 적용한다. Hudson, Emden, Eichleay 공식이 대표적으로 활용되는 산정방식이며, 각 공식별 본사 간접비 계산방식은 다음과 같이 설명할 수 있다.

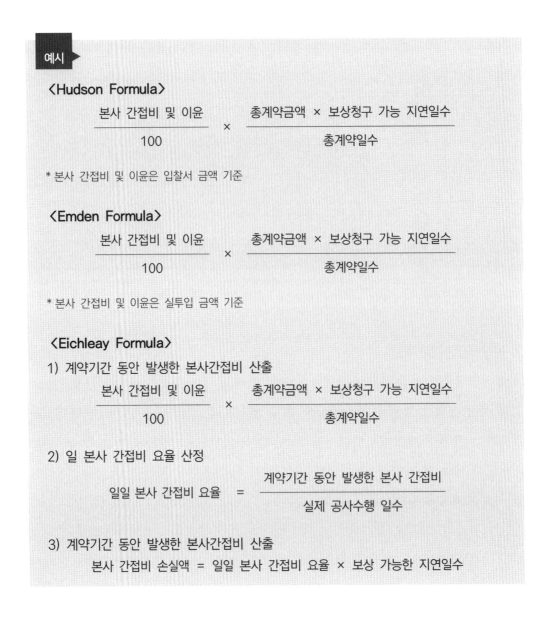

③ 이자 및 금융비용

　기성의 지급이나 유보금 해제의 지연으로 불필요한 이자 및 금융비용의 손실이 발생할 수 있다. 해당 비용 산정의 원칙은 투입비용에 대한 이자를 산출하는 방식이기 때문에 거래 은행의 복리이자 기준으로 산정한다.

④ 기회상실 비용

당해 공사가 지연됨에 따라 다른 프로젝트에서 벌어들일 수 있는 수익을 확보하지 못하였음을 근거로 청구하는 금액이며, 결과적 손해로 분류된다. 입찰 당시 이윤에 대한 상세한 산정근거가 증거와 함께 제시되어야 한다.

⑤ 물가상승 비용

물가상승 비용은 공사기간이 증가함에 따라 당초 고려하지 못한 물가상승분에 대한 비용 청구를 의미한다. 계약기간 내 물가연동 보상을 허용하지 않는 고정금액 계약 (Fixed Price Contract)에서 계약기간 연장에 따른 물가상승분을 청구하는 것이다. 입찰 시점에서는 계약기간 연장을 예측할 수 없었기 때문에 당초 계약기간을 초과하는 기간에 대한 물가상승에 대한 리스크를 사전에 고려할 수 없었다는 논리로 해석할 수 있다.

⑥ 클레임 작성비용

공기지연 또는 중단 등으로 인해 발생하지 않아도 될 클레임 준비비용을 회수하는 것이다.

5.2.2 생산성 손실비용(Disruption Cost)

(1) 일반사항

'비용 보상 가능 지연사건'으로 예정된 작업 기간 또는 순서에 방해가 발생하여, 정상적인 기준 작업생산성에 손실이 발생한 경우에 생산성 손실에 따른 직접비 손실보상 비용을 의미한다.

방해(Disruption)는 '시공자의 정상적인 작업 방법에 대한 방해', '특정한 작업 수행 중의 효율/생산성 저하(Loss of Productivity)'의 영향으로 나타난다. 만약 공사 수행을 위한 계약 합의 시점에 수립된 시공자의 합리적인 공사계획이 방해를 받았다면, 공사 전체/부분 작업에서의 생산성 저하되고, 시공자의 수익 또한 당초 예상보다 저하될 수 있다. 공사 작업이 합리적으로 예상되는 생산성 보다 낮게 수행되면, ① 작업의 지연, ② 돌관 수행의 필요성(지연을 피하기 위한 '추가 자원 투입', '작업 시간 연장'), ③ 상기 두 가지 영향의 조합의 세 가지 유형으로 그 영향이 나타난다.

그러므로 개별 사례의 '손실 및 추가 비용(Loss and Expense)' 관점에서 방해는 CP 및 준공 지연 여부와 관계없이 공사 작업의 생산성에 대한 분석을 고려해야 한다. Disruption Claim에서는 계획 대비 실제 생산성 저하를 평가해야 하지만 생산량을 기준으로 평가하는 잘못된 사례가 종종 발생하곤 한다. 그러므로 생산성과 관련된 개념을 명확히 해야 한다.

$$생산(Production) = 작업량(Output)(예: 1일\ 콘트리트\ 타설량\ 100m^3/day)$$

방해로 인한 영향을 측정하는 것은 생산(Production)을 기준으로 하는 것이 아니라 생산성(Productivity)을 측정하여야 한다.

$$생산성(Productivity) = \frac{생산(작업량)}{투입시간(인력\ 또는\ 장비)}$$

(예: 인당/시간당 콘크리트 타설량 20m³/labor hour)

또는 계획 대비 실제 생산성을 지수화하여 방해로 인한 손실비용을 산정해야 한다.

$$생산성지수(Productivity\ Factor) = \frac{실제\ 생산성}{계획\ 생산성}$$

(예: 콘크리트 타설 생산성 지수=[실적 : 15m³/labor hour]/[계획 : 20m³/labor hour]=0.75)

(2) 보상 범위

'비용 보상 가능 지연사건'으로 예정된 작업 기간 또는 순서에 방해가 발생하여, 정상적인 기준일 때의 작업생산성에 손실이 발생할 수 있다. 이 경우 생산성 저하로 인하여 추가 자원을 투입하는 등 직접비 손실이 발생하게 되고 이에 대한 보상을 범위로 한다. 따라서 생산성 저하 여부를 판단하기 위한 투입 자원에 대한 계획 기준자료와 세부 공종 및 작업구역별로 작업 생산량, 인력 및 장비 등 투입 자원량에 대한 실적 기록자료를 확인하여야 한다.

(3) 산정 방법

생산성 손실을 분석하는 방법은 여러 방법이 있으며, 분석 방법별로 활용되는 자료가 다르고 결과 또한 다르게 산출될 수 있다. 그러므로 현장의 기록자료 상황에 따라 가장 적합한 분석 방법을 선택하는 것이 중요하다.

방해로 인한 생산성 손실비용의 산정은 다음의 여섯 가지의 분석 방법이 주로 활용된다.

- Measured Mile Analysis
- Baseline Productivity Analysis
- Earned Value Analysis
- Comparison Studies
- Industry Based Analysis
- Cost Based Analysis

통상적으로 방해로 인한 손실비용 산정에서 설득력 있는 분석 방법은 Measured Mile Analysis 또는 Baseline Productivity Analysis 방법이다. 그 이유는 지연이 발생한 시점의 세부적인 공사정보(Contemporaneous Record)를 활용하기 때문이다.

① Measured Mile 분석 방법

　Measured Mile 분석 방법은 생산성의 손실 정도를 실제 생산성 기록자료를 활용하며, 방해 사건으로 '영향받지 않은 작업'과 '영향받은 작업'을 비교하여 생산성 손실을 산출하는 방법이다. 분석 결과의 채택률이 가장 높은 방법으로 알려져 있으나, Measured Mile 분석을 수행하기 위하여 '영향받지 않은' 작업기간과 '영향받은' 작업 기간의 생산성 또는 생산성 지수를 계산할 수 있는 충분한 자료를 확보하여야 한다.

　'영향받지 않은' 기간의 길이는 '영향받은' 기간의 생산성 저하를 판단할 수 있을 정도의 유의미한 기간으로 설정해야 한다. 그리고 편향된 데이터로 인한 왜곡된 결과의 가능성을 줄이기 위해 '영향받지 않은' 기간을 설정할 때, 프로젝트 기간의 처음과 마지막 10%는 기준 생산성 판단 자료에 포함하지 않는다.

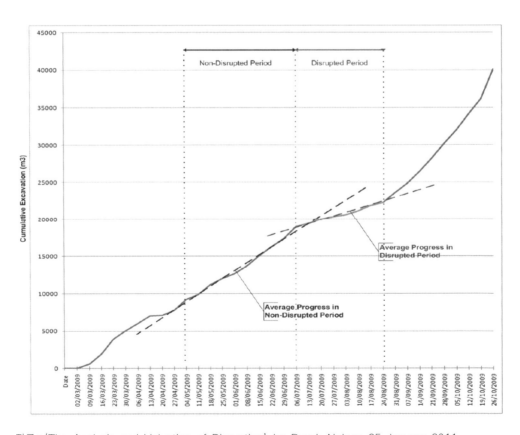

자료 : 'The Analysis and Valuation of Disruption' by Derek Nelson 25 January 2011

Measured Mile 적용을 위한 필요사항

- Measured Mile 설정을 위한 방해 영향을 받지 않은 작업 기간
- 충분한 그 당시의 생산성 기록
- 에러 없는 기록자료의 신뢰성
- 영향받은 작업기간의 방해 원인이 발주자 책임 사유로 입증되어야 함
- 전체 작업 기간의 처음/마지막 10%는 분석기간에서 제외함

사례 ▶ Measured Mile Analysis 적용 예시

〈개요〉

- 공사 기간 : 1월 1일~12월 31일(365일)
- 방해 사건 발생 기간 : 11월 1일~12월 31일(60일)
- 지연 사유 : 타 계약자의 도로 공사로 인해 당해공사 사토 운반작업 방해 발생

① 터파기 운반 작업 일보 검토를 통한 토공 생산성 분석

구분	영향받지 않은 기간				영향받은 기간	
	7월	8월	9월	10월	11월	12월
월 작업량(m^3)	1,000	1,200	2,000	2,600	800	900
작업 일수(일)	20	22	21	25	19	20
일 작업량(m^3/일)	50	55	95	104	42	45

② 생산성 저하비용 산출

방해 영향이 없는 7월에서 10월의 평균 일 작업량을 기준 생산성으로 설정하여 방해 영향이 있는 기간의 생산성을 분석한다.

구분	7월	8월	9월	10월
일 작업량(m³/일)	50	55	95	104
평균값 기준(m³/일)	76			

③ 생산성 손실률의 계산 : [1-(작업량/기준 생산량)=손실률]

영향받지 않은 기간의 평균 생산성을 기준으로 설정하여 영향받은 기간의 생산성 손실률을 계산한다.

구분	영향받지 않은 기간				영향받은 기간	
	7월	8월	9월	10월	11월	12월
작업량(m³/일)	50	55	95	104	42	45
기준(m³/일)	76	76	76	76	76	76
손실률	–	–	–	–	0.45	0.41

④ 투입 자원의 비용(투입된 인원, 장비×협의된 단가 or 실 투입비) 및 손실비용(투입비용×손실률) 산정

구분	7월	8월	9월	10월	11월	12월
덤프트럭(대)	9	8	8	7	7	7
월 단가(USD)	9,000	9,000	9,000	9,000	9,000	9,000
투입 비용(USD)	81,000	72,000	72,000	63,000	63,000	63,000
손실률	–	–	–	–	0.45	0.41
손실비용(USD)					28,072	25,671

② Baseline Productivity 분석 방법

Measured Mile 방식이 방해로 인한 손실비용을 보다 객관적으로 산정할 수 있는 방법이기는 하지만 영향받지 않은 기간 또는 영향받지 않은 작업의 생산성을 정의하기

불가능한 경우에는 적용하기 어렵다. 이 경우 수정된 Measured Mile 방식인 Baseline Productivity Analysis 방법을 적용하여 손실비용을 산출하는 것이 가능하다.

Baseline Productivity Analysis도 Measured Mile 방식과 마찬가지로 실제 생산성에 기반하여 손실비용을 산정하는 방식이다. 하지만 특정 작업의 영향받지 않은 기간의 생산성을 기준으로 하는 것이 아니라 최상의 실적 생산성 또는 가장 일관된 실적 생산성을 기준 생산성으로 고려하는 차이점이 있다.

'영향받지 않은' 기간에 대한 정의가 필요하지 않으므로 보다 유연성 있고 쉽게 활용할 수 있는 방법이다. 하지만 '영향받지 않은' 기간의 생산성을 기준으로 하지 않고, 상대적으로 영향을 덜 받은 기간의 생산성과 보다 영향을 많이 받은 기간의 생산성을 비교하여 손실비용을 산출하는 데서 오는 한계를 가지고 있다.

③ Earned Value 분석 방법

Earned Value Analysis 방법은 입찰 시 반영된 자원 투입 계획과 실제 투입된 자원량을 비교하여 Earned Value를 산정하는 방식이다. 그러므로 입찰시점에서 계획한 세부 투입자원에 대한 자료가 필요하다. 이러한 정보는 CPM 네트워크 공정표상에 할당된 자원 투입 계획을 활용할 수 있다.

Earned Value Analysis는 입찰 단계에서 수립된 계획의 적정성에 크게 영향받는 방법이므로 자료의 신뢰성이 결여되는 경우 손실비용 산정 결과에 왜곡이 발생할 수 있다.

④ Project Comparison Studies 분석 방법

유사한 프로젝트 단위의 생산성 실적을 비교하여 생산성 손실을 비교하는 방법으로, 방해 사건의 '영향 받지 않은 프로젝트'와 '영향받은 프로젝트의 생산성 실적 자료가 필요하다. 분석 결과에 신뢰성을 높이기 위하여 유사한 규모, 유사한 복잡성과 난이도, 유사한 위치 및 노무자 특성을 가진 대상 프로젝트를 선정하여야 한다. 건설업보다는 유사한 프로젝트가 여러 개 발주되고 동일한 환경에서 수행되는 조선업에 적

합한 생산성 손실 분석 방법이다.

⑤ Industry Studies 분석 방법

공신력 있는 학회/협회 등 여러 단체에서 발간된 방해 사건별 생산성 손실에 관한 연구자료를 인용하여 생산성 손실정도를 산출하는 방식이다.

공신력 있는 연구의 결과로 산출된 생산성 자료와 실제 공사 수행 중에 발생한 방해 사건으로 인한 생산성 손실 정도를 비교하여 비용을 산출한다. 하지만 실제 공사 상황에서는 여러 가지 요인이 복합적으로 나타날 수 있으므로 이에 대한 보정이 필요하며, 이론적인 분석 결과라는 한계점이 있다.

따라서 연구 결과로 제시된 생산성 자료는 다른 방식으로 산정된 생산성 저하비용의 주장을 뒷받침하는 근거자료로 활용하는 것이 바람직한 접근법이라 할 수 있다.

⑥ Cost Based Method 분석 방법

비용 기록자료에 근거한 생산성 손실 분석 방법은 일반적으로 인과관계 설명 불충분한 상황에서 사용할 수 있는 방법으로, 당초의 전체 계획 비용/인력과 공사 완료 후 전체 실제 비용/인력의 비교를 통해 생산성 손실을 산출하고, 상대방 책임의 방해 사건으로 인과관계를 설명하는 방법이다.

비용 기록자료에 근거한 방법은 입찰 견적자료가 정확하고 공사 진행 중에 발생한 모든 추가 비용이 상대방의 책임에 따른 것이라는 전제 조건이 성립해야 하는 방법이므로 상대방에게 쉽게 반박될 수 있다.

5.2.3 돌관공사 추가 비용(Acceleration Cost)

(1) 일반사항

발주자의 명시적·묵시적 지시에 따라 계약자가 당초 계약공기 또는 공기연장 권한이 있는 기간보다 공사기간을 단축시키는 상황이 발생하는 경우에, 계약자가 공기단축을 위해 추가 자원 투입으로 발생하게 되는 금액(비용 및 이윤)에 대한 보상을 의미한다. 돌관비용 보상을 위해서는 투입된 인력, 장비, 자원을 별도 계정으로 관리하여 추가투입 비용을 쉽게 산정할 수 있어야 한다.

(2) 보상 범위

돌관공사를 위한 추가투입 비용 항목은 아래의 여섯 가지 범주로 구분할 수 있다.

- 추가 인력/하도급 비용
- 추가 장비 비용
- 자재 급행운송 비용
- 생산성 손실
- 추가 관리비용
- 추가 현장/본사 관리비용

(3) 산정 방법

돌관공사 수행에 따른 비용 보상은 발주자의 공기단축 지시가 선결된 후 계약자의 추가투입 비용을 산출하는 방법이 필요하다.

① 추가 인력/하도급 비용

초과 근무, 추가 교대 근무, 주 6일 또는 7일 근무 또는 이러한 추가 근무 상황이 복합적으로 발생에 따른 인건비 증가분을 산정할 수 있다.

요구된 계약공기에 공사를 마무리하기 위해 당초 계획보다 높은 비용으로 하청 계약을 체결하였을 경우 하도급 계약의 비용 차이를 계상할 수 있다.

② 추가 장비 비용

증가된 작업시간의 영향으로 추가로 소요된 장비의 유지·관리 비용과 장비 임대비용의 증가분을 산정할 수 있으며, 돌관공사를 위해 추가적으로 투입된 장비나 자재의 비용 또한 산정할 수 있다.

③ 자재 급행운송 비용

장비 및 자재의 조달기간을 단축하기 위하여 추가로 지불한 급행 운송비용을 돌관공사 비용으로 산정이 가능하다.

④ 생산성 손실

돌관공사로 인한 초과근무, 작업조 규모의 증가, 작업 순서의 변경이 발생하였고, 이로 인해 발생한 생산성 저하 비용을 산정할 수 있다.

⑤ 추가 관리비용

돌관공사로 인하여 추가 투입된 관리인력이 있을 경우, 해당 금액을 돌관공사비에 포함하여 산정할 수 있다.

⑥ 추가 현장/본사 관리비용

돌관공사로 인한 제경비와 직접적으로 연관관계가 있는 본사관리비 초과 투입분 또한 산정 가능하다.

5.3 공기연장 비용클레임 추진 절차

공기지연 비용 손실 보상이 사전에 합의되지 못하면, 클레임을 통한 사후 정산으로 보상 청구를 진행해야 한다. 사후 정산 형태의 클레임에서 손실 입증을 위한 신뢰성과

정확성을 확보할 수 있도록 '실 투입 자원/비용 기록자료를 함께 준비하여야 한다.

5.3.1 비용 보상 기준 확인

(1) 공기연장 추가 비용 보상 기준

공기연장이 실제 발생하기 전 단계에서 예상되는 공기지연 영향과 그에 따른 추가 비용을 산정하기 위해서는 공기연장이 발생하였을 때, 계약서상에 약정된 보상 단가 또는 요율이 있는지 확인하여야 한다. 그리고 제출된 계약금액 내역자료(Cost Breakdown) 중에서 현장 간접비 및 본사 간접비 등 공기연장과 관련된 비용항목의 산정 근거를 확인한다.

(2) 생산성 손실비용 보상 기준

방해에 따른 비용 손실은 '생산성 손실' 형태로 측정하게 되므로 생산성 산출을 위한 투입 자원에 대한 계획 기준자료를 확인한다. 생산성 손실 보상 클레임을 추진하기 위해 검토해야 하는 생산성 산출 기초자료는 인력/장비 투입 계획뿐만 아니라 경우에 따라서는 계약자가 제안한 생산성 계획 자료가 있다.

(3) 돌관공사 추가 비용 보상 기준

돌관공사는 발주자의 지시에 따라 공기단축을 위해 추가 자원을 투입하는 것으로 투입 비용과 함께 이윤에 대한 보상도 고려될 수 있다. 그러므로 날일공사 내역표뿐만 아니라 계약에 명시되거나 근거를 입증할 수 있는 이윤 요율에 대해서도 확인하여야 한다.

5.3.2 실 투입 자원/비용 관련 기록자료 검토/준비

공기연장 비용 클레임에서 주장하는 내용을 입증할 수 있는 충분한 근거자료가 함께 포함되어야 청구 내용에 대한 논란을 줄일 수 있다. 바람직한 기록관리 사례는 지연사건에 대한 내용을 정확하게 인지할 수 있도록 발생시점의 기록이 발주자, 계약자 상호 간에 공유되는 것이다.

공기연장 추가 비용은 실 투입 비용으로 산정하여야 하며, 관련 근거가 뒷받침되어야 하므로, 각 사에서 회계업무를 위해 실제로 관리하고 있는 ERP 시스템을 통해 월별 비용지출 기초자료를 확보하거나, 실제 지출된 전표 및 증빙자료를 확보하여야 한다.

개별 지출항목은 월단위 비용 지출을 기준으로 정리하여야 하며, 일부 지출 항목 중에서 보험, 퇴직급여 등과 같이 1개월 이상 기간에 걸쳐 균등하게 계상되어야 하나, 일시에 발생하는 비용 지출은 지출 항목의 유효기간 내에서 균등하게 분배될 수 있도록 조정하여 기록자료를 확보한다.

생산성 손실비용을 산정하기 위해서는 생산성을 측정해야 하며, 방해 영향으로 나타나는 생산성 손실을 입증할 수 있는 방법으로 관리되어야 한다. 이를 위하여 생산성은 주요 공종별/작업구역별 단위로 구분되어 작업 생산량과 투입 자원량에 대해 실적 기록자료가 준비되어야 한다.

돌관공사 추가 비용은 사전 합의 형태로 진행되는 경우, 계약변경(VO, Variation Order) 절차에 따라 비용 보상을 합의할 수 있지만 사전 합의가 이루어지지 못할 경우 사후 정산 형태로 클레임 절차에 따라 청구하게 된다.

사후에 돌관공사 추가 비용 청구 클레임을 추진할 경우 계획된 투입 자원 외에 돌관공사 수행을 위해 추가 투입되는 자원량에 대해 별도로 기록관리가 이루어져야 하고, 해당 기록자료는 발주자와 계약자 상호 간에 제출·확인되어야 한다.

5.3.3 공기지연 또는 방해에 따른 추가 비용 산정

'지연' 또는 '방해'에 따른 추가 비용 발생의 통지내용과 공기연장 비용 형태별 기록 자료를 확보하여 손실비용 규모를 산출한다. 관련 비용의 항목과 항목별 비용 산정 방법은 앞의 5.2절에서 설명하였다.

5.3.4 공기연장 비용 클레임 서류의 구성

클레임 서류는 기본적으로 청구인이 시간이나 비용에 대해 보상받을 수 있는 합법적 권리를 상대방에게 설득하기 위해 작성한 문서이다. 따라서 상대방이 이해할 수 있도록 논리적으로 구성되어야 하며 주장을 뒷받침할 수 있는 근거가 확보되어야 한다.

클레임 서류는 다른 문서를 참조하지 않더라도 이해될 수 있도록 작성하는 것이 좋고, 주장의 내용을 이해하기 위해 많은 서신, 회의록 등 공사기록을 참조해야 하는 형태로 작성된 서류는 지양해야 한다. 클레임 서류에 대한 구성은 상황에 따라 다르게 작성될 수 있지만, 일반적으로 다음과 같은 구성체계로 작성할 수 있다.

표 5.1 클레임 서류의 구성과 포함 내용

서류의 구성	포함 내용
요약 (Executive summary)	가능하면 1페이지 요약문 구성(지연사건, 인과관계, 지연의 영향, 청구권한, 공기연장 및 비용 보상 등 손실 산정의 정량적 결과)
서론(Introduction)	클레임 제출 배경 및 목적, 클레임 서류의 구성에 대한 간략한 소개
청구권한 (Entitlement)	클레임 청구 및 손실보상의 근거가 되는 계약조항에 대한 설명
지연사건(Events)	손실의 원인이 되는 지연사건의 설명을 인과관계에 입각하여 설명, 지연사건의 발생과 공기 및 비용에 미치는 영향을 시간순서에 의해 설명, 손실을 경감하고자 수행했던 노력 및 조치사항 포함
지연입증(Delay)	공기지연 분석내용 및 결과 기술
손실비용 입증 (Costs)	손실비용 분석내용 및 산정 결과 기술
결론(Conclusion)	공기지연 분석 및 손실비용 산정 결과 종합(추가 청구 가능한 내용 포함)
첨부(Appendices)	증빙자료 등 관련 자료 첨부

5.4 국내 공공공사 공기연장 간접비 입증 방법

최근 국내 공공공사에서도 공기연장과 공기연장에 따른 간접비 청구와 관련된 클레임/분쟁이 증가되고 있는 추세이다. 국내 공공공사의 경우 계약예규에 공기연장에 따른 계약금액 조정과 관련된 규정에 따라 업무를 진행하는 경우가 많다.

사례 ▶ 국내 공공공사 공기연장 간접비 산정 기준

계약예규, 정부 입찰·계약 집행기준

제71조(실비의 산정) 계약담당공무원은 시행령 제66조에 의한 실비 산정(하도급업체가 지출한 비용을 포함한다)시에는 이 장에 정한 바에 따라야 한다.

제72조(실비산정기준) ① 계약담당공무원은 기타 계약내용의 변경으로 계약금액을 조정함에 있어서는 실제 사용된 비용 등 객관적으로 인정될 수 있는 자료와 시행규칙 제7조에 의한 가격을 활용하여 실비를 산출하여야 한다.
② 계약담당공무원은 간접노무비 산출을 위하여 계약상대자로 하여금 급여 연말정산서류, 임금지급대장 및 공사감독의 현장확인복명서 등 간접노무비 지급 관련 서류를 제출케 하여 이를 활용할 수 있다.
③ 계약담당공무원은 경비의 산출을 위하여 계약상대자로부터 경비지출 관련 계약서, 요금고지서, 영수증 등 객관적인 자료를 제출하게 하여 활용할 수 있다.

제73조(공사이행기간의 변경에 따른 실비산정) ① 간접노무비는 연장 또는 단축된 기간 중 해당 현장에서 계약예규「예정가격 작성기준」제10조 제2항[1] 및 제18조에 해당하는 자[2]가 수행하여야 할 노무량을 산출하고, 동 노무량에 급여 연말정산서, 임금지급대장 및 공사감독의 현장확인복명서 등 객관적인 자료에 의하여 지급이 확인된 임금을 곱하여 산정하되, 정상적인 공사기간 중에 실제 지급된 임금수준을 초과할 수 없다. <개정 2010.11.30.>
② 제1항에 따라 노무량을 산출하는 경우 계약담당공무원은 계약상대자로 하여금 공사이행기간의 변경사유가 발생하는 즉시 현장유지·관리에 소요되는 인력 투입 계획을 제출하도록 하고, 공사의 규모, 내용, 기간 등을 고려하여 해당 인력 투입 계

획을 조정할 필요가 있다고 인정되는 경우에는 계약상대자와 협의하여 이를 조정하여야 한다. <신설 2010.11.30.> <개정 2019.12.18.>

③ 경비 중 지급임차료, 보관비, 가설비, 유휴장비비 등 직접계상이 가능한 비목의 실비는 계약상대자로부터 제출받은 경비지출 관련 계약서, 요금고지서, 영수증 등 객관적인 자료에 의하여 확인된 금액을 기준으로 변경되는 공사기간에 상당하는 금액을 산출하며, 수도광열비, 복리후생비, 소모품비, 여비·교통비·통신비, 세금과공과, 도서인쇄비, 지급수수료(7개 항목을 "기타경비"라 한다)와 산재보험료, 고용보험료 등은 그 기준이 되는 비목의 합계액에 계약상대자의 산출내역서상 해당 비목의 비율을 곱하여 산출된 금액과 당초 산출 내역서상의 금액과의 차액으로 한다. <개정 2010.11.30.>

④ 계약상대자의 책임 없는 사유로 공사기간이 연장되어 당초 제출한 계약보증서·공사이행보증서·하도급대금지급보증서 및 공사손해보험 등의 보증기간을 연장함에 따라 소요되는 추가 비용은 계약상대자로부터 제출받은 보증수수료의 영수증 등 객관적인 자료에 의하여 확인된 금액을 기준으로 금액을 산출한다. <신설 2010.11.30.>

⑤ 계약상대자는 건설장비의 유휴가 발생하게 되는 경우 즉시 발생사유 등 사실관계를 계약담당공무원과 공사감독관에게 통지하여야 하며, 계약담당공무원은 장비의 유휴가 계약의 이행 여건상 타당하다고 인정될 경우에는 유휴비용을 다음 각 호의 기준에 따라 계산한다.

　1. 임대장비 : 유휴 기간 중 실제로 부담한 장비임대료
　2. 보유장비 : (장비가격×시간당 장비손료계수)×(연간표준가동기간÷365일)×(유휴일수)×1/2

제76조(일반관리비 및 이윤) 일반관리비 및 이윤은 제73조 내지 제75조 규정에 의하여 산출된 금액에 대하여 계약문서상의 일반관리비율 및 이윤율에 의하며 시행규칙 제8조에서 정하는 율의 범위 내에서 결정하여야 한다.

　　계약예규 공기연장 간접비 관련 규정에 따르면 공사이행기간 변경에 따라 청구 가능한 공기연장 간접비 항목은 간접노무비, 경비(지급임차료, 보관비, 가설비, 유휴장비비), 기타경비(수도광열비, 복리후생비, 소모품비, 여비·교통비·통신비, 세금과공과, 도서인쇄비, 지급수수료), 보증 및 보험, 건설장비, 일반관리비 및 이윤이 있다.

동 계약예규에서는 해당 항목별 비용 산정의 기준도 함께 제시하고 있으며, 산정 방법은 다음과 같이 정리할 수 있다.

표 5.2 국내 공공공사 공기연장 간접비 비목별 산정 방법

No.	항목	산정 방법
1	간접노무비	노무량×지급 확인된 임금
2	경비	실비 산정
3	기타경비	승률계상방식, 기준이 되는 비목의 합계액에 계약상대자의 산출내역서상 해당 비목의 비율을 곱하여 산출된 금액과 당초 산출내역서상의 금액과의 차액
4	보증 및 보험	산재 보험료, 고용 보험표 등 : 승률 각종 보증서 : 실비산정
5	건설장비	임대장비 : 유휴기간 중 실제로 부담한 장비임대료 보유장비 : (장비가격×시간당 장비손료계수) 　　　　　×(연간표준가동기간÷365일)×(유휴일수)×1/2
6	일반관리비 및 이윤	승률계상방식

계약예규, 정부 입찰·계약 집행기준 제73조 공사이행기간의 변경에 따른 실비산정 기준에 따르면 기타경비는 승률계상방식을 규정하고 있으나, 실제 중재 또는 소송에서는 기타경비 각 비목별로 실비의 확인이 가능한 경우에는 직접계상방식을 적용하고, 직접계상방식이 가능하지 않은 경우 승률계상방식을 적용하는 사례가 있다.

정부 입찰·계약 집행기준 제72조 제1항에서도 계약담당공무원은 기타 계약내용의 변경으로 계약금액을 조정하는 데는 실제 사용된 비용 등 객관적으로 인정될 수 있는 자료와 시행규칙 제7조에 의한 가격을 활용하여 실비를 산출하여야 한다고 규정하여 실비산정의 원칙을 규정하고 있다.

상기 공기연장 간접비 산정과 관련한 규정을 살펴보면, 기타경비와 보험료, 일반관리비/이윤을 제외하고는 모두 실투입비 기준으로 직접 계상하고 투입 증빙자료를 첨

부하여야 한다. 그리고 기타경비 또한 가능한 한 직접계상 방식으로 접근하고 관련 기록이 부족한 항목에 한해서 승률계상 방식을 적용하는 것을 고려해야 한다.

국내 공공공사 공기연장에 따른 간접비 청구 소송에서 계약자가 산정하여 청구한 간접비 산정 예시는 다음과 같다.

표 5.3 국내 공공공사 공기연장 간접비 산정 예시

구분	금액	비고
가. 간접노무비	3,963,173,756	1)+2)
1) 총 급여	3,658,314,238	실비산정금액의 적용
2) 퇴직급여충당금	304,859,518	총급여×1/12
나. 경비	1,050,572,046	3)+4)
3) 직접계상비목	600,751,826	ㄱ~ㅁ
ㄱ. 지급임차료	600,751,826	실비산정금액의 적용
ㄴ. 유휴장비비	0	현시점 미적용
ㄷ. 보관비	0	실비산정금액의 적용
ㄹ. 가설비	0	실비산정금액의 적용
ㅁ. 보증수수료	0	실비산정금액의 적용
4) 승률계상비목	449,820,220	ㄱ~ㄷ
ㄱ. 산재보험료	130,784,733	가×3.30%
ㄴ. 고용보험료	45,576,498	가×1.15%
ㄷ. 기타경비	273,458,989	가×6.90%
다. 순공사원가	5,013,745,802	가+나
라. 일반관리비	180,494,848	다×3.6%
마. 이윤	736,543,324	(다+라)×14.18%
바. 공급가액	5,930,783,974	다+라+마
사. 부가가치세(VAT)	593,078,397	바×10.0%
아. 합계	6,523,862,371	바+사

먼저 간접노무비의 총 급여는 연장된 공사기간에 실제 투입된 관리인원 개인별 급여, 퇴직급여 충당금을 실비로 계산하였으며, 연장기간의 현장 조직도, 급여 이체 결과를 증빙으로 제시하였다. 조직도에는 직원의 겸직 여부를 표기하였다.

지급임차료, 유휴장비비, 보관비, 가설비, 보증수수료에 해당하는 경비는 실비 기준으로 직접계상하고 영수증 및 증빙을 첨부하였으며, 산재보험료, 고용보험료, 기타경비는 계약에 합의된 승률을 바탕으로 산정하였다.

일반관리비, 이윤, 부가가치세 또한 승률 방식으로 산정하여, 연장된 기간에 해당하는 간접비 투입금액을 산정하여 소송을 진행한 사례이다.

CHAPTER 06
분쟁 단계에서 공기지연 평가 방법

CHAPTER 06
분쟁 단계에서 공기지연 평가 방법

앞서 제4장과 제5장에서는 공기지연 클레임을 추진하는 데 지연의 책임기간과 손실비용 입증에 대한 방법들을 소개하였고, 이번 장에서는 제기된 공기지연 클레임과 분쟁을 객관적이고 체계적으로 평가하는 방법을 소개하고자 한다.

일반적으로 당사자 간 합의를 위해 제출된 클레임 사례나 상호 합의를 통해 승인되었던 공기지연 클레임 사례들은 프로젝트별 특성에 따라 클레임 협상 과정에서 승인과 거절에 대한 개별적 주관성이 대부분 반영되어 있다. 따라서 클레임 평가 사례를 일반화하여 클레임의 객관적인 평가기준을 정하는 것은 타당성 측면에서 문제의 소지가 있다.

이번 장에서 다루는 공기지연 클레임과 분쟁(Dispute)에 대한 평가기준을 소개하기 위해 국내외 공신력 있는 기관에서 발표한 공기지연 분쟁 사례와 관련한 국내외 법원의 판단 기준과 연구자료 그리고 법원의 판결자료를 참고하여 공기지연 클레임과 분쟁의 평가 방법을 정리하였다.

공기지연 클레임 및 분쟁 서류를 평가하는 데 국내외 법원의 판결기준을 참고하는 것도 중요하지만, 앞서 제4장과 제5장에서 소개한 체계적이고 과학적인 공기지연 분석 방법과 비용입증 분석 방법을 참고하여 현재 공기지연 클레임과 분쟁에 타당한 분석방법이 적용되고 있는지에 대한 추가적인 검토도 반드시 병행되어야 한다. 이를 통해 대다수의 건설 프로젝트에서 발생되고 있는 공기지연 클레임 및 분쟁이 합리적으로 협의되고 평가될 수 있을 것이다.

6.1 해외 공기지연 분쟁 평가 방법

공기지연 분쟁의 평가 방법과 관련하여 James G. Zack Jr(2011)[1]는 미국의 법원과 분쟁조정의 사례 조사를 통해 다음과 같이 감정인이 공기지연 클레임을 평가하는 절차와 방법을 발표하였다.

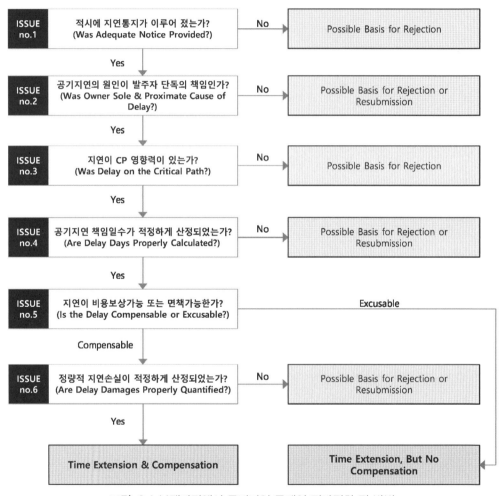

그림 6.1 분쟁과정에서 공기지연 클레임 평가절차 및 방법

---

1 James G. Zack, JR(2011), CMAA National Conference Presentation Prepared by Navigant Consulting, Executive Director.

공기지연 클레임 관련 공기연장이나 비용 보상에 대해 계약당사자 간에 상호 합의가 되지 않을 경우 해당 클레임은 제3자의 조정이나 계약서에 정한 분쟁절차를 통해 최종적으로 해결이 된다. 분쟁 단계에서 판정부는 원고나 피고 측의 주장을 검토하는 과정 이외에도 공기지연의 책임 분석과 손실비용 분석을 전문적으로 시행할 수 있는 감정인(클레임 전문가)의 의견을 수렴하여 최종적인 결정을 내린다. 공기지연 클레임의 최종 해결기구인 법원에서의 공기지연 클레임에 대한 보상 가능 여부를 결정하는 절차와 기준을 참고하는 것은 발주자 측뿐만 아니라 시공자 측의 클레임 실무자와 분쟁실무자에게 유익한 자료로 활용될 수 있다.

법원의 판정기준 이외에도 공기지연 클레임의 평가와 관련하여 참고할 수 있는 자료는 국내외 대표 발주기관에서 수립한 공기지연에 대한 평가기준이 있다. 건설공사를 지속적으로 발주하고 공사를 관리하는 발주기관은 장기간 동안 공기연장 평가기준을 바탕으로 클레임 대응업무를 진행하면서 그 내용을 보완하고 발전시켰으므로, 기관의 기준은 클레임 평가기준으로 참고할 수 있는 좋은 자료가 될 수 있다. 이 책에서는 관련하여 별첨 5에 해외 대표 발주기관 중의 하나인 카타르 건설청(Ashighal)의 공기연장 평가기준을 첨부하였다.

공기지연 클레임을 평가하는 주체는 앞의 그림에서 정리한 법원에서의 단계별 공기지연 사건의 평가항목을 참고하여 객관적 평가의 기준으로 활용할 수 있다.

6.1.1 적시에 지연통지가 이루어졌는가?

전문 감정인은 가장 먼저 지연사건이 적시에 그리고 계약조건에 따라 발주자에게 통지되어 공기연장 클레임의 청구권한을 확보하고 있는지를 검토한다. 통지가 적정하게 이루어지지 않았을 경우 클레임 청구를 기각할 수 있는 근거가 된다.

해외 건설공사 계약에서는 지연사건의 발생을 정해진 기한 내에 발주자에게 통지하도록 규정하고 있으며, 이를 지키지 못하였을 경우 클레임 청구권한이 상실된다는 Time-Bar 규정을 명시하는 경우가 많다.

반면 국내 공공공사에서 주로 활용되는 표준 계약조건인 공사계약 일반조건에는 구체적인 통지기한을 명시하고 있지 않으며, 적시 통지 실패에 따른 클레임 청구권한 상실에 대한 규정을 하고 있지 않다.

사례 ▶ 해외 건설공사의 지연통지 관련 계약조항 예시

1. FIDIC 표준 계약조건

Clause 20.2.1 Notice of Claim

The claiming Party shall give a Notice to the Engineer, describing the event or circumstance giving rise to the cost, loss, delay or extension of DNP for which the Claim is made as soon as practicable, and no later than 28 days after the claiming Party became aware, or should have become aware, of the event or circumstance (the "Notice of Claim" in these Conditions).

If the claiming Party fails to give a Notice of Claim within this period of 28 days, the claiming Party shall not be entitled to any additional payment, the Contract Price shall not be reduced (in the case of the Employer as the claiming Party), the Time for Completion (in the case of the Contractor as the claiming Party) or the DNP (in the case of the Employer as the claiming Party) shall not be extended, and the other Party shall be discharged from any liability in connection with the event or circumstance giving rise to the Claim.

2. 사우디 ARAMCO 계약조건

Clause 19.1 Early Notification

CONTRACTOR shall comply with the notifcation periods required by Paragraphs 8.2, 9.2 or elsewhere in this Contract in accordance with their terms. With respect to any items or events not falling within those Paragraphs, CONTRACTOR shall inform Company Representative in writing as promptly as practicable, and in any case within thirty (30) days following the occurrence or discovery, of any item or event which CONTRACTOR knows, or reasonably should know, may result in a request for additional or reduced compensation under this Contract. COMPANY and CONTRACTOR shall endeavor to satisfactorily resolve the matter. Failure by

CONTRACTOR to provide the written notice within the applicable period required by this *Contract shall be a waiver of all of CONTRACTOR's rights to any extension of time or additional compensation* with respect to the issue(s).

3. 싱가포르 PSSCOC

Clause 14.3 Notice

If the Contractor is of the opinion that the progress or completion of the Works is or will be or has been delayed by any of the events stated in Clause 14.2, he shall forthwith notify the Superintending Officer in writing of such event and shall in any case do so within 60 days of the occurrence of such event. If the Contractor is of the opinion that the event is one which entitles him to an extension of time under Clause 14.2, he shall in that notice and in any case not later than the 60 day period set out above inform the Superintending Officer, together with the appropriate Contract references, of the reasons why there will or may be delay to the completion of the Works or any part or section of the Works, the length of the delay and of the extension of time required, and the effect of the event on the programme accepted under Clause 9. Both the submission of a notice in writing and of the further information within the 60 day period set out above shall be conditions precedent to any entitlement to an extension of time.

4. 싱가포르 SIA

Clause 23.2 Notice

It shall be a condition precedent to an extension of time by the Architect Notice under any provision of this Contract including the present clause (unless the Architect has already informed the Contractor of his willingness to grant an extension of time) that the Contractor shall within 28 days notify the Architect in writing of any event or direction or instruction which he considers entitles him to an extension of time,

5. 카타르 Ashighal

Clause 19.1 Contractor's Claims

The Contractor shall give the Engineer notice of any event or circumstances giving rise to a claim for Relief <u>within twenty-eight (28)</u> Days after the date on which the Contractor became, or ought by exercising Good Design, Engineering and Construction Practices to have become, aware of the same.

In the event that the Contractor <u>fails</u>:

(a) <u>to give notice of a claim</u> for Relief to the Engineer within the twenty-eight (28) Day notice period specified in Sub-clause 19.1.1; or

(b) to submit to the Engineer the Impact Assessment within the twenty-eight (28) Day period specified in Sub-clause 19.1.2,

<u>the Contractor shall not be entitled to Relief</u> and the Authority shall be discharged from all liability arising out of or in connection with the event or circumstances giving rise to the Contractor's claim for Relief.

사례 ▶ **국내 공사계약일반조건 지연통지 관련 계약조항 예시**

제26조(계약기간의 연장) ① 계약상대자는 제25조제3항 각호의 어느 하나의 사유가 계약기간 내에 발생한 경우에는 <u>계약기간 종료 전에 지체 없이</u> 제17조제1항제2호의 수정공정표를 첨부하여 계약담당공무원과 공사감독관에게 서면으로 계약기간의 연장신청을 하여야 한다.

해외 건설공사 공기지연 클레임에서 발주자는 계약자가 계약조건에 명시된 통지조건에 따른 지연사건 발생을 적시에 통지하지 않았기 때문에 클레임을 거부하는 사례가 증가하고 있다. 중재나 소송 등 분쟁조정에서도 계약자의 적시 통지 실패에 따른 클레임 권한 상실에 대한 부분은 계약에서 상호 합의한 내용이 존중된다는 취지의 판결이 이루어지고 있다.

해외 건설공사의 적시 통지 실패로 인한 클레임 기각 사례

1. 중동지역 ○○공사 프로젝트 클레임 기각 사례

계약자가 제출한 클레임에 대하여 계약에 요구된 통지조건을 준수하지 못하였기 때문에 클레임을 인정할 수 없다는 의견을 회신하였다.

<u>Clarification of the Notice Provision and Time Bar</u>
1.28 Agreed. The Engineer's position is that the Contractor's notice is not contractually compliant and therefore shall not be accepted by the Engineer and shall be regarded as invalid for the purpose of the Contract.

2. 동남아 ○○ 프로젝트 클레임 기각 사례

계약에 요구된 7일 이내 통지조건을 준수하지 못하였기 때문에 클레임 권한이 없다는 의견을 회신하였다.

The following are specific reasons why Contractor not entitled to any extension of time for any of the delays events described in your referenced letters, due to non-compliance with Clause 38;
1. Contractor has not demonstrated that there is Ground for Extension.
2. Cited delays or work stoppages were never demonstrated to delay the critical path schedule for the achievement of a Substantial Completion Date.
3. <u>Notification within the prescribed period of 7 days was not followed</u>
4. Further written notices containing items I to vii in sub ckause 38.2a were never submitted within the prescribed period.

해외 건설공사의 계약조건 사례나 클레임에 대한 발주처 평가사례에서 확인할 수 있듯이 공기연장을 위한 선결조건으로 적시 통지의 조건이 명시적으로 규정되고 있다. 또한 분쟁 단계에서 사건을 평가할 때도 적시 통지가 중요하게 검토되고 있고, 적지 않은 판례에서도 적시 통지가 이루어지지 않아서 분쟁에서 패소하고 있다는 사실을 유의하여야 한다.

6.1.2 공기지연의 원인이 발주자 단독의 책임인가?

발생한 공기지연의 원인이 발주자 단독의 책임에 기인하는지 아니면, 그 원인이 복합적이거나 동시발생 지연 상황인지에 대한 검토를 진행한다. 계약조건상 공기연장 및 비용 보상 청구를 위해서는 발주자 단독의 지연이 원인임을 입증하는 것을 요구하는 경우도 있다.

동시발생 지연 상황이거나 여러 사건이 복합적으로 영향을 미칠 때 손실보상의 산정이 어려우므로, 책임 여부를 구분하여 산정할 것을 요구하거나 요청 내용의 거절의 근거가 될 수 있다.

동시발생 지연의 상황에서 공기지연에 따른 비용 보상을 위해서는 지연의 책임기간을 구분하여 입증해야 하고, 상대방 단독의 책임기간을 별도로 산정하여야 한다. 그리고 이를 입증할 책임이 있는 주체는 보상을 요청하는 측에 있다.

사례 ▶ 발주자 단독의 원인일 경우 비용 보상을 인정한 판례

계약자의 공기연장 및 비용 보상을 위해서는 지연의 직접적인 원인이 발주자 단독의 사유에 기인하고 다른 어떤 원인에 의해서 지연되지 않았다는 것을 입증해야 한다고 언급하였다. (판례 : Triax-Pacific v. Stone[2])

발주자 책임의 지인이라 할지라도 작업이 다른 이유에 의해 지연된 경우 비용 보상이 불가함을 언급하였다. (판례 : Merritt-Chapman & Scott Corp. v. U.S.[3])

법원은 발주자가 불합리한 지연을 일으킨 경우라 할지라도 다른 요인(발주자에게 보상 청구할 수 없는)으로 인해 지연을 초래된 경우 비용 보상을 할 수 없다는 결론을 내렸다. 동시지연이 있는 경우, 법원은 계약자가 비용 보상 받을 수 있는 권리를 상실한다고 언급하였다.

---

2   958 F.2d 351, 354 (Fed. Cir. 1992).

동시발생 지연의 경우 양 당사자 책임의 지연일수가 구분되었을 때, 지연으로 인한 비용을 상호 간에 할당할 수 있다고 언급하였다. (판례 : Tyger Constr. Co. v. U.S.[4] and Beauchamp Constr. Co. v. U.S.[5]) 동시발생 지연이 명확하게 구분되었을 때 비용 보상을 인정한다고 언급하고 있다. (판례 : T. Brown Constructors, Inc. v. Pena,[6] Coath & Goss, Inc. v. U.S.[7]) 그리고 동시발생 지연에서 참여자 간 책임을 구분하여 입증하는 주체는 클레임을 제기하는 시공자라는 견해이다. (판례 : William F. Klingensmith, Inc. v. U.S.[8])

6.1.3 지연이 CP 영향력이 있는가?

공기연장 권한의 판단은 최종 준공일 또는 계약 마일스톤(Milestone)의 지연 책임에 따라 결정되므로, 발생한 지연사건이 CP에 어떤 영향을 미치는지를 검토하여야 한다. 만약 지연사건은 발생하였으나 해당 지연사건이 CP에 영향이 없어 준공일이 지연되지 않을 경우 공기지연에 대한 보상은 성립될 수 없으며, 거절의 근거가 될 수 있다.

CP 영향력 입증의 핵심은 공기연장 및 비용 보상이 가능한 사유로 인하여 준공일이 지연되었으며, 이에 따른 손실이 발생했다는 인과관계를 설명하는 것이다. 많은 사례에서 CPM(Critical Path Method)으로 작성된 공정표를 기준으로 CP 영향력을 분석하고 입증을 위한 다양한 접근 방법이 적용되고 있다.

CP 영향력 입증의 다양한 방법이 적용되고 각 방법마다 장단점이 존재하므로 분석 대상이 되는 건설공사의 특성과 상황, 가용할 수 있는 자료 등을 종합적으로 고려하여 공기지연의 인과관계를 합리적으로 설명할 수 있도록 준비하는 것이 중요하다.

---

3   528 F.2d 1392, 1397 (Ct. Cl. 1976).

4   31 Fed. Cl. 177, 259 (1994).

5   14 Cl. Ct. 430, 437 (1988).

6   132 F.3d 724, 734 (Fed. Cir. 1997).

7   101 Ct. Cl. 702, 715 (1944).

8   731 F.2d 805, 809 (Fed. Cir. 1984).

다수의 판례에서 계약자가 공기지연으로 인한 비용 보상을 받기 위해서는 발주자 책임의 지연이 주공정선(Critical Path)에 영향이 있음을 입증하여야 한다고 언급하고 있다.
(Kinetic Builders, Inc. v. Peters,[9] Essex Electro,[10] Sauer Inc. v. Danzig,[11] Wilner,[12] G.M. Shupe, Inc. v. U.S.,[13] PCL Constr. Servs., Inc. v. U.S.[14])

CPM(Critical Path Method) 방식으로 작성된 공정표가 적용되는 경우에는 계약자는 Critical Path가 지연되어 준공일에 영향이 있었다는 것을 입증하여야 한다고 언급하였다. (Hoffman Constr. Co. of Or. v. U.S.[15])

공사를 진행하면서 변경사항이 발생하기 때문에 Critical Path상에 있는 Activity는 역동적으로 변화한다. (Sterling Millwrights, Inc. v. U.S.[16]) CPM 공정표를 활용하여 지연분석을 실시할 경우에 정확한 실적 업데이트 결과가 필요하다. (Fortec Constructors v. U.S.[17])

공사 진행 중에 정확하게 업데이트 된 공정표는 분석기준공정표(baseline schedule)보다 공기지연 분석의 더 좋은 도구가 된다고 언급하였다. (Blinderman Constr. Co. v. U.S.[18]) 그리고 법원은 양 당사자 책임의 지연이 Critical Path에 동시에 영향을 미치는 경우에 계약자는 영향력을 분리하지 못할 경우 비용 보상이 부정될 것이라 언급하였다. (Blinderman,[19] Avedon Corp. v. U.S.,[20] Klingensmith[21])

동시발생 지연에 관한 원칙에 관한 법원의 판단 방식은 시공자가 상대방의 지연사건 자체로 CP에 영향을 미쳤고 그로 인하여 준공일이 지연되었음을 입증하여야 한다는 것이다.

---

9   226 F.3d 1307, 1317 (Fed. Cir. 2000).

10 224 Fed.3d at 1295-96.

11 224 Fed.3d 1340, 1345-46 (Fed. Cir. 2000).

12 24 Fed.3d at 1399.

13 5 Cl. Ct. 662, 728 (1984).

6.1.4 공기지연 책임일수가 적정하게 산정되었는가?

적합한 공기지연 분석 방법을 적용하여 지연의 책임일수를 적정하게 산정하였는지를 검토한다. 이는 지연기간을 정의하는 과정, 적정한 공기지연 분석 방법을 적용하였는지 여부, 분석기준공정표 및 관련 실적 데이터가 적정한지 검토하는 것을 포함한다.

공기지연 책임일수의 산정이 적정하지 않다고 판정될 경우 오류사항에 대한 보완이 요구될 수 있으며, 명확한 입증이 불가할 경우 클레임이 거절될 수 있다.

사례 ▶ 지연 책임일수 산정에 관한 판례

공기지연에 따른 보상의 범위를 산정할 때, 법원에서는 '합리적이지 않은 지연(Unreason-able Delay)'일 경우에 한하여, 발주자의 비용 보상이 필요한 지연이라 언급하였다. (John A. Johnson & Sons, Inc. v. U.S.[22]) 이는 지연으로 인한 발주자의 보상책임을 결정하기 이전에, 발주자는 특정 상황에 대하여 조치하는 데 소요되는 합리적인 시간을 인정하여야 하기 때문에 '합리적이지 않은 지연기간'에 한정하여 비용 보상이 이루어져야 한다고 언급한다. (Essex Electro Eng'rs, Inc. v. Danzig.[23])

법원은 발주자 책임지연이 합리적인 지연(Reasonable Delay)인지 또는 합리적이지 않은 지연(Unreasonable Delay)인지를 상황의 제반환경에 의존하여 판단하였다. (P.R. Burke Corp. v. U.S.[24])

---

14 47 Fed. Cl. 745, 801 (2000).

15 40 Fed. Cl. 184, 197-98 (1998), aff'd in part, rev'd in part on other grounds, 178 F.3d 1313 (Fed. Cir. 1999).

16 26 Cl. Ct. 49, 75 (1992).

17 8 Cl. Ct. 490, 505 (1985), aff'd, 804 F.2d 141 (Fed. Cir. 1986).

18 Fed. Cl. 529 (1997).

19 695 F.2d at 559.

20 15 Cl. Ct. 648, 653 (1988).

21 731 F.2d at 809.

22 180 Ct. Cl. 969, 986 (1967).

그리고 법원은 계약자가 비용 보상 기간을 주장하기 위해서는 발주자 책임의 '합리적이지 않은' 지연기간의 크기를 입증하여야 한다고 언급하였다. 즉, 계약자는 비용 보상을 위해서 해당 지연사건으로 몇일의 지연이 초래되었는지를 정량적으로 산정하고 입증하여야 한다. (Servidone[25] and Wilner[26])

법원은 발주자 책임의 지연으로 인한 직접적인 영향으로 얼마의 추가 비용이 발생하였는지를 계약자가 입증하여야 한다고 Johnson & Sons[27]과 Wilner[28] 판례에 근거하여 언급하였다.

6.1.5 지연이 비용 보상 가능 또는 면책이 가능한가?

지연사건이 계약조건에 정한 보상 기준에 따라 공기연장뿐만 아니라 손실비용까지 보상 가능한 사건(Compensable Delay Event)에 해당할 수 있으며, 아니면 공기연장만 가능하고 비용 보상은 불가한 사건(Excusable Delay Event)으로 판단될 수 있다. 따라서 지연사건 관련 계약조건의 보상 범위를 확인하는 것이 필요하다.

사례 ▶ **FIDIC 계약조건에 따른 보상의 범위 요약**

#	계약조항	Time	Cost
1.9	Errors in the Employer's Requirements	Yes	Cost & profit
2.1	Right to Access to the Site	Yes	Cost & profit

---

23 224 F.3d 1283, 1289 (Fed. Cir. 2000).

24 277 F.3d 1346, 1360 (Fed. Cir. 2002).

25 931 F.2d at 861.

26 24 F.3d at 1401.

27 180 Ct. Cl. at 986.

28 24 F.3d at 1401.

#	계약조항	Time	Cost
4.7	Setting Out	Yes	Cost & profit
4.12	Unforeseeable Physical Conditions	Yes	Cost
4.24	Fossils	Yes	Cost
7.4	Testing	Yes	Cost & profit
8.4	Extension of Time for Completion	Yes	×
8.5	Delays Caused by Authorities	Yes	×
8.9	Consequences of Suspension	Yes	Cost
10.2	Taking Over of Parts of the Works	Yes	Cost & profit
10.3	Interference with Tests on Completion	Yes	Cost & profit
11.8	Contractor to Search	×	Cost & profit
12.4	Omissions by variation	×	Cost
13.2	Value Engineering	Yes	Cost & profit
13.3	Variation Procedure	Yes	Cost & profit
13.7	Adjustments for Changes in Legislation	Yes	Cost
14.8	Delayed Payment	X	Cost
16.1	Contractor's Entitlement to Suspend Work	Yes	Cost & profit
16.4	Payment on Termination	×	Cost & profit
17.1	Indemnities	×	cost
17.4	Consequences of Employer's Risks	Yes	Cost & profit
18.1	General Requirements for Insurances	×	Cost
19.4	Consequences of Force Majeure	Yes	Cost
19.6	Optional Payment, Termination and Release	×	Cost & profit
19.7	Release from Performance	×	Cost & profit
20.1	Claims	Yes	Cost & profit

6.1.6 정량적 지연손실(비용)이 적정하게 산정되었는가?

비용 보상이 가능한 경우에 한하여 손실의 범위가 정량적으로 산정되었는지를 검토하고 인과관계 및 입증 자료가 적정하게 설명되어 있는지를 검토한다.

사례 ▶ **공기지연으로 인한 손실비용 산정에 관한 판례**

법원은 비용 보상 가능한 지연으로 노무비 증가가 발생한 경우 손실의 보상을 인정하였다. (Luria Bros.,[29] J.D. Hedin[30]) 하지만 계약자는 보상 가능한 지연일수 및 지연으로 인한 손실을 입증할 책임이 있다고 언급하였다. (Wilner,[31] Servidone[32])

또한 법원은 보상 가능한 지연으로 연장된 기간에 대하여 본사 관리비를 인정하였고(West v. All State Boiler, Inc.[33] and Fred R. Comb Co. v. U.S.[34]), 연장된 기간에 대한 현장 관리비 또한 보상 가능하다고 언급하였다. (Luria Bros.[35])

법원은 현장 관리비에 대한 일일 비용이 상호 간에 약정에 의해 설정되어 있고 계약문서에 포함되어 있는 경우 All State Boiler[36] 판례에 근거하여 보상 가능한 지연일수와 간단한 곱셈으로 비용을 산정할 수 있다고 언급하였다.
하지만 사전 약정된 일일 금액을 간단하게 현장 관리비를 산정한다 하더라도, Luria Bros.[37] 판례에 근거하여 동시발생 지연이 포함된 경우 발주자와 계약자 책임기간을 구분하여야 한다고 언급하였다.

---

29 177 Ct. Cl. at 743, 746.

30 347 F.2d at 256.

31 24 F.3d at 1401.

32 931 F.2d at 861.

33 146 F.3d 1368 (Fed. Cir. 1998).

34 103 Ct. Cl. 174, 184 (1945).

35 177 Ct. Cl. at 741, 746.

36 146 F.3d 1371, 1382.

37 177 Ct. Cl. at 740, 746.

6.2 국내 공기지연 분쟁 평가 방법

국내 건설공사 관련 법원 소송 진행과 중재 진행을 포함한 건설 분쟁 단계에서 공기지연 관련 분쟁에 대한 평가 방법 및 절차와 관련된 해외에 비해 상대적으로 상당히 부족한 상황이다. 공기지연 분쟁과 관련된 법원의 발간자료와 판례들을 요약하여 건설 분쟁 단계에서의 평가 방법들을 소개하고자 한다.

6.2.1 서울중앙법원 건설감정실무

타 지역에 비해 대형 건설회사와 대형 발주처들의 소재지가 많은 서울지역의 소송을 관할하는 서울중앙지방법원에서는 건설 분쟁 단계에서 판정부의 판단능력을 보충하기 위해 기술적이며 전문적인 검토의견을 수렴하는 증거 방법인 감정업무에 대하여 국내 최초로 2011년에 『건설감정실무』라는 책자를 발표하였다. 자료의 서문에서 전문가의 감정의 중요성을 강조하면서 판사와 변호사 그리고 건설 전문가들이 참여한 건설 분쟁의 감정기준서를 발간하였다고 언급하고 있다.

2016년도에 『건설감정실무』 개정판에서는 제5장 공사대금 감정에 별도의 '공기연장으로 인한 추가 비용'이라는 별도의 내용을 추가하였다.

관련 내용을 살펴보면, 약 6페이지에 걸쳐서 간략하게

① 연장된 공사기간의 확정

② 공기와 연동되는 비목의 구분

③ 실제 투입비용 산정

④ 연장기간과 차회 차수별 계약기간의 중첩

을 기술하고 있다.

앞서 해외 법원에서와 같이 지연의 적시 통지 여부와 동시발생 공기지연에 대한 평가, 지연사건의 전체 준공지연에 대한 영향력 검토, 책임일수 산정 방법의 적정성, 지연손실 입증의 적정성 등과 같은 공기지연 평가와 관련된 구체적인 방법 등이 건설

감정실무에 전혀 언급되고 있지 않다. 이 점은 국내 공기지연 건설분쟁 실무의 기준이 미흡하다는 측면에서 아쉬운 부분이며 향후 개정을 통해 보강이 될 수 있기를 기대한다.

6.2.2 공기지연 분쟁 사례에서의 평가 방법

(1) 국내 소송 사례

국내 건설공사 공기지연 관련 판례 24건을 조사하여 발표한 대한건축학회의 연구자료에 따르면,[38] 법정에서의 공기지연에 대한 책임일수를 결정하는 절차를 다음과 같이 정리하였다.

- 당초 공사기간과 실제 공사기간의 정리
- 원고와 피고가 주장하는 내용에서 지연사건 정리
- 각 지연사건의 사실관계 검토
- 공사기간 중 시공자 귀책의 지연이 아닌 지연기간 산정
- 전체 지연기간 중 시공자 귀책의 지연이 아닌 지연기간 나머지를 시공자 귀책 지연기간으로 결정

이러한 법원의 판결에서의 문제점을 다음과 같이 지적하고 있다.

- 지연사건이 있을 경우 모든 작업을 전체 공사의 지연기간과 연관이 있다고 간주한다는 점

연구에서는 공기지연 분쟁에서 각 공기지연 사건별 전체 공사에 대한 영향력 분석

---

38 김영재 외 3인, 건설공사 공기지연 클레임의 분석 방법에 관한 연구－공기지연 관련 판례의 분석을 중심으로, 대한건축학회 논문집, 1999.

을 시행하여 책임일수를 산정하는 방법이 도입되어야 함을 주장하였다.

(2) 국내 중재 사례

대한상사중재원에서는 연도별로 건설 중재 사건 중 선례적 가치가 있는 사례를 선정하여 건설중재 판정사례집을 발표하고 있다. 저자는 공기연장과 지체상금과 관련된 중재 사례의 판결문에서의 공기지연에 대한 책임일수 결정과 관련한 부분을 검토해보았다.

판례의 전문을 통해 판정부에서 공기지연에 대한 책임일수를 결정하는 절차는 앞서 소개한 국내 소송 사례의 방식과 대동소이함을 알 수 있었다.

공기지연 분석과 관련된 주요 판례에서 지연일수를 산정하는 데 명백한 분석 방법 적용을 통한 책임일수를 명시하지 않고 주관적 표현인 '형평 관념에 따른 책임일수'를 결정한다(중재 제15111-0092호)는 내용이 명시되어 있다.

> ### 사건번호 | 중재 제15111-0092호(본신청)
> ### 중재 제 16111-0145호(반대신청)
>
> **판정요지**
>
> 이 사건의 본 신청 및 반대신청의 각 내용은, 이 사건 부지에서 신청인이 한 풍력발전소 주요 설비 및 부속 설비 일체의 시공이 하도급계약상의 설치기간 종료일 2012. 4. 30.이 아닌 2013. 1. 18.에 준공된 사실을 전제로 하여 신청인은 피신청인에게 미지급 공사대금, 공기연장 간접비 및 부수공사비의 지급을, 피신청인은 신청인에게 공사지체로 인한 지체상금, 손해배상 채권을 자동채권으로 하여 미지급 공사대금 채무와 상계한 잔액을 각 구하는 것인바, <u>신청인의 하도급공사의 준공 지연의 책임이 누구에게 있는지 여부</u>

나. 본신청에 관한 판단

① 본신청 중 미지금 공사대금 : 하도급공사 준공 지연의 책임은 피신청인에게 있으므로 피신청인은 미지급 공사대금을 지급할 의무가 있다.

② 본신청 중 공사기간 연장에 따른 간접비 : 신청인도 발전기 설치공사 내지 지반보강공사의 착공을 지체하여 공사지체에 환한 책임이 일부 있어 공기연장 간접비는 <u>형평관념상 일부를 감액하여 인정한다.</u>

③ 본신청 중 전기공사비 및 송전선로 설계변경비 : 신청인과 피신청인은 지내력보강공사와 관련된 비용은 SPC 회의에 상정하여 처리하기로 합의하였고, 실제로 시공업체인 F사는 SPC화의 계약에 따라 지내력 보강공사를 시공하였는 바, 전기공사비 및 송전선로 설계변경비는 그 공사 과정에서 발생한 비용이므로 이를 피신청인에 구할 수 없다.

④ 본신청은 미지급 공사대금 금 3,039,071,000원(부가가치세 미포함) 합계 금 3,339,071,000원(부가가치세 미포함) 및 이에 대한 지연이자를 구하는 범위에서만 정당하다.

다. 반대신청에 대한 판단

① 반대신청 중 지체상금 : 이 사건 공사는 피신청인의 주된 귀책사유로 공기가 연장되었고, 신청인도 발전기 설치공사 내지 지반보강공사의 착공을 지체하여 공사지체에 관한 책임이 일부 있어 일부 지체책임을 지는 것이 상당하다. <u>이 사건 공사에 관한 제반 사정으로 고려하고, 형평관념에 따라 신청인에게 책임이 있는 지체일수를 10일로 보고, 신청</u>

신청인과 피신청인이 각각 상대편의 귀책으로 인한 지연책임을 주장하는 한 중재사례(중재 제15111-0156호) 판결문에서는 창호공사의 선행공사인 골조공사의 지연으로 인해 후속공사의 지연이 발생할 수밖에 없다는 기술적인 주장이 반영되지 않고, 최초 공사의 착수지연과 최종공사인 검사의 지연기간만을 합산하여 지연귀책기간을 산정하고 있다.

판정요지

신청인은 ○○공사가 발주한 신사옥 신축공사 중 W사가 A사에게 하도급한 스틸커튼월 부분공사를 재하도급받은 자인데, 추후 A사의 자회사와 새로운 하도급계약 및 변경계약을 체결하였고, 기존에 A사와 체결한 계약은 전부 합의해제하였다. 이 때 재하도급받은 공사의 공사기간 연장에 대한 귀책사유가 어느 쪽에 있는지에 관한 판단기준

3. 판단

가. 공사기간 연장사유에 대하여

① 선행공정이 지연된 점, 이 사건 공사가 계획보다 늦어지자 신청인과 피신청인, W사 등 관계자들이 공정 만회를 위한 회의를 수차례 한 점, 신청인과 I사 간의 계약이 중도에 파기되고 상단 기간을 두고 협의를 진행한 점, 피신청인이 신청인 ㅇ게 공기 확인과 독촉을 하는 문서를 수차례 보낸 점 등을 보면, 이 사건 공사가 지연된 것은 어느 일방의 귀책사유만으로 인한 것이라기보다는 양측의 귀책사유가 서로 중복되어 발생한 것이라고 보인다.

② 그 귀책 비율을 판단하자면, 원래 이 사건 공사는 2013. 12. 31. 완료하기로 하였으나, 2015. 3. 2. 완료됨으로써 총 14개월이 지연되었는데, 신청인이 제출한 공정표에 따르면 총 7개월 정도는 신청인의 귀책사유로, 나머지 기간은 신청인의 귀책사유로 각 지연되었다고 보는 것이 합리적이므로, 귀책비율은 신청인과 피신청인 각 50%로 한다.

국내 건설공사 공기지연 관련 소송 사례 및 중재 사례에 대한 평가기준을 검토해본 결과, 건설공사의 공기지연에 대한 책임일수를 결정하는 데 해외 분쟁과 비교하여 과학적이며 정량적인 분석이 상당히 미흡함을 알 수 있다.

국내 소송과 중재와 같은 건설 분쟁에서 판정부의 합리적인 결정을 위해서는 공기지연의 책임일수나 손실을 입증하는 방법에 대한 학계차원의 연구나 산업차원의 기준들이 시급히 마련되고 정비되어야 한다.

CHAPTER 07
공기지연 클레임 및 분쟁 실무

CHAPTER 07
공기지연 클레임 및 분쟁 실무

이번 장에서는 건설공사 공기지연 클레임과 분쟁 중 대다수를 차지하는 시공자가 제기하는 공기연장 클레임과 분쟁 사례를 소개하고 각 사례별 시사점을 소개하고자 한다. 여기에 소개된 클레임 사례는 필자가 실제로 국내외 클레임 및 분쟁 단계 실무에 참여하여 추진한 사례이다.

클레임을 추진하는 과정에서 대부분의 클레임에서 시공자는 청구자(Claimant)로서 공기지연에 따른 공기연장 또는 비용 보상의 권한이 있음을 입증하는 주체이자 입증의 책임(Burden of Proof)을 가진다. 반면에 대부분의 현장 공기지연 클레임의 경우 발주자(감리자)는 클레임의 대응자(Defendant)로서 시공자가 제기한 클레임을 객관적으로 평가하여 보상의 범위를 결정한다. 경우에 따라서는 발주자도 시공자에게 공기지연에 따른 추가 비용이나 손실에 대한 클레임이나 분쟁을 공식적으로 제기하는 경우도 있다.

계약자가 제기한 클레임에 대하여 발주자가 검토 또는 평가한 내용이 있는 경우에는 그 내용을 요약하고 사례별 입증과 평가 관련 시사점을 정리하였다. 시공자는 발주자가 어떠한 기준으로 클레임을 평가하는지 이해하여 설득력 있는 클레임을 준비하고, 발주자는 시공자에게 납득할 수 있는 평가 결과를 작성하는 업무에 참고할 수 있을 것이다.

7.1 국내 실무 사례

7.1.1 도로공사 공기지연 클레임 사례

사례 ▶ 현장 개요

- 국가 : 대한민국
- 공사목적물 : 도로 및 교량 건설공사
- 발주처 : ○○지역 국토관리청

본 사례는 도로 및 교량을 건설하는 국내 프로젝트로 당초 계획 준공일 대비 4개월의 준공지연이 확실시되는 상황이었으며, 발주자는 계약준공일이 도래하였음에도 공사가 완료되지 않아 계약자에게 준공지연 기간에 대한 지체상금 부과 공문을 발송하였다.

계약자는 발주자와 준공연장을 위한 협상을 준비하고 있었으나 발주자의 지체상금(LD) 부과 의사를 통보받은 후 공기지연의 책임이 계약자에게 없음을 입증하여 공기연장 클레임을 제출한 사례이다.

클레임 추진 배경
- 준공임박 시점에서 4개월 준공지연 예상
- 시공자 지체상금 위험(약 50억 원)
- 시공자는 지체상금 리스크 대응을 위한 EOT 클레임 추진 필요

양측 입장
1) 클레임 청구자(시공자) 주장 : 발주자 설계확정 지연, 지장물 이설지연 등이 CP에 영향을 주어 준공지연 발생
2) 발주자 주장 : 시공자의 인원/장비 투입 부족, 생산성 저하로 준공지연 발생

클레임 주요 내용(시공자 제기)

1) 주요 전략

공사실적 및 잔여작업 고려하여 신뢰성 있는 Critical Path 정의하여 준공지연 책임규명

2) 입증 방법

As-Planned vs As-Built Window Analysis 적용(승인된 계약공정과 As-Built CP 작업의 완료일 비교를 통해 CP지연을 설명하는 방법)

※ 공기지연 분석 방법 선정 근거
- 공사가 거의 완료된 상황이므로 Retrospective 접근법이 합리적임
- 객관성 있는 공사 실적자료를 보유하여 As-Built Programme 구성 가능
- 승인된 계약공정을 보유하여 계획 대비 실적 비교 가능

클레임 결과

• 시공자는 4개월 준공지연의 책임이 발주자에게 있음을 입증한 클레임 서류를 기반으로 발주자와 지체상금 or EOT 협상을 진행한다.

• 발주자는 이전에 합의된 공기연장에 대한 간접비를 인정하고, 당해 클레임 건에 대해서는 잔여물량분에 한하여 지체상금을 부과하는 안에 상호 합의하여 종결한다.

공사 진행 중 다양한 지연사건으로 인하여 발주자와 계약자는 수차례에 걸쳐 공기연장에 합의하였으며, 계약기간 또한 1년 6개월이 증가되었다. 공기연장 변경계약 이후에도 발주자 및 계약자 책임의 추가적인 지연사건이 복합적으로 발생하였으며, 발주자, 계약자 모두 상대방의 책임으로 준공지연이 발생하였다고 주장하는 상황이었다.

당해 공사는 클레임 제기 시점에서 일부 도로공사구간을 제외한 나머지 구간의 공사는 모두 완료된 상황이었다. 그리고 공기지연 분석에 필요한 공정자료인 계약공정표와 작업의 실적 기록이 양호하게 유지·관리되고 있었다.

공사가 완료되지 않은 구간 중 A구역의 주요 지연은 발주자 책임이었고, B구역 지연의 주요 원인은 계약자에게 있었다. 그러므로 본 사례에서 공기지연 책임 구분의 핵심은 병행하여 진행된 2개의 공사구간 중 어느 구간이 CP에 해당하는지를 규명하고,

해당 CP의 지연이 누구의 책임으로 얼마나 지연되었나를 정량적으로 산정하는 데 있었다.

관련 공정자료를 기반으로 공기지연 분석 시점에서 잔여작업의 물량과 실적 생산성을 기준으로 하였을 때 가장 늦게 완료되는 구간을 찾아 CP 구간을 정의할 수 있었다. 그 이후 CP 작업의 계획 완료일과 실제 완료일을 비교하여 CP 지연일수를 산정하고 해당 작업이 지연된 원인을 관련 기록에 기반하여 규명하는 As-Planned vs As-Built Window Analysis 방법을 적용하여 공기지연 책임일수를 산정하였다.

시사점 ▶

공기연장 클레임 입증 방법 측면

시공자는 전략적으로 발주자 설계 변경 사건의 영향력을 극대화하여 공기연장 권한을 확보할 수 있는 방법(As-Planned vs As Built Window Analysis)을 채택하여 클레임을 추진하였다. 그렇지만 발주자 지연이 시공자 지연보다 준공지연(Actual Critical Impact)에 실질적으로 더 심각하지 않았기 때문에 공기연장 클레임 주장의 실효성이 약한 클레임으로 평가된다.

실제 발주처 귀책의 지연사건이 발생하였을 때, 지연영향력을 분석하여 먼저 통보를 하고 그에 대한 지속적인 통보를 해두어야 한다. 시공자는 실제 준공지연이 예상되는 시점에서는 기존에 통보한 자료근거를 가지고 클레임을 적시 제출하였어야 했으나, 시공자 귀책의 지연이 동시에 발생하였으므로 그에 대한 실행을 적시 통보하지 못한 점과 후속 공기연장 협상을 추진하지 못한 것이 아쉬운 점이다.

현장은 비록 늦은 시점이라도 발주처 귀책의 지연사건이 실제 준공지연에 영향을 준다는 것을, 체계적인 공기지연 분석 방법을 활용하여 발주처에 제공함으로써 준공지연 관련 지체상금을 최소한 것은 시사점이 있는 부분이다.

지체상금 평가 방법 측면

발주처에서는 계약준공일에 임박하여 준공달성이 불가하다고 판단되는 시점에 시공자에게 지체상금을 부과하겠다는 공문을 발송하였다. 발주처는 지체상금 산정에 대해 계약준공일 이전까지 기성으로 인정받지 않은 잔여기성분에 대해 지체상금을 결정하였다.

해외 건설공사에서는 양측의 귀책사유가 혼재되어 있는 경우 공기연장과 지체상금 산정에서 제출된 클레임에 대한 평가 및 협상을 통해 추가 비용과 지체상금이 없는 (No Cost-No LD) 협상으로 일반적으로 클레임을 종결한다. 이 공기지연 클레임 사례의 경우 발주처가 시공자와 협상을 통해 지체상금의 대상 범위를 일부 조정하기는 했지만, 실제로 지체상금 권한을 행사했다는 것은 시사점이 있는 부분이다.

7.1.2 철도공사 공기지연 클레임 사례

사례 ▶ **현장 개요**

- 국가 : 대한민국
- 공사목적물 : ○○지역 복선 전철공사
- 발주처 : 국토해양부

본 사례는 국내 복선전철을 신규로 건설하는 프로젝트로 공사 초기 주무관청 책임의 용지보상지연, 정거장 위치 변경 등의 지연사건과 사업시행자의 인허가 지연의 복합적인 사유로 인하여 준공지연이 예상되는 상황이었다.

주무관청은 초기 용지보상 지연과 정거장 위치변경으로 인한 지연은 공사를 진행하면서 대부분 만회되었고, 추가적으로 만회 가능한 상황이므로 공기연장을 인정할 수 없다는 입장이다. 반면 시공자는 선의의 노력을 다했지만 발주자로 인한 심대한 공기지연을 만회하기 어려워 공기연장 및 간접비 보상이 필요하다고 주장하였고 공기연장 클레임을 추진하였다.

클레임 추진 배경

- 공정률 50% 진행 중 20개월 준공지연 예상
- 시공자는 지체상금 리스크를 저감하고 적정공기의 확보 필요

양측 입장

1) 클레임 청구자(시공자) 주장 : 발주자 부지인도 지연, 설계 변경으로 20개월 공기연장 필요
2) 발주자 주장 : 발주자 책임지연이 있었으나, 시공자 책임의 지연이 복합적으로 발생하였고 잔여공사 만회추진 시 지연영향 최소화 가능

클레임 주요 내용(시공자 제기)

1) 주요 전략 : 발생한 지연사건의 준공일 영향력 분석, 설계 변경으로 향후 증가가 예상되는 공기를 산정하여 적정 준공일 제시
2) 입증 방법 : Time Impact Analysis 적용(지연 발생시점에서 CP 영향력을 검토하는 방법) 실제 공사 진행 상황을 고려하기 위해 지연사건이 종료된 시점에서 작업실적을 반영하여 Impact된 준공일 보정(Retrospective TIA 적용)

   ※ 공기지연 분석 방법 선정 근거
   - 공사가 진행 중인 상황으로 변경으로 인해 영향받는 준공일 예측이 중요
   - 승인된 CPM 형태의 계약공정 운영
   - 객관성 있는 공사 실적자료를 보유하여 실적 업데이트 공정표 구성이 가능

클레임 결과

시공자는 EOT 클레임 서류와 잔여공기 적정성 검토 결과에 근거하여 발주자에게 공기연장의 필요성을 설명하고, 공기연장 협상을 진행한다.

시공사는 연차별로 제출하는 차기년도 공사계획에 초기 발주자 책임의 지연영향을 반영하여 준공일이 연장된 공정표를 제출하였으나, 감리자와 주무관청은 공기연장 불가의견을 회신하였고 당초 계약준공일을 준수하는 차기년도 공사계획을 제출할 것을 요구하였다.

시공사는 용지보상 지연, 인허가 지연 등 복합적인 사유로 착공이 지연된 상황과

주무관청의 정거장 위치 변경 지시에 따른 추가공사 및 작업계획 변경 등 잔여공사 수행일정을 고려하였을 때, 당초 계획준공일을 맞추는 것은 불가한 것으로 판단하였고 이에 공기연장 클레임 추진을 결정하였다.

상기와 같은 공사지연 상황을 고려하였을 때 본 클레임에서 핵심적인 입증 사항은, ① 이미 발생한 지연사건의 준공일 영향력 입증, ② 설계 변경으로 인한 추가작업에 대한 최선의 만회계획을 고려한 준공 가능일의 산정이다.

사업시행자는 공기지연 사건으로 인한 준공일 영향력 입증과 사업시행자 최선의 노력으로 만회 가능한 추진계획을 작성하여 주무관청에 제출한 후 상호 협의를 진행하였다.

시사점

공기연장 클레임 입증 방법 측면

시공자는 공기연장 권한을 주장하기 위하여 공기지연 분석 방법 중 국제적으로 가장 객관적으로 인정받는 방법(Time Impact Analysis)을 채택하여 공기연장 권한을 주장하는 클레임을 추진하였다. 그렇지만 시공자 귀책의 지연사건이 동시에 존재(Concurrent)하므로 발주자가 시공자 지연이 공기연장에 Critical하다고 주장할 때 공기연장 승인이 쉽지 않은 클레임이다.

국내 공공공사 계약조건에는 지연사건이 준공지연에 Critical할 경우에만 공기연장이 가능하다거나 동시발생 공기지연에 대해 공기연장 권한을 인정하지 않는다는 계약조건이 없기 때문에, 시공자는 발주자 지연사건으로 인한 준공일 지연의 영향력과 공기연장의 정당성을 지속적으로 주장할 필요가 있다. 하지만 발주처 측에서 실제로 발주처 설계 변경 지시로 인한 지연사건의 영향력보다 시공자 귀책의 지연사건의 준공지연이 더 심대하다는 것을 명확히 입증할 경우 공기연장 승인이 어렵고 지체상금이 부과될 가능성도 있다.

시공자는 발주자 귀책의 지연사건의 공기연장 영향력 범위 내에서 시공자 귀책의 지연사건이 종결될 수 있도록 지속적인 공기지연 영향력 만회노력을 추진하여, 향후 공기지연에 따른 공기연장과 추가적인 비용 보상을 추진하여야 한다.

공기연장 클레임 평가 방법 측면

발주처에서는 시공자의 수차례 공기연장 실정보고가 있었음에도 불구하고 당초 계약공기 내에 공사를 완료해야 한다는 주장만을 반복하고 있다. 시공사는 이러한 발주처 주장에 대해 발주자의 설계 변경 요청으로 공기연장이 필요하다고 대응하고 있다. 지루한 주장의 반복이다.

국내 공공공사 계약조건에 의거하면 설계 변경으로 인한 공기연장이 발생할 경우, 시공자는 수정공정표를 첨부하여 발주처에게 서면으로 계약기간의 연장을 신청해야 하고 발주처는 그에 따른 공기연장 및 추가 비용에 대한 보상을 해주도록 규정되어 있다.

해외 대형 건설공사에서는 시공자의 공기연장 필요성에 대한 통보가 있을 경우, 대부분의 발주처는 시공자에게 공기지연에 대한 영향력 분석과 그에 대한 만회대책을 시공자에게 요구한다. 특히 공기지연 사건에 대한 전체 공사 Critical Path의 영향력 분석을 요구하여 공기연장에 권한에 대한 협의를 진행한다. 이러한 내용이 대부분의 건설공사 계약조건에 명시되어 있고, 명시가 되어 있지 않아도 대부분의 발주처에서는 이러한 지시를 시공자에게 요구하고 있다.

발주처에서는 이러한 해외 발주기관의 공기지연 관리기술을 참고하여, 발주자 지연사건뿐만 아니라 시공자 지연사건을 종합하여 공기지연 사건에 대한 Critical 분석을 요구하고 추가지연사건이 발생하지 않도록 관리해야 한다.

이 사례의 주요한 시사점으로는 국내 공공건설공사의 공기지연 사건 관리 및 평가에 대한 계약조건이 해외에 비해 상대적으로 미비하다는 점이다. 공기지연 사건 발생에 대한 Time Bar 조건(적시 통지 미실시 때 공기연장 권한 박탈)도 부재하며, 공기지연 사건 발생 시 이에 대한 절차 및 평가기준도 없으며, 실제로 건설현장에서 공기연장에 대한 Critical Path 영향력을 체계적으로 분석할 수 있는 기술자료 및 전문인력이 부족한 실정이다.

7.1.3 발전소 공사 소송 감정 사례

사례	현장 개요 및 감정내용

- 국가 : 대한민국
- 공사목적물 : ○○지역 발전소 기전공사
- 감정 내용 : 기자재 납기지연에 따른 발주자와 계약자間 공정지체 책임비율 산정

본 사례는 ○○지역 발전소를 건설하는 프로젝트 중 기자재 납기지연으로 공정이 지연되었고, 지연기간을 만회하기 위하여 계약자는 추가 비용을 투입하여 돌관공사를 실시하였다. 발주자와 계약자 상호 긴 돌관공사비에 대한 합의를 이루지 못하였으며, 계약자(원고)는 발주자(피고)를 상대로 추가 투입 공사비 및 간접비 지급 소송을 제기한 사례이다.

소송 추진 배경
- 발주자와 시공자의 책임이 있는 복합적인 지연사건으로 준공지연이 발생하였으나, 적기 준공을 위해 시공자는 약 70억 원을 투입하여 돌관공사 진행
- 시공자는 추가공사비 보상 필요

양측 입장
1) 원고(시공자) 주장
   - 발주자 책임으로 발생한 지연으로 인하여 돌관공사 수행, 추가 공사비 투입
2) 피고(발주자) 주장
   - 기자재 설치를 위해 필요한 시공자의 선행 작업이 지연되어 기자재가 적시 납기되었다 하더라도 설치할 수 없는 상황임
   - 기자재 납기 이후에도 설치 작업에 시공자 책임으로 지연이 발생함

감정인 검토내용
1) 돌관비 책임구분을 위한 감정인의 접근 방법
- 기자재별 납기지연이 주공정에 미치는 지연일수에 참여자별 귀책비율을 곱하여 책임비율을 산정함
- 주공정에 영향을 준 Item 개수를 기준으로 가중치 적용하였으며 최종적으로 원고 40%, 피고 60%의 책임이 있는 것으로 판정함
2) 감정 결과에 대한 보완감정 요청
- 주공정 지연의 책임일수에 따라 돌관공사비가 증가되었으므로, 지연 Item 개수를 기준으로 가중치를 적용하는 것이 아니라 지연 Item별 주공정 지연일수를 기준으로 가중치를 적용하는 것이 합리적임

소송 결과
원고는 감정인에게 보완감정 요청서를 전달

감정인은 기자재 납기지연 현황을 확인하여 원고, 피고 책임사유에 따른 공기지연 기간을 산정하고, 각 사유별 돌관공사비를 산정하는 업무를 수행하였다.

납기가 지연된 기자재 항목은 특성에 따라 ① A그룹, ② B그룹, ③ C그룹으로 세분화되었으며, 각각의 항목 수는 A그룹 153개, B그룹 44개, C그룹 28개로 총 225개로 도출되었다.

감정인은 우선 개별 납기지연 항목별 주공정에 영향 유무와 원고, 피고의 납기지연의 귀책비율을 산정하였다. 그리고 기자재별로 계획된 납기일 대비 실제 납기일을 비교하는 방식으로 지연된 기간을 계산하였으며, 해당 기자재가 주공정에 해당하는 Item인지 판정하였다.

이를 바탕으로 항목별 공정지체 책임일수는 주공정에 영향이 있는 기자재에 한정하여 산정하였으며, 계산식은 기자재 납기지연일수×참여자별 귀책비율로 적용하였다.

그리고 특성에 따라 A, B, C그룹으로 구분된 납기지연 기자재의 개수가 서로 상이하였으므로 주공정에 영향을 준 납기지연 기자재 수량의 비율을 기준으로 그룹별 가

중치를 산정하여 그룹 간 편차를 보정하였다.

최종적으로 항목별 공정지체 책임일수에 기자재 특성별 가중치를 곱하여 참여자별 공정지체 책임비율을 산정하였으며, 돌관공사로 추가 투입된 공사비에 이러한 방식으로 산정된 책임비율을 곱하여 원고, 피고의 부담액을 판정하였다.

시사점

공기연장 소송 입증 방법 측면

공사기간에 영향이 있는 양 당사자 책임의 지연사건이 복합적으로 발생하였고 명확한 책임일수를 구분하는 데 실패하여 당사자 간 합의에 이르지 못한 사례이다. 동시발생 공기지연 상황에서 당사자 간 책임일수를 구분하기 위한 공정자료와 각종 기록자료들이 공사기간 중 확보되지 않아 클레임 합의를 위한 합리적인 접근이 어려웠던 것으로 판단된다.

지연사건이 발생하였을 때, 양 당사자 간에 지연사건으로 인한 리스크에 적극적으로 대응하고 공정자료 및 관련 기록을 유지·관리하는 것이 중요하다.

소송이나 분쟁조정 과정에서도 공사 진행 중에 기록된 충분한 입증 자료를 제시하여 합리적인 평가 결과를 도출하는 것이 불필요한 소모를 줄일 수 있는 방법이다.

공기연장 소송 평가 방법 측면

본 사례에서는 원고와 피고의 공정지체 책임을 구분하는 과정에서 계약공정표를 기준으로 개별 지연 아이템이 준공일에 미친 영향력을 평가하는 공기지연 분석적인 접근이 아니라, 기자재 납기 지연의 책임 정도(비율)를 구분하는 데 초점을 맞추어 진행하였다. 그리고 주공정선에 영향이 있었던 납기지연 기자재와 그렇지 않은 기자재를 구분한 후 평가하여 감정 결과의 객관성을 높이려 한 것으로 판단된다.

본 사례는 원고, 피고의 책임비율을 산정하는 과정이 비교적 단순하고 이해하기 쉬운 장점이 있었다. 하지만 납기 지연된 기자재별 주공정에 미친 영향 정도가 다소 정성적으로 평가된 측면이 있었다.

해외 분쟁조정 판례를 검토하였을 때, 상대방의 단독의 책임으로 손실이 발생 여부, 주공정선(CP) 영향력이 입증되었는지, 동시발생 지연의 상황에서 양 당사자 간의 책임기간이 구분되어 산정되었는지 등과 같은 판단의 원칙을 가지고 접근한다.

하지만 국내 공기지연과 관련된 분쟁조정에서는 CP 영향력 검토를 통한 과학적인 책임일수의 산정과 동시발생 지연에 대한 책임구분의 이론적 실무적 접근이 부족한 현실이다.

따라서 건설 분쟁을 조정하고 평가할 수 있는 객관적 기준의 마련이 필요하고 공기지연 책임일수를 보다 객관적으로 산정할 수 있는 과학적 접근법에 대한 연구와 검토가 필요한 것으로 판단된다.

7.1.4 발전소 공사 하도급 소송 감정 사례

사례 ▶ 현장 개요 및 감정내용

- 국가 : 대한민국
- 공사목적물 : ○○지역 발전소 보일러 공사
- 감정 내용 : 원도급자의 추가공사 지시에 따라 발생한 공정지연에 대하여 하도사의 간접비 보상 범위

본 사례는 ○○지역 발전소를 건설하는 프로젝트 중 보일러 설치 공사를 하도급 받은 수급업체(원고)에서 원도급자(피고)를 대상으로 제기한 소송이다. 하도급 업체는 원도급자가 당초 계약범위 외 다수의 추가작업을 지시하였고, 추가작업으로 공사기간 연장이 필요한 상황에서 원도급자는 적시준공을 요구하였기 때문에 불가피한 추가공사비가 발생하였음을 주장하였다.

원도급자는 설계 변경 승인을 통하여 추가공사비의 보상이 완료되었다고 주장하였으나 하도사는 해당 금액은 설계 변경으로 인한 직접비 보상이었으며, 공기 단축으로 인한 돌관비 보상이 추가로 이루어져야 한다는 입장이었다.

소송 추진 배경

- 하도급 업체는 원도급자의 추가공사 지시로 공사기간이 추가로 소요되었지만, 원도급자의 공기단축 요구에 따라 돌관공사를 시행하게 되었음
- 돌관공사에도 불구하고 약 200일의 공기지연이 발생하여 하도급 업체에서는 원도급자에게 공기연장에 따른 추가간접비 지급을 요청함
- 상기 사항이 상호 간에 상기 사항이 합의되지 못하여 하도급 업체는 원도급자를 대상으로 공기연장 간접비 지급 소송을 제기함

원도급자 책임의 설계도서 오류, 추가작업 지시 등으로 인해 공정지연이 발생하였고, 하도급자는 공기지연에 따라 추가 투입된 간접비를 청구하는 소송을 제기하였다.

실제 하도급 공사는 계획 대비 7개월이 지연되었으며, 감정인은 공기지연 분석을 통하여 원도급자 및 하도급자 책임의 지연일수를 산정하였다. 하지만 하도급 공사 계약 이후 공정표가 제출/승인이 이루어지지 않았고, 실적 공정표 또한 작성되지 않았다.

감정인은 공기지연 분석을 위하여 발주자와 원도급자 사이에 승인된 계약공정표에서 하도급 공사에 해당하는 부분을 발췌하여 하도급 공사 계획 공정표를 작성하였다. 그리고 양 당사자로부터 작업 완료일 및 실적 자료를 수령한 후 작성된 하도급 공사 계획 공정표에 실적을 업데이트하여 준공공정표를 구성하였다.

감정인이 기초자료를 바탕으로 재구성한 계획 공정표와 준공공정표는 양 당사자에게 다시 송부되어 적정성에 대한 의견을 수렴하여 보완하는 절차를 거쳤으며, 이를 통하여 공기지연 분석을 위한 분석기준공정표를 설정하였다.

감정인은 하도급 공사의 특성과 확보된 공정자료를 기반으로 적합한 공기지연 분석 방법으로 As-Planned vs As-Built Window Analysis로 선정하여 피고의 추가작업 요청으로 인한 준공지연을 정량화하였다.

감정인은 준공공정표를 기반으로 As-Built Critical Path를 정의하고, 원고가 공기지연 원인으로 제기한 재작업 및 추가작업 리스트 중 정의된 CP에 영향이 있는 작업만을 선택하여 준공지연의 영향을 분석하였다.

원고는 재작업 및 추가작업이 시작된 날짜, 완료된 날짜 그리고 작업수행 기간에 대한 자료를 감정인에게 제출하였으며, 감정인은 작업일보를 일일이 확인하여 추가작업 수행 기간에 실제로 작업한 날과 작업이 이루어지지 않은 날을 구분하였다.

궁극적으로 감정인은 As-Built CP에 영향을 미친 추가작업을 분류하였으며, 실제 추가작업이 이루어진 날만을 원고의 책임이 있는 지연기간으로 산정하였다. 이후 계획 대비 실제 지연된 기간 전체에서 원고의 책임이 있는 지연기간의 비율을 계산한 후 이를 근거로 추가 투입 공사비의 책임을 구분하였다.

시사점

공기연장 소송 입증 방법 측면

하도급 공사에서 원도급자의 추가공사 지시에 따라 공사기간의 연장이 필요한 상황에서 원도급자는 하도급 업체에게 적기 준공을 요구하는 상황이었다.

원도급자는 자신들의 책임이 인정되는 부분에 대해서 실 투입비 기준으로 하도급 업체의 손실을 보상하려는 의도를 가지고 있었지만, 하도급 업체에서는 동시발생 지연 상황에서 하도급자 책임 기간을 제외하지 않고 전체 지연기간에 대하여 연장비용을 청구하여 상호 간의 합의에 이를 수 없었다.

동시발생 공기지연 상황에서 상호 간의 책임일수 구분을 위해 필요한 하도급 공사의 공정표, 실적 업데이트, 공정보고서 등 기초적인 자료가 거의 없어 각자의 책임일수를 구분하여 입증하기는 매우 어려운 상황이었다.

건설공사에서 원도급자는 하도급 업체와의 인터페이스를 관리하고 공사의 전반적인 진행을 조율/관리하는 책임을 가진다. 전체 공사에 대한 관리기준을 설정하고 진행 사항을 업데이트 하여 보고하는 대발주처 업무에 비해 하도급 업체의 지연관리는 경험에 의존하여 진행하는 경향이 강한 실정이다.

본 사례에서도 하도급 공사는 관리기준으로 활용할 수 있는 계획 공정표, 실적 업데이트 및 생산성 자료, 작업에 투입된 장비, 인원에 대한 기록조차 관리되지 않은 실정이었다.

하도급 공사 초기에 관리기준을 설정/합의하고, 공사 진행 중에는 작업 및 지원투입 실적을 정기적으로 공유하여 변경관리의 체계를 구축하여야 한다. 그리고 지연이 발생하였을 때, 원도급자와 하도급자는 만회계획을 포함한 대응방안에 대하여 적시 협의하여 지연이 심화되지 않도록 관리하는 것이 중요하다.

공기연장 소송 평가 방법 측면

본 사례에서 감정인은 공기지연 분석을 위해 필요한 자료를 근거 있는 자료를 바탕으로 하여 재구성하였으며, 양 당사자의 의견을 수렴하는 과정을 거쳐 분석 결과의 객관성과 신뢰성을 확보하려는 시도를 하였다. 공기지연 책임일수를 판정하기 위해 필요한 기본적인 자료가 확보되지 않은 경우 참고할 수 있는 사례로 판단된다.

그리고 공사가 완료된 상황에서 실제 발생한 지연기간을 확인한 후, 해당 지연의 원인을 찾는 방법(Retrospective Approach)으로 접근하였으며, 지연이 발생한 시점에서의 기록자료인 작업일보(Contemporaneous Records)를 근거로 하여 당사자의 책임지연일수를 산정하였다는 측면에서 객관성이 인정되는 접근이라 할 수 있다.

하지만 공사 진행 중 계약공정표 관리, 공정표 업데이트 및 실적 자료관리, 공정보고가 이루어지지 않아 As-Built CP의 적정성 및 투입자원 기록의 신뢰성 검토에 한계가 있었다.

감정인은 양 당사자로부터 수령한 자료에 기반하여 결과를 도출하므로, 지연사건과 실제 발생한 지연간의 인과관계를 입증할 수 있는 공정자료 및 기록자료를 준비하는 것이 클레임 및 소송에서 매우 중요한 사항이라는 것을 시사하는 사례라 할 수 있다.

7.2 해외 실무 사례

7.2.1 중동 건축공사 클레임 사례

사례	현장 개요 및 EOT 주요 내용

- 국가 : 중동지역 국가
- 공사목적물 : ○○ Office 신축공사
- 발주처 : 국영 개발전문 자회사

본 사례는 중동지역 국가의 건축공사 클레임 사례로서 발주자 책임의 공기지연 사건뿐만 아니라 계약자 책임의 공기지연 사건이 복합적으로 발생하여 당초 계약 완공일 대비 약 30개월의 공정지연이 발생한 상황이다. 계약자는 계약 준공일 도래 이전에 발주자에게 공기연장 클레임을 제출하였으나 승인받지 못하여 계약 준공일 변경 없이 공사를 진행하였고 실제 준공시점에 공기연장 클레임을 다시 추진한 사례이다.

클레임 추진 배경
- 시공자 책임의 주요 지연으로 약 30개월 지연 예상
- 시공자는 LD 부과 위험(Max 해당)에 대응하고자 EOT 클레임 추진

양측 입장
1) 클레임 청구자(시공자) 주장
   - 발주자 설계 변경, 영구전력 공급지연 등으로 심대한 준공지연 발생
2) 발주자 주장
   - 계약조건에 부합되게 통지된 지연사건이 없음
   - 준공지연의 책임은 시공자의 작업지연이 원인임
   - 발주자 지연이 일부구간에 있었지만 시공자 책임지연과 동시발생 상황이며, 오히려 시공자 지연이 더 심대함

클레임 주요 내용(시공자 제기)
1) 주요 전략(1차 제출)
   - 계약적으로 권한이 있는 발주자 책임지연으로 객관적 분석 시 계약자는 LD Max를 피할 수 없는 상황임
   - 적시 통지에 실패하여 EOT 권한이 인정되지 않는 지연사건임에도 불구하고, 최대한시공자 공기연장 청구일수를 산정하기 위하여 해당 지연사건을 포함하여 분석 실시
   - 공기연장 분석 시점에서 Criticality를 고려하여, 실제 발생한 지연영향을 객관적으로 고려할 수 있는 분석 방법을 적용하였을 때, LD Max를 회피할 수 있을 정도의 공기연장 권한을 입증하기 어려웠음

- 따라서 발주자 책임지연의 영향을 극대화 할 수 있는 Impacted As-Planned Analysis 방법을 적용함

2) 주요 전략(2차 제출)
- Impacted As-Planned Analysis를 적용하여 입증한 결과에 대하여, 발주자는 계약조건에 요구된 공기지연 입증 방법을 적용하지 않았으며, Impacted As-Planned Analysis는 실제 발생한 지연이 아닌 가상의 영향임을 근거로 시공자 클레임을 기각함
- 이에 시공자는 계약조건상에 명기된 공기지연 입증 방법인 Time Impact Analysis를 적용하여 재분석하였으나, 도출된 발주자 책임의 지연사건으로 전체 지연기간을 설명하는 것은 불가능하였음
- 이러한 문제를 극복하기 위하여 분석가는 전체 프로젝트 수행기간을 세분화한 후 각 구간별로 지연이 심대한 Critical Activity를 찾고 해당 지연의 원인이 무엇인지를 관련 기록 및 현장 참여자 면담 등을 통하여 확인함. 그 결과 기존에 인지 또는 기록되지 않은 신규 발주자 책임지연을 추가적으로 발굴할 수 있었으며, 이를 통하여 발주자 책임지연으로 전체 준공일이 지연되었음을 입증하여 클레임 서류를 재제출함

3) 입증 방법
- 1차 : Impacted As-Planned Analysis 적용
- 2차 : Time Impact Analysis 적용(지연 발생 시점에서 CP 영향력을 검토하는 방법), 몇 개의 구간으로 나누어 분석하는 Window 개념의 TIA 실시

클레임 결과
- 시공자 책임의 심대한 준공지연이 발생하였고, 계약적으로 EOT 조건을 충족하지 못한 상황이었으나, 발주자 책임지연을 극대화한 전략적인 서류를 구성하여 발주자와 협상함
- 발주자는 몇 개의 지연사건에 대하여 책임을 인정하였으며, 전체 지연기간 중 약 50%에 해당하는 기간에 대하여 공기연장을 승인함
- 현저히 증가된 공사기간으로 인하여 시공자 손실이 큰 상황이었으므로, 시공자는 추후 지속적인 발주처 협상을 통하여 LD 없이 일부 손실비용을 보상받는 조건으로 최종 합의함

계약자는 공기지연으로 인한 LD 리스크에 대응하기 위하여 외부 컨설턴트를 고용하여 EOT 클레임 서류를 작성하여 1차로 발주처에 제출하였다. 발주자는 계약상에 정의된 공기지연분석 방법에 부합되지 않는다는 점과 설계와 관련된 12건의 지연사건은 당사의 청구권한이 없음을 사유로 제출 클레임의 승인을 거절하였다.

계약자가 고용한 컨설턴트는 공기연장기간 입증을 위하여 IAP(Impacted As-Planned)[1]를 사용하여 당사의 EOT 권한기간을 산정하였지만, 해당 공기지연 분석 방법은 이러한 계약상 요구사항을 충족시키지 못하는 방법이었다. 계약서의 EOT 청구를 위한 지연입증 조건에 의하면 지연 발생시점에서의 CP 영향력이 있음을 입증할 수 있는 Time Impact Analysis 방법을 적용해야 한다고 규정되어 있다. 발주자는 계약자가 제출한 클레임에 대하여 계약적 입증조건의 미준수의 문제점을 지적하였다. 또한 발주자가 인지하고 있는 계약자 지연사건이 미치는 영향에 대하여 분석하지 않음을 지적하였고, 동시발생 지연 상황에 대한 명확한 입증이 이루어지지 않은 점을 지적하였다.

이후 계약자는 계약조건에서 요구하는 지연입증 절차에 부합하도록 클레임 서류를 보완하여 재제출하였고, 발주자는 계약자의 공기연장 권한이 인정되는 지연사건에 한하여 재평가를 실시하여 일부 기간에 한하여 공기연장을 승인하였다.

시사점

공기연장 클레임 입증 방법 측면
시공자와 발주자 책임의 지연사건이 혼재되어 있었으나, 준공지연의 핵심적인 원인은 시공자 책임의 지연으로 객관적으로 접근하였을 때 시공자는 LD Max를 피할 수 있는 입증 결과를 도출하기 어려웠다.
시공자는 LD Max만을 피하기 위하여 계약조건으로 요구된 입증 방법을 적용하지

1　IAP(Impacted As-Planned) Method : 계약공정표(As-Plan)에 지연을 삽입하여 준공에 미치는 가상의 지연 영향력(Hypothetical Impact)을 산정하는 방법으로, 일부 프로젝트에서 적용되는 사례가 있으나 실제 지연환경을 반영하지 않는다는 측면에서 기각 위험이 높은 방법이다.

않고, 가상의 분석 결과를 활용하여 발주자의 책임을 극대화하는 무리한 시도를 추진하였다.

공기연장 클레임을 준비할 때 계약조건에 공기연장 입증 방법에 대한 조건이 명시되었는지를 검토하여 그 방법을 따라야 한다. 만약 명시된 입증 방법을 반영하여 영향력 입증이 불가능할 경우에는 클레임 제출 이전에 반드시 발주자와 대안 방법 적용에 대한 협의를 진행해야 한다.

계약조건으로 합의된 사항을 반영하고 객관성이 인정된 입증 방법을 적용한 상황에서 발주자 책임의 지연으로 인한 계약자의 공기연장 권한을 설명하여야 한다. 이 과정에서 시공자는 무리한 주장이 되지 않도록 주장을 뒷받침할 수 있는 기록자료를 확인하고 전략적으로 설명할 수 있는 논리를 개발하여야 한다.

비록 전체 지연기간을 발주자 책임이라 설명하지 못할지라도 받아들이기 어려운 주장만을 반복하기보다는 상대방이 어느 정도 납득할 수 있는 설명방법과 논리로 접근하는 것이 바람직하다.

지체상금 평가 방법 측면

발주자 또는 감리사는 클레임을 평가하는 기준을 정립하고 객관적인 측면에서 검토하여야 한다. 본 사례의 경우 발주자 측 컨설턴트는 시공자가 접근한 분석 방법과 설명 논리를 충분히 검토하여 명확하게 이해하고 있었으며, 지연사건의 공기연장 청구권한이 인정되는지와 CP에 대한 영향력 이 적정하게 입증되었는지를 종합적으로 평가하였다.

※ 컨설턴트가 시공자 클레임 평가를 위해 적용한 기준
  1) Time-Bar 등 클레임 청구를 위한 선결 조건을 준수 여부
  2) 지연의 원인이 발주자 책임 or 시공자 책임 or 동시발생 지연인지 구분
     → 책임에 따라 보상 여부를 Compensable, Excusable, Non-excusable로 구분
  3) CP에 영향을 미쳐 실제 준공 지연이 초래되었는지 검토

클레임은 계약조건에 근거하여 준비되어야 하고, 명확한 기준에 의하여 객관적으로 평가되어야 한다. 공기연장 클레임은 지연사건으로 인해 초래되는 리스크를 상호 협의하여 합리적으로 해결하는 도구로 인식하여야 한다. 무리하게 부풀린 보상청구와 무조건적인 거절로 대응하는 것은 클레임의 순기능을 건설공사 관리의 도구로 적정하게 사용하지 못한다고 할 수 있다.

7.2.2 동남아 토목공사 클레임 사례

> **사례** ▶ **현장 개요**
>
> • 국가 : 동남아지역 국가
> • 공사목적물 : ○○지역 발전소 토목시설물 공사
> • 발주처 : 국영 관리청

　본 사례는 동남아지역 국가의 토목공사 사례로서 당초 계약시점에 예측한 암질조건과 실제 암질조건이 상이하여 심대한 공정지연이 발생하였다. 계약자는 공정만회를 위하여 다방면의 대응책을 검토하였으나 일부구간에서는 연약지반을 보강하는 추가작업이 불가피하였고, 일부 구간에서는 계획 대비 고강도의 암질 출현으로 생산성 저하를 만회할 수 없어 공기연장 클레임을 추진한 사례이다.

클레임 추진 배경
• 암질조건 상이로 심대한 공정지연 발생
• 시공자는 적정공기 확보와 추가 투입되는 간접비 보상을 위해 EOT 클레임 추진

양측 입장
1) 클레임 청구자(시공자) 주장 : 입찰 시 제시된 암질조건과 실제 조건이 상이하여 굴착 생산성이 저하되었으며, 심대한 준공일 지연이 초래됨
2) 발주자 주장 : 굴착 당시 시공자 장비의 고장 및 유휴 발생이 있었으므로 공기연장이 불가함

클레임 주요 내용(시공자 제기)
1) 주요 전략
   • 시공자는 고강도의 암질조건임에도 공격적인 굴착 속도를 반영하여 입찰에 참가
   • 고강도 암의 실제 굴착 생산성은 시공자가 입찰 시 제안한 생산성에 못 미치는

상황이었으나, 고강도 암질 물량이 크지 않을 것으로 예상하여 지연이 만회할 것으로 판단
- 하지만 실제 고강도 암 물량은 계획보다 현저히 많았으며, 시공자가 입찰 시 제시한 굴착 생산성 적용 시 필요로 하는 공기연장 기간을 확보할 수 없었음
- 고강도 암의 경우 입찰 시 예상한 물량에 한하여 시공자가 제안한 공격적인 생산성을 고려하고, 예기치 못하게 증가된 물량에 대해서는 실제 굴착 생산성을 적용하여 연장기간을 산정하는 전략 수립

2) 입증 방법
- Impacted As Planned Analysis 적용(계약공정에 지연사건을 삽입하여 준공일 영향력을 분석하는 방법)
- 지연 발생 시점에 실적일을 반영하여 준공일 영향력 결과 보정

클레임 결과
- 시공자는 입증 결과를 발주처에 제출하고 공기연장 협상을 진행하였으나, 발주처에서는 공사수행 중 계약자 귀책으로 인한 장비 고장, 대기시간 등의 이유로 해당 기간에 대해서는 EOT를 인정할 수 없다는 입장을 고수함
- 시공자는 입증 결과를 근거로 공기연장의 필요성을 지속적으로 설명하고 협상을 진행하여 공식적으로 EOT가 승인됨

입찰 및 계약 체결 당시 공기준수를 위해 계약자는 터널공사의 굴착 속도를 공격적으로 수립하여 발주처에 제출한 후 공사를 수행하였으나, 지질조건이 좋지 못해서 계약자가 수립한 계획과는 달리 공기가 상당히 지연되고 있었다. 발주자가 제공한 암질 조건과 실제의 암질 상황의 괴리가 컸기 때문이다.

계약자가 입찰 당시 제출한 공격적인 굴착 속도를 적용할 경우 암질조건이 상이한 문제가 발생하였음에도 불구하고 계약자는 공기연장 기간은 크지 않은 상황이었다.

계약자는 당초 시공계획서 상에 예상된 물량에 대해서는 당초 굴착 속도를 인정하지만 10% 이상 현격히 증가된 굴착 물량에 대해서는 현장의 실제 작업속도를 반영하여 공기를 재산정하여 증가된 기간에 대해서는 공기연장에 대한 권리가 있다는 논리

를 개발하고 EOT 기간을 산정하였다.

또한 현지 민원으로 야간발파를 하지 못하는 점을 인지하고, 입찰서 및 공사계획서 상에 24시간 굴착조건으로 공기가 산정되었음을 확인하였다. 실제 작업 Cycle Time 분석을 통해 야간발파를 하지 못하는 휴지기간을 산정하고 최종적으로 공기연장을 청구하였다.

이상과 같은 현지 여건, 각종 현지 민원 등에 대한 지연사건의 개별적인 영향력을 명확히 산정한 후 발주처에 승인받은 계약공정상 CP에 대한 영향력을 분석하여 EOT를 공식으로 청구하고 발주처와 협상을 추진하였다.

발주처는 계약자가 지질조건 상이로 공기연장을 요청하였지만, 공사수행 중 계약자 귀책으로 인한 장비 고장, 대기시간 등의 이유로 해당 기간에 대해서는 EOT를 인정할 수 없다는 입장을 고수하고 있었다.

최초 제출 시 발주처에서는 공식적인 승인을 하지 않았지만 계약자는 지속적인 설명 및 협상추진을 통해 공식적인 EOT 승인을 받게 되었다.

시사점 ▶

공기연장 클레임 입증 방법 측면

건설공사는 예측하기 어려운 다양한 사건이 발생하고, 특수한 공사수행 조건과 환경이 복잡하게 얽혀 있는 구도로 사업이 진행된다. 공기연장 클레임에서도 지연의 원인이 여러 복합적인 요인에 기인하는 경우가 많으므로 청구 내용을 주장할 때 강약점이 있을 수밖에 없다.

그러므로 불리한 점을 극복할 수 있는 전략이 필요하고, 전략적인 주장을 뒷받침할 수 있는 근거가 필요하다.

본 사례에서는 강한 암질조건에 대하여 시공자가 입찰 시 공격적인 굴착 속도를 제안하였다는 약점을 극복하기 위한 전략이 필요하였다. 당초 예측했던 물량의 10%를 초과하는 변경이 발생하였을 때, 새로운 기준을 적용하여 계약 내용을 변경하여야 한다는 논리를 개발하고 관련 근거를 확보하였다.

주어진 환경에서 최선의 전략을 수립하여 클레임을 준비하는 것이 중요하고, 필요할 경우 전문가와 협의하여 진행하는 것을 고려하여야 한다.

지체상금 평가 방법 측면

발주처에서도 현저하게 상이한 암질조건으로 인하여 계약된 공사기간을 준수하는 것은 현실적으로 불가능하다는 판단을 하였으며, 합리적인 기준을 적용하여 공기목표를 재설정 하였다. 명확한 시공자 책임의 지연기간에 대해서는 공기연장을 인정하지 않았으며, 시공자로 하여금 지연만회를 요구하였다.

발주자도 합리적으로 달성 가능한 새로운 공정 Target을 설정하여 사업의 불확실성을 줄이는 것이 더 유리한 관리방안이라 판단한 것이라 사료된다.

클레임을 준비하는 것과 마찬가지로 평가하는 것도 전략적인 접근이 필요하다. 지연의 만회 가능성, 지체상금 부과 권한, 계약자의 교체에 따른 장단점 등 복합적인 상황을 종합적으로 고려한 최적의 의사결정이 중요하다.

7.2.3 동남아 플랜트공사 클레임 사례

사례 ▶ 현장 개요 및 EOT 주요 내용

- 국가 : 동남아지역 국가
- 공사목적물 : ○○플랜트 신설공사
- 발주처 : 현지 민간회사

본 사례는 동남아지역 국가의 플렌트 공사 클레임 사례로서 공사 초기부터 시공자와 발주처의 지연이 동시에 발생하였으나, 동시발생 지연 상황을 고려하지 않고 발주처 귀책으로 초기 지연기간 전체에 대한 공기연장 및 비용 보상 클레임을 청구하여 발주처와 마찰을 빚게 되었다.

발주자는 초기 공정지연에 대한 만회계획을 요구하였고, 이에 대하여 계약자는 발주자의 초기지연을 반영하여 준공일이 지연된 계약 관리기준공정표와 만회 공정표 모두를 제출하고 실적관리를 진행하였다.

계약자가 계약적 관리기준공정표와 만회공정표를 동시에 실적관리를 이행하는 것에 대해 발주처는 계약자가 제출하는 관리기준공정표는 공기지연 만회사항을 반영하지 않아서 인정할 수 없다는 입장을 고수하였고, 결국 관리기준공정표의 승인은 이루어지지 않은 상태로 공사관리가 진행되었다.

이러한 상황에서 공사수행 중 발주처와 계약자 귀책의 다양한 지연들이 동시에 발생하였으며, 계약준공일이 임박한 시점에서 공기 준수가 어렵다고 판단되어 공기연장 클레임을 진행하게 되었다.

클레임 추진 배경
- 공사 초기 및 진행 중에 발주자 및 계약자 책임의 지연이 복합적으로 발생하여 계약 준공일이 도래한 시점에서 준공지연이 확실시 예상되는 상황임
- 계약자는 지체상금 리스크에 대응하기 위하여 발주자 책임이 준공지연에 미친 영향을 분석하여 공기연장 클레임을 제기함

양측 입장
1) 클레임 청구자(시공자) 주장
   - 발주자 책임의 지연사건이 준공지연에 심대한 영향이 있었으므로, 공기연장 및 연장비용 지급이 필요함
2) 발주자 주장
   - 준공지연에 심대한 영향이 있는 지연사건은 발주자 책임의 지연사건이 아니라 시공자 책임의 지연임
   - 시공자가 활용한 분석기준공정표 및 실적 공정표는 상호 합의되지 않아 공기지연 입증을 위한 기준으로 적합하지 않음

클레임 주요 내용(시공자 제기)
1) 주요 전략
   - 공사 초기 발주처 책임의 인허가 지연과 시공자 책임의 동원지연이 복합적으로 발생하여 시공자는 공기연장 클레임을 추진함. 발주자는 동시발생 지연 상황이며 시공자의 공기연장 권한이 인정되지 않음을 주장하였고, 초기 지연을 만회

하는 계획을 반영하여 계약공정표를 수정할 것을 지시함
- 시공자는 공기연장 권한을 주장하며 만회추진을 통한 적기준공이 가능한 계획을 반영하지 않아 계약공정표 승인이 거절됨
- 승인된 계약공정표 없이 공사가 진행되었고, 시공자는 비록 발주자로부터 승인되지는 않았지만, 가장 마지막으로 제출한 공정표를 기준으로 작업 진척사항 업데이트 보고 등 공사관리 업무를 진행함
- 계약자는 승인되지는 않았지만 실질적인 공사관리에 활용된 관리기준공정표이므로 공기연장 클레임을 제기를 위한 분석기준공정표로 적합하다는 논리를 수립하여 클레임을 추진함
- 공사 진행 중 시공자 책임의 지연으로 실준공 지연에 심대한 영향이 발생하였고, 객관적 공기지연 분석을 수행 할 경우 시공자의 공기연장 권한은 상당부분 제한되는 상황이었음
- 시공자의 공기연장 권한을 극대화하기 위하여 분석기준공정표에 발주자 지연기간 삽입하여 단계별 준공일에 미치는 영향 분석 후, 실제 지연 발생일(분석기준일 시점 실적 반영 결과)과 비교하여 공기연장 권한 설명하는 방법 채택함
2) 입증 방법
- 공기지연 분석에 활용 가능한 공정자료의 특성과 발주자의 공정분석 전문성을 고려하여 국제적으로 객관성이 인정되는 Time Impact Analysis 방법을 기본으로 하되, 시공자의 공기연장 권한을 최대한으로 설명할 수 있도록 분석 구간을 설정함
- 공사 진행 중 변화하는 CP를 고려하여 발주자 책임으로 영향받은 작업과 해당 작업의 지연 기간을 정의하여 시공자의 공기연장 권한을 설명함

클레임 결과
- 시공자는 발주처의 LD 부과를 방어하는 것을 목표로 한 전략적인 클레임을 추진하였고, 공사 진행 중 심대한 시공자 책임의 지연으로 발주자, 시공자 상호 간의 입장 차이가 커 합의에 어려움이 있었음
- 시공자는 상기 공기지연 분석 결과에 기초하여 시공자 책임의 지연이 있었지만, 명확한 발주처 책임의 지연으로 준공지연이 야기되었음을 지속적으로 설명하여 LD 부과 없이 협상을 종결함

승인된 계약 관리기준공정표가 없었기 때문에 클레임을 추진 과정에서 지연분석을 위한 기준공정표 선정이 어려움 문제가 있었다. 계약자는 분석기준공정표의 대안으로 계약적 요구사항과 발주처의 수정요구 사항을 반영하여 제출하였지만 승인되지 않은 관리기준공정표를 가장 합리적인 분석기준공정표로 채택하여 공기연장 클레임을 추진하였다. 비록 승인된 계약 관리기준공정표는 아니었지만, 이를 기준으로 공사관리를 진행하였고, 정기 공정 진행 현황 보고의 기준이 되는 공정표였기 때문이다.

발주자의 공정관리 담당자가 경험이 많은 전문가라는 점을 고려하여 공기지연 분석은 국제소송/중재에서 채택률이 비교적 높은 TIA(Time Impact Analysis) 방법[2]으로 수행하였고, 실적공정 자료는 매월 월공정보고를 통해 발주처에 보고된 만회공정표의 실적자료를 바탕으로 재구성하여 분석에 활용하였다.

계약자가 청구한 공기연장 클레임에 대해 발주처는 공기지연 분석 방법 및 당사의 청구기간 산정 논리에 대해서는 인정하면서도, ① 분석기준공정표의 정당성을 인정할 수 없고, ② 분석에 활용된 실적공정표는 부정확한 정보를 포함하여 인정할 수 없으며, ③ 특정 작업의 '전체 지연기간을' 발주처 책임으로 정의한 부분을 인정할 수 없다는 세 가지 근거에 기초하여 당사 청구기간에 대해 불인정하는 의견을 회신하였다.

시사점

공기연장 클레임 입증 방법 측면
공사 초기에는 발주처와 계약자가 프로젝트의 성공을 위해 신뢰를 쌓아가는 단계가 중요하다. 이 사례의 경우, 계약자는 복합적인 공기지연 사건이 발생하였음에도 불구하고 초기에 발생한 발주처 역무의 인허가 발급 지연이 전체 지연기간의 원인이라 주장하여 공기연장과 조기 투입비용 보상을 청구하는 전략을 취하였다.

---

2   TIA(Time Impact Analysis) : 지연사건이 발생 한 시점에서의 '시간영향'을 평가하는 방법으로, 지연이 발생한 시점의 공정표에 지연을 삽입하여 준공에 미친 지연 영향을 검토하는 방법으로 국제 소송 및 분쟁에서의 인용 비율이 비교적 높은 분석 방법이다.

발주처는 받아들이기 어려운 클레임으로 판단하였으며, 이후 의도적인 계약공정표 승인 거절, 설계/조달 승인에 대한 협조 난항 등의 조치를 취하였다. 공사 초기 상호 간의 파트너십 형성에 실패하여 공사수행 중에도 많은 어려움을 발생한 사례이다. 초기에 발주처 귀책의 지연이 발생할 경우, 지연사건 통지를 통해 계약자의 공기연장 청구권한을 확보하고, 계약자의 지연만회 노력 이행사항을 입증하여 실제 지연된 준공지연 기간에 한하여 입증 자료와 함께 신뢰성 있는 공기연장을 청구한다면 발주처의 합리적인 공기연장 승인과 파트너십 형성을 기대할 수 있을 것이다.

공기연장 입증과 관련하여 이 사례의 또 다른 시사점은 공기연장 클레임 추진 시 발주처로부터 승인받은 계약 관리기준공정표가 없었고, 이로 인하여 공기지연 분석을 위한 기준공정표 선정이 어려웠다는 점이다.

계약서에 관리기준공정표의 제출과 승인에 대한 사항이 명시되어 있으므로, 공사 초기에 계약적 절차에 따라 제출하고 발주처의 승인을 받아서 계약 관리기준공정표를 설정하는 것이 중요하다. 상호 합의된 계약 관리기준공정표가 없으면 지연에 대한 기준이 없게 되어 발생하는 모든 지연에 대해 분쟁 가능성을 가지게 되므로 현장 관리에 중요한 사항임을 유의하여야 한다.

지체상금 평가 방법 측면

공기연장을 승인받기 위해서는 첫째로 계약자에게 면책 가능한 지연으로 실제 준공지연(Critical Path)이 발생하고, 둘째로 계약자는 지연을 만회하기 위한 합리적인 노력 의무가 이행되어야 한다.

7.2.4 동남아 건축공사 소송 사례

사례 ▶ 현장 개요 및 EOT 주요 내용

- 국가 : 동남아지역 국가
- 공사목적물 : ○○ 상업시설 신축공사
- 발주처 : 현지 개발 전문회사

본 사례는 동남아지역 국가의 건축공사 소송 사례로서 발주자 책임의 지연과 계약자 책임의 지연이 혼재되어 준공지연이 발생한 상황이며, 계약자는 지연으로 인한 손실을 만회하고자 발주자를 대상으로 공기연장 및 추가 비용을 청구하는 클레임을 제기한 사례이다.

양측은 상대방 책임으로 인한 공정지연을 명확히 설명하지 않은 채 단지 공기지연의 원인이 상대방에게 있다는 주장만을 반복하였으므로 합의를 이룰 수 없었다.

계약자는 클레임을 타결하고 발주자 책임으로 인한 지연손실에 대한 보상이 필요하였으므로 발주자 단독의 책임으로 인한 지연 기간을 객관적으로 산출하기 위한 공기지연 분석이 필요한 상황이었다.

클레임 및 소송 추진 배경
- 발주자와 시공자 책임의 지연사건이 복합적으로 발생하여 준공일이 지연되었으며, 시공자는 발주자 책임의 지연사건으로 인한 책임일수를 산정하여 공기연장 클레임을 제기함
- 발주자는 시공자 책임의 지연도 함께 존재하였음을 근거로 공기연장 및 추가 비용 승인을 거절하였으며, 계약자는 계약조건에 따라 관할법원에 소송을 제기함

양측 입장
1) 클레임 청구자(시공자) 주장
   발주자 책임과 시공자 책임의 지연이 복합적으로 준공지연에 영향을 미쳤으나, CP에 지배적인 영향이 있는 발주자 책임지연 기간에 대해서는 공기연장 및 추가 비용 청구의 권한이 있음
2) 발주자 주장
   시공자 책임의 지연이 준공지연의 주요 원인이므로 공기연장 및 추가 비용 지급 요청을 거절함

소송 주요 내용(시공자 제기)
1) 주요 전략
   - CP에 지배적인 영향을 미친 발주자 책임지연 만을 대상으로 공기지연 책임일수 산정

- 기존에 실시한 발주처와의 공기연장 협상 결과 양측의 입장 차이가 컸기 때문에 클레임 협상이 타결되기 어려운 상황이었으므로 소송 추진을 염두에 두어 클레임 준비 시행

2) 입증 방법
- 국제 소송에서 객관성을 인정받는 공기지연 분석이 필요하였으므로 Time Impact Analysis를 적용함
- 공기지연 분석에서 시공자 책임의 지연과 동시발생 지연 상황을 고려하여 발주자 단독의 공기지연 책임일수를 산정함

소송 결과

관할법원 주재 조정에서 계약자의 입증내용이 인정되어 발주자는 계약자에게 추가 손실액을 지급하라는 판결이 내려짐

주요 지연사건과 작업지연 영향에 대한 인과관계에 대해 검토한 결과, 발주처 귀책 지연사건으로 ① 타 패키지로 발주된 Façade 업체의 커튼월 공정 지연, ② 발주처 지시에 의한 설계 변경, ③ 타 패키지로 발주된 Interior 업체의 마감공사 공정지연, ④ 기성금 지급 지연 및 공사 중단 등이 확인되었다. 계약자 관련 지연으로는, ① 설비업체 계약 타절에 따른 MEP 작업 지연 영향, ② 발주처 귀책 지연 이후 계약자의 후속작업 지연 등이 확인되었다.

이와 같이 발주처 귀책 지연과 시공자 관련 지연이 혼재되어 있는 상황에서 발주처 귀책 지연이 전체 준공에 영향을 미친 지배적 지연(Dominant Delay)이라는 점을 규명하여야 한다. 이를 위해 TIA 방법을 적용하여 발주처 귀책의 주요 지연 4개를 기준으로 분석구간을 나누고, 각 분석구간별로 누구의 책임의 지연이 주공정선(Critical Path)에 영향을 미치는지를 분석하였다.

계약자에 의한 공기지연 분석 결과, 각 분석구간에서 발주처 귀책에 의해 총 11개월의 지연영향이 발생하였고, 계약자의 만회노력으로 2개월 지연만회를 통해 실제 준공지연은 9개월이라는 결과가 도출되어 공기연장 클레임을 공식적으로 제출하고 상

호 협상 및 소송을 진행하였다.

최종 결과로 관할 법원 주재 조정 회의 시, 발주처는 계약자에게 USD 6.6백만 달러를 지급하라는 판결문을 최종적으로 받게 되었다.

시사점

공기연장 책임 입증 방법 측면

발주처 귀책의 지연과 시공자 귀책의 지연이 혼재되어 발생하게 되면, 계약당사자 간의 책임지연일수를 평가하기가 쉽지 않다. 안타깝게도 공기연장 클레임 및 분쟁 진행 과정에서 이러한 사례가 상당수 확인되며, 발주자, 시공자 간 클레임 합의가 적시에 이루어지지 못하는 원인이 되기도 한다.

양 당사자 책임의 지연이 중첩하여 발생하였을 때, 양측 지연이 모두 Critical Path에 영향이 있었는지, 어느 일방의 지연이 CP에 영향을 미치고 다른 일방의 지연은 CP 영향력을 미치지는 않았는지, CP 영향력이 있는 양측지연의 동시발생 기간을 구분하여 입증할 수 있는지를 객관적인 공정분석을 통하여 확인하여야 한다. 이러한 입증의 책임은 클레임을 제기하는 측에 있다.

본 사례와 같이 발주자 귀책과 시공자 귀책의 지연이 혼재된 상황이라고 하더라도, 실제 준공지연에 영향을 주는 지배적인 지연(Dominant Delay)이 누구의 귀책인지 구분하여 입증함으로써 판정 결과는 달라질 수 있다.

따라서 공기지연 분석에 필요한 공정자료 및 각종 증빙자료를 적정하게 관리하여야 하며, 공기지연 입증과정에서 필요할 경우 관련 전문가와 협업하는 것을 검토하여야 한다.

지체상금 평가 방법 측면

소송을 진행하는 현지 재판부에서는 양 당사자 책임지연이 혼재되어 발생하였지만, 발주자 책임지연이 단독으로 CP에 지배적인 영향을 미쳤다는 것이 입증되었을 경우 계약자의 공기연장 및 비용 보상 권한을 인정하였다.

해외 건설공사의 소송 및 분쟁조정과는 달리 국내 건설공사는 동시발생 지연 상황의 경우 지연사건의 Criticality를 고려한 공정분석을 통하여 양 당사자의 책임일수를 구분하는 접근법 보다는 지연사건의 책임정도 또는 준공일에 미친 영향정도를 비율적으로 판정하는 사례가 더 많은 상황이다.

비율적으로 판정하는 사례가 더 많은 상황이다.

양 당사자가 납득하고 신뢰성 있는 판정을 위해서는 과학적인 공정분석을 통해 책임일수를 구분하려는 시도를 우선하여 진행할 필요가 있다.

7.2.5 동남아 발전소 공사 클레임 사례

사례 ▶ 현장 개요 및 EOT 주요 내용

• 국가 : 동남아지역 국가
• 공사목적물 : ○○발전소
• 발주처 : 현지 민간회사

본 사례는 동남아지역 국가의 발전소 공사 클레임 사례로서 공사 초기 계약자 책임으로 토공사 지연, 설계지연이 발생하여 계약공정표 기준으로 약 8개월의 지연이 발생하였으나 계약자는 배관, 기자재 설치 등 후속공정의 일정을 단축시켜 상당기간 지연을 만회하였다.

발주자의 협조로 순조로운 지연만회가 이루어지고 있었고, 공정회의에서 계약자는 발주자에게 적시 준공이 가능함을 보고하였다.

하지만 공사 후반에 발주자 책임의 일부 지연이 있었지만, 대부분 시공자 책임의 지연이 상당기간 발생하였다. 시공자는 공사 후반부에 발생한 지연을 만회할 수 없었고 결국 약 4개월의 준공지연이 발생하여 시공자는 LD 방어를 위한 전략적인 EOT 클레임을 추진하였다.

클레임 추진 배경

- 공사 초기 시공자 및 발주자 책임의 지연이 복합적으로 발생하였지만, 시공자는 발주자와의 협력을 통하여 지연을 만회하고 있었음. 하지만 공사 후반부 추가적으로 발생한 지연이 만회되지 못하여 준공일이 지연됨
- 발주자는 시공자에게 LD 부과를 통보함
- 시공자는 발주자 책임으로 준공지연이 발생하였음을 입증하여 EOT 클레임 서류를 제출하였지만, 시공자의 Time-Bar 준수 실패, 시공자 책임의 지연으로 CP가 지연되었음을 근거로 클레임을 기각하였으며, LD 부과 통지를 실시함
- 발주자는 시공자를 상대로 LD 지급을 요청하는 중재를 제기함

양측 입장

1) 클레임 청구자(시공자) 주장

시공자 책임의 지연이 있었지만, 해당 기간에 발주자 책임의 지연 또한 동시발생하였으므로 LD 부과는 부당함

2) 발주자 주장

시공자로부터 적시에 통지되거나 입증 자료가 제출된 발주자 지연사건이 없음. 대부분의 CP 지연의 책임은 시공자에게 있으며, Force Majeure로 인하여 지연된 기간은 시공자의 공기연장 권한이 인정되므로 해당 기간을 제외하고 나머지 지연기간에 대해서는 LD 부과가 정당함

클레임 주요 내용(시공자 제기)

1) 주요 전략

- 공사 초기 발주자 책임의 지연이 일부 발생하였으나, 시공자 책임의 공정지연이 심대한 상황이었으며, 발주자도 시공자의 공기단축 의지에 우호적으로 대응하여 공정지연이 만회되고 있는 상황이었음
- 이러한 상황에서 시공자는 발주자 책임지연에 대한 적극적인 클레임 대응보다는 우호적인 관계에 기반하여 적시준공을 목표로 하는 전략을 추진함
- 공사 후반부에 만회할 수 없는 지연으로 인하여 LD 부과가 현실화 되자, 발생한 모든 발주자 책임의 지연사건을 중심으로 EOT 클레임을 준비함

2) 입증 방법

- 발주자로부터 승인된 계약공정표가 있었으며, 계약공정표를 기준으로 매월 공정 진행 상황을 업데이트하여 공정보고를 진행하고 있었음
- 공사 진행 중에 발생한 변경사항과 공정 만회를 위한 Sequence 조정으로 초기 승인된 계약공정표와 실제 공정 현황의 괴리가 발생하게 되었고, 관리기준 공정표의 개정의 필요성이 제기되어 시공자는 개정 공정표를 제출함
- 제출된 개정공정표는 발주자로부터 승인되지 않았으나, 시공자는 개정 공정표를 기준으로 실적 업데이트 보고를 시행하였으며, 발주자와의 공정회의시 관리기준공정표로 활용함
- 이 상황에서 비록 발주자로부터 승인되지는 않았지만, 공사 진행 상황을 반영하였고 정기적으로 실적 업데이트가 되었으며 발주자와 공사 진척 협의의 기준이 된 공정표라는 점을 근거로 개정 공정표를 기준으로 Time Slice Window Analysis를 적용하여 공기지연을 입증함
- 분석 결과 발주자 책임의 지연과 시공자 책임지연이 같은 시기에 중첩되어 발생하였지만, 시공자 책임지연이 준공지연에 Critical한 원인이었고 발주자 책임지연은 시공자 지연의 종결 이전에 해결되어 CP에 영향이 없는 상황임
- 시공자는 발주자 책임지연이 조기에 종결되었지만 종결되기 전까지는 시공자 책임지연과 동시발생 상황이었으므로, 해당 기간에 대해서는 LD 부과가 부당하다는 논리로 접근함

클레임 결과

- 발주자는 시공자가 제기한 클레임에 대하여 권한 없음으로 결정하고 거절하였으며, LD 부과를 요청하는 중재를 제기하였음
- 중재를 진행하는 과정에서 시공자는 발주자와의 LD 경감에 대한 협의를 지속 진행하였고, 발주자가 초기에 요구한 LD금액에서 일부를 경감하는 조건에 상호 합의하여 종결함

공사 초기 주된 공정지연은 계약자 책임이었지만, 발주자 책임의 부지인도지연 또한 동시에 발생하여 CP에 영향을 주고 있었다. 계약자는 발주자의 협조로 순조롭게 지연만회가 진행되고 있었으므로 EOT 클레임 추진보다 발주자와 협조관계를 유지하

여 On-Time 준공을 목표로 공사를 진행하는 것이 유리하다고 판단하였다.

하지만 공사 후반부에 계약자 책임의 전기공사 지연 및 시운전 작업지연, 제3자 책임의 Force Majeure 사건의 발생, 발주자 책임의 전력공급 시설 지연으로 준공일 지연이 발생하여 EOT 클레임이 진행된 사례이다.

계약자는 발주처와의 협조관계를 유지하여 On-Time 준공목표로 지연만회를 추진하였으므로 지연사건에 대한 통지, 클레임 의사 통지, 상세 입증 자료 제출 등 계약에서 요구하는 EOT 청구 절차를 이행한 실적이 없었다. 그리고 발주처 정기공정보고에서도 만회공정 계획을 근거로 준공일 지연이 없는 것으로 보고하고 있었기 때문에 EOT 주장의 논리를 설정하기 어려운 상황이었다.

계약자는 통지 및 입증 자료 제출을 실시하지 않아 EOT 청구권한이 미약하지만 발주자 책임이 지연사건을 중심으로 공기지연 기간을 입증하여 EOT를 청구 서류 발주처에 제출하였다.

발주자는 EOT 클레임에서 계약자가 제기한 지연사건은 적시 통지와 상세 입증 자료가 제출되지 않았다는 이유로 EOT 승인을 거절하였고, 이후 계약자를 대상으로 지체상금 지급을 요청하는 중재를 진행하였다.

시사점

공기연장 클레임 입증 방법 측면

이 사례에서 준공일 지연의 이유는 계약자의 전기공사 지연 및 시운전 지연이 핵심 원인이다. 동 기간에 발주자 책임의 시운전 전력 공급 시설이 지연되고 있었으나 발주처에서는 By Pass를 통해 임시전력을 공급하는 것으로 문제를 해결하였다.

발주처의 시운전을 위한 전력공급이 다소 지연되었으나, 임시전력을 공급 완료된 이후에도 계약자의 시운전 준비가 완료되지 못하였다.

객관적으로 평가하였을 때 시공자의 공기연장 권한은 미약한 상황이었지만 시공자는 발주자 책임의 역무가 동시발생 지연이었으므로 해당 기간에 대해서는 LD를 부과해서는 안 된다는 논리로 클레임을 주장하였다.

지체상금 평가 방법 측면

발주자는 준공지연의 핵심 원인이 계약자에게 있음을 입증이 가능하였고, 관련 근거자료 또한 확보한 상황이었다.

계약자가 동시발생 지연기간에 대해서는 LD 부과가 부당하다는 클레임을 제기한 상황이었으나, 발주자는 자신의 책임지연은 CP에 아무런 영향이 없고 계약자 책임지연이 CP에 영향이 있음을 입증하였다. 이를 근거로 계약자가 제기한 클레임을 거절하였고 LD를 부과하는 Invoice를 발생하였다.

LD Invoice 발생에도 불구하고 계약자가 LD 납부를 거부하자 발주자는 계약자를 상대로 LD 납부를 요청하는 중재를 제기하였다.

이 사례의 시사점은 발주자가 계약자 책임으로 준공지연이 발생하였음을 입증하여 LD를 부과하는 권리를 적극적으로 행사하였다는 점이다. 발주자도 명확한 계약자 책임으로 인하여 손실이 발생하였을 때, 이를 입증하여 클레임 또는 분쟁 실행을 할 수 있음을 인지해야 한다.

7.2.6 중동 토목공사 하도사 클레임 평가 사례

사례 ▶ 현장 개요

- 국가 : 중동지역 국가
- 공사목적물 : ○○항만 매립공사
- 하도사 : 제3국 토목 전문업체

본 사례는 중동지역 국가의 토목공사 하도급 클레임 사례로서 해상에 LNG 수입항 및 터미널을 건설하는 프로젝트 중 준설/매립 공사에 대한 하도급 공사의 공기연장 클레임에 관한 사례이다. 원도급자는 당초 설계 물량과는 달리 해상 인공지반 안정화를 위해서는 준설/매립을 추가 시행할 필요성을 인지하였고, 하도사에게 준설/매립 물량 증가의 통보와 함께 연장된 기간에 대한 만회계획을 요구하였다.

원도급자는 하도사의 보상 청구 권한이 있다고 인정하고 있었으나, 하도사는 계약에서 요구하는 만회의무 이행을 소홀히 하였고, 원도급자가 판단하기에 과한 공기연장 및 비용 보상을 요구하는 상황이었다. 이로 인해 클레임 타결이 난항을 겪게 되었다.

클레임 추진 배경
- 공사 진행 중 원도급자 책임의 명확한 설계 변경(당초 매립물량 대비 30% 증가) 지시가 있었으며, 하도급자는 이로 인한 공기연장 권한이 있음
- 하도사는 초기 승인된 공사계획을 근거로 공기연장을 청구하는 클레임을 제기하였고, 준공지연 만회를 위한 돌관공사비를 제시함

양측 입장
1) 클레임 청구자(하도급자) 주장
   원도급자의 지시에 따라 매립물량 30%가 증가되었으므로 공기연장 및 연장기간에 따른 간접비 보상이 필요함
2) 원도급자 주장
   하도사의 공기연장 권한은 인정되나, 분석 시점에서의 공정 진행 상황을 고려하였을 때 적시 준공이 가능하므로 공기연장은 불가함

클레임 방어의 주요 내용(원도급자 대응)
1) 주요 전략
   - CP에 영향 있는 원도급자 책임의 지연사건이 발생하였으므로 하도급자의 공기연장 및 연장비용 권한이 인정되었지만, 하도사는 자신들의 권한은 최대한으로 부풀려 청구하는 상황임
   - 원도급자는 합리적이고 객관적인 보상의 범위를 평가할 필요가 있었음
   - 원도급자는 하도사가 청구한 EOT 클레임에 대한 평가기준을 다음과 같이 설정하고 검토를 진행함
     ① 하도사가 계약적 EOT 청구 권한을 확보하였는가?
     ② 원도급자 책임지연이 CP에 영향을 미쳐 준공일 지연에 영향이 있는가?
     ③ 만회계획 추진을 고려하여도 실제 준공지연 발생 또는 확실시되는가?
2) 대응방법
   - 하도급자의 공기연장 청구 내용을 설정한 평가기준에 따라 검토한 결과

① 공기연장이 가능한 설계 변경 사유이나, 계약에서 정한 적시 통지 및 클레임 제출이 이루어지지 않음
② 매립 물량 증가는 하도급 공사에 CP에 해당함
③ 하도사는 만회계획 추진하고 있으며, 클레임 제기시점의 실적 생산성을 기준으로 잔여물량 완료 일정을 예측하면 물량 증가에도 불구하고 적기 준공이 가능함을 확인함

클레임 결과

- 원도급자는 상기 평가 결과를 하도사에 설명. 하도사의 공기연장 청구를 위한 계약적 선결요건 실기도 있었지만, 변경으로 인한 실제 준공지연이 예상되지 않아 현시점에서 공기연장 승인이 불가함을 통보
- 매립공사 지연 만회를 위해 추가 투입한 장비는 설계 변경으로 인정하고 실투입비 기준으로 비용 보상에 합의하여 종결

하도급 계약 초기에 하도사 책임으로 장비/인력 동원이 지연되었고, 인력/장비 동원이 이루어진 이후에도 계획 생산성을 달성하지 못하여 공기지연이 발생하였다. 이러한 상황에서 원도급자는 입찰당시 계약된 준설매립 물량 대비 30% 증가를 통보하였고, 하도사는 물량 증가에 따른 공기연장 필요성을 제기하였다.

원도급자는 물량 증가 이전에 하도사 책임의 동원지연, 생산성 저하로 인한 지연을 만회할 것을 요구하였고, 이에 하도사는 추가 장비를 동원하여 초기지연을 만회하고 있는 상황이었다.

이후 하도사는 원도급자의 물량 증가 지시로 인하여 4개월의 준공 지연이 발생하였음을 주장하였고, 공기연장을 요청하는 수정 계약공정표를 제출하였다. 원도급자는 하도사가 제출한 수정 계약공정표상의 생산성이 실제와 다르게 반영된 점을 지적하고 이를 수정할 것을 요구하였다.

이후 하도사는 원도급자 책임의 지연사건에 따른 10개월의 공기연장과 간접비 3백만 달러를 청구하는 클레임을 제출하였고, 지연기간 만회를 위한 돌관공사를 실시할

경우 30백만 달러의 비용이 소요됨을 통보하였다.

원도급자는 하도급자가 제출한 클레임의 적정성을 평가하기 위하여 하도급자가 공기연장 기간을 반영하여 수정한 계약공정표를 검토하였다. 하도사가 제출한 수정공정표 상의 생산성은 당초 추가장비가 동원되기 이전의 생산성 자료를 반영한 계획이었고, 실제로는 추가 장비가 투입되어 계획보다 생산성이 향상된 상황이었다.

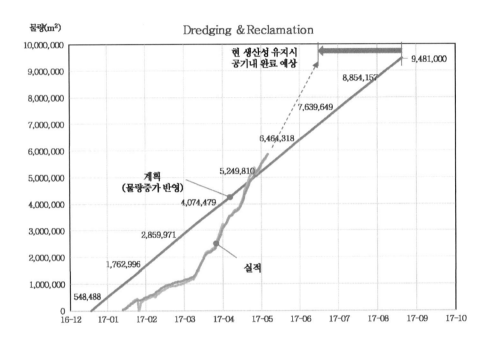

원도급자는 실적 생산성을 적용하여 예상 준공시점을 검토하였고, 하도급자의 주장과는 다르게 분석 시점의 생산성을 유지할 경우 물량 증가에도 불구하고 목표한 계약준공일을 달성할 수 있음을 입증하였다.

원도급자는 이와 같은 분석 결과를 근거로 공정에 영향을 미치는 지연사건이 발생하였지만, 실제 준공지연이 예상되지 않으므로 공기연장 및 연장비용의 보상은 불가함을 하도사에 통보하였다. 다만, VO 지시를 인정하고 실 투입비용에 근거하여 추가 투입비용에 대한 보상으로 상호 합의하였다.

공기연장 클레임 입증 방법 측면

본 사례는 계약적으로 명백하게 원도급자 책임의 공기지연 사건이 발생하여 하도사의 공기연장 권한이 인정되는 상황이었지만, 공사 진행 상황을 검토하였을 때, 추가 공사분을 감안하여도 실제 준공 지연이 발생하지 않는 상황이었다.

하도사는 추가 투입으로 인한 손실을 보전하고 이익을 극대화하기 위해 클레임을 추진하였으나 실제 공정 상황을 고려하지 않은 가상의 입증 결과로 클레임을 요청하여 인정이 어려운 상황이었다.

공기연장 및 비용 보상의 인정을 위해서는 계약적으로 공기연장, 비용 보상이 가능한 지연사건이 CP 영향력이 있어야 하고, 동시에 실제 지연 또는 손실이 발생하였음을 입증하여야 한다. 그리고 입증한 실제 손실범위 내에서 보상이 결정되므로 클레임을 청구하는 주체는 이와 같은 상황을 명확히 입증하여 한다는 것을 시사하는 사례이다.

공기연장 보상 평가 방법 측면

하도사가 제기한 클레임에서 실제 공정 진행 상황을 고려하지 않은 체 계약공정 중심으로 연장기간을 청구하였지만, 원도급자 책임의 물량 증가로 하도사에 손실이 발생한 것은 분명한 사실이다.

이 사례의 시사점은 원도급자가 공기연장 보상을 위한 기준을 설정한 후 평가를 진행하였다는 점이다. 원도급자는 공기연장 가능한 사건이 발생하였다는 점과 CP에 영향력이 있는 지연사건이라는 점은 인정하였으나, 실제 준공일 지연이 발생하지 않았기 때문에 공기연장은 불가하다는 결론을 도출하고 하도급자의 공기연장 클레임을 거절하였다.

이 과정에서 원도급자는 작업의 계획 생산성과 실적 생산성을 비교하여 예상 준공일을 주기적으로 관리하였고 관련 기록을 유지·관리하였다. 원도급자는 이러한 기록을 평가 결과를 뒷받침하는 근거로 제시하여 조기에 클레임을 타결할 수 있었다.

7.2.7 중동 토목 하도사 중재 평가 사례

사례 ▶ **현장 개요 및 EOT 주요 내용**

- 국가 : 중동지역 국가
- 공사목적물 : ○○도로공사 골조공사
- 하도사 : 현지 전문업체

본 사례는 중동지역 국가의 토목공사 하도급 클레임 사례로서 ○○ 고속도로 공사의 Structure Works 하도급 공사를 수행 중인 B사의 지속적인 공정지연이 발생하여, 방수공사 등 일련의 후속공사 공정이 지연되는 상황이 발생하였다. 하수급 업체의 공정지연으로 계약 마일스톤 달성에 실패할 경우 원도급자는 적시 준공 시 보장되는 인센티브의 소멸과 LD 납부라는 막대한 손실이 예상되는 상황이다.

이러한 상황에서 하수급 업체의 지속적인 공정지연으로 전체 공사의 CP가 하도사 역무인 구조물 공사로 변경되었으며, 우려되던 원도급자의 막대한 손실은 기정사실화된 상황이었다. 원도급자는 공기지연으로 인한 리스크에 대응하고자 하도급 공사를 타절하고 직영으로 전환하는 것을 검토하였고, 계약적 적정성 입증을 진행하였다.

클레임 추진 배경
- 발주자와 원도급자 사이에 적기준공을 달성할 경우 발주자는 원도급자에게 정해진 요율의 인센티브를 지급하고, 지연될 경우 원도급자는 인센티브 소멸 및 지체상금 납부의 계약조건이 설정됨
- 지하차도 구조물 공사를 역무로 하는 하도급 업체의 지속적인 공기지연으로 준공지연이 예상되었고, 원도급자는 인센티브 소멸 및 지체상금 리스크가 심대해지는 상황이었음
- 원도급자는 손실 최소화를 위해 하도급 계약을 타절하고 직영으로 공사를 만회하려는 계획을 수립하였으며, 하도급 공기지연에 따른 계약타절의 적정성을 검토함

양측 입장

1) 청구자(원도급자) 주장

하도사 책임지연으로 준공지연이 예상되고 원도급자의 손실이 심대한 상황이므로 계약타절은 정당한 조치임

2) 하도급자 주장

원도급자의 책임의 지연도 있었으므로 계약타절은 부당함

계약타절 제기의 주요 내용(원도급자 대응)

1) 주요 전략

- 원도급자는 심대한 공기지연으로 인한 하도급 계약타절의 정당성을 입증하려고 하였으나, 심대한 공기지연에 대한 정량적인 기준이 모호한 상황이었음
- 하도급 업체 단독 책임의 지연으로 발생하는 원도급자의 손실금액과 하도급자의 지체상금 금액을 비교하여 심대한 공기지연의 기준을 설정함. 즉, 하도급 공사의 LD Max(최대 지체상금)를 초과하는 원도급자의 손실이 발생하는 경우를 심대한 공기지연으로 정의하고 상기 조건에 해당하는지를 입증함

2) 대응방법

- 원도급자는 승인된 하도급 공사의 계약공정표 및 실적 자료를 검토함. 원도급자 책임지연뿐만 아니라 동시발생이라 해석될 수 있는 지연까지 제외하여 순수 하도사 책임의 지연기간만을 정의한 후 Time Impact Analysis를 수행함
- 원도급자는 하도사 단독책임의 공기지연으로 LD Max를 초과하는 준공지연이 발생하였고, 원도급자의 인센티브 소멸 및 LD 납부금액이 하도급 공사 LD Max의 약 5배에 해당하는 상황임을 입증
- 상기 입증 결과를 바탕으로 하도급 업체에게 계약타절을 통보함

클레임 결과

- 하도사는 원도급자의 계약타절 조치에 불복하여 중재를 제기함
- 중재 진행 과정에서도 원도급자의 주장논리와 공기지연 입증 결과의 객관성이 상당부분 인정되어 하도사 계약타절은 정당한 것으로 판정됨

하수급 업체의 공기지연으로 인한 리스크를 감당하기 어려운 상황에 도달하여 원도급자는 하도급 계약을 해지하고 직영전환을 통하여 공정지연을 만회하는 계획을 수립하였다. 이와 관련하여 하수급 업체의 심대한 공정지연이 있었는지 검토하고 지연으로 인한 원도급자의 손실비용을 정량적으로 산출할 필요가 있었다.

하수급 업체의 공기지연을 분석하기 위해서는 먼저 분석기준공정표의 설정이 필요하였다. 원도급자는 발주처로부터 13.5개월의 공기연장을 승인받은 후, 하도급 공기를 18개월 연장하는 변경계약을 승인해주었다. 공기연장 변경계약에 따라 하도사는 수정된 공정표를 Hard Copy로 제출하였고, 원도급자는 계약에 정해진 바와 같이 Soft Copy 제출을 요구하였으나, 하도사는 제출하지 않았다.

뿐만 아니라 하도사가 제출한 Hard Copy 공정표상 마일스톤 달성일이 원도급자가 생각하는 달성일정보다 여유 있게 설정되어 당사가 원하는 일정에 맞게 마일스톤 단축을 요구하였으나, 하도사는 변경계약서에 세부 마일스톤 달성일에 대한 조건은 없었으므로 원도급자의 요구에 응할 수 없다는 입장을 고수하고 있었다(원도급자가 요구한 마일스톤 달성일 대비 150~300일 연장되어 있음).

원도급자는 하도사 책임의 공기지연일수를 산정하기 위하여 하수급 업체의 공정지연의 기준일을 하수급 업체가 설정한 마일스톤 날짜로 할 것인지, 원도급자가 요구하는 날짜로 할 것인지의 결정이 필요하였다.

당초 계약에는 중간 마일스톤 기한이 명시되어 있었지만, 하도급 변경계약을 실시하면서 원도급자가 당초 계약에 있는 중간 마일스톤의 기한을 누락한 채 변경계약을 체결한 사실을 확인하였다. 이에 원도급자는 하수급 업체에게 유리하고 원도급자에게는 보수적인 상황에서 분석을 하는 것이 입증 결과의 신뢰성을 향상시키는 방안으로 판단하여 하수급 업체가 설정한 마일스톤 달성일과 제출한 공정표를 기준으로 공기지연 분석을 실시하였다.

이러한 상황을 기준으로 하여 하도사 책임지연일수를 분석한 결과, 하도사 귀책으로 각 마일스톤별 지연 책임일수는 9~229일이며, 하도사 최종 역무 완료일 또한 61일

지연된 결과를 도출하였다. 이 분석 결과는 하도사에 유리한 결과가 나오는 상황에서 분석한 결과이며, 중립적인 상황을 가정하여 분석할 경우 해당 지연 책임기간보다 80~230일 정도 증가된 결과가 나오는 것을 입증하였다.

하도급 계약의 LD 기준은 마일스톤별 계약금액의 0.2%/일, Max는 계약액의 10%이므로, 50일 지연 시 LD Max에 도달하게 된다. 마일스톤별 하도사 책임일수를 모두 더하면 총 821일이며, 이에 해당하는 LD 금액은 LD Max를 초과하는 심대한 공정지연이라 할 수 있었다.

뿐만 아니라 원도급자는 하도사 지연으로 본 공사 계약 마일스톤 또한 지연되는 것으로 분석되었으며, 인센티브 미 수령액과 LD 손실액을 합하였을 경우 하도사 LD Max의 5배에 해당하는 손실이 발생하는 것을 입증하였다.

이러한 분석 결과를 근거로 원도급자는 하도사 책임의 공정지연의 사유로 계약 해제를 통보하였고, 추후 하도사는 계약 해제의 불합리를 주장하며 중재를 진행하였으나, 원도급자의 입증 결과가 중재판정부에 인정되어 계약 해제가 정당한 조치로 판정되었다.

시사점

계약타절 정당성 입증 방법 측면

원도급자는 하도급자 책임으로 인한 지연을 만회할 것을 지속적으로 요구하였고, 지연이 심화되지 않도록 원도급자로부터 승인받은 공기연장 기간을 초과하는 범위의 하도급 공사기간 연장을 승인하였다.

원도급자의 지속적인 하도급 공사 지연관리 노력에도 불구하고 공정지연이 개선되지 않아 부득이하게 계약 해지를 추진한 사례이다.

이 사례의 계약타절 정당성 입증측면에서의 시사점은 원도급자가 법률 전문가의 자문을 거쳐 계약타절이 불가피할 정도의 심대한 공정지연의 기준을 검토하고 이를 보수적인 상황을 가정하여 분석하였다는 점이다.

하도급 계약조건에는 중대한 계약위반일 경우 계약타절이 가능하고 심대한 공기지연이 발생하였을 경우 중대한 계약위반으로 해석할 수 있는 조항이 있었다. 하지만 어느 정도의 지연이 발생하였을 때, 심대한 공기지연이라 판단할 수 있는 기준은 모호하였다.

법률 전문가 자문을 거쳐 하도사 단독 책임지연으로 계약에서 정한 LD Max를 초과하는 손실이 발생하였을 때, 심대한 공정지연이라 판단하였다. 그 후 하도급자에게는 유리하고 원도급자에게는 불리한 조건을 적용하여 공정분석을 진행하였다.

계약타절 정당성 평가 방법 측면

이 사례의 계약타절 정당성 평가 측면의 시사점은 원도급자가 하도급자에게 계약타절을 통보하였을 때, 부정당 계약 해지에 해당하여 분쟁이 진행될 것을 예상하여 원도급자에게 보수적인 조건에서 계약타절의 정당성을 충분히 검증하고 관련 자료를 확보한 후 계약타절 진행하였다는 점이다.

실제로 하도급자는 원도급자가 공정지연을 이유로 계약타절을 통보하였고, 계약타절의 부정당함을 주장하며 중재를 제기하였다. 하도사는 원도급자의 부지인도 지연, 자재조달 지연이 있었으므로 준공 지연에 원도급자 책임도 있음을 주장하였다.

하지만 중재판정부에서는 원도급자의 입증내용과 증거자료를 대부분 인정하였고, 하도사가 주장하는 원도급자 책임의 지연은 준공일에 영향이 없거나 미미한 것으로 판단하여 하도급 공사의 계약타절을 정당한 것으로 판정하였다.

7.3 공기지연 클레임 및 분쟁실무의 핵심 성공 요인

건설공사 공기지연과 관련하여 필자가 경험해온 실무 사례 중 선례적 의미가 있다고 판단되는 국내외 건설공사 공기지연 클레임과 분쟁 사례를 선별하여 공기지연 영향력 입증 측면과 대응 측면에서 시사점을 정리하여 소개하였다.

현장에서 공기지연 클레임 실무를 추진할 때는 다양한 건설 분야 전문가들과 협업을 진행하게 된다. 건설회사 실무 경력이 최소 20~30년 이상이 되는 건설회사 소속의 현장소장 및 클레임 유경험자, 해외 건설현장에서 계약과 클레임 업무를 지원하는 외국인 계약관리전문가, 현장 클레임 지원용역을 하는 국제적인 Claim Consulting 회사의 클레임 전문가와 Delay Analyst, 중재 및 소송 업무를 수행하는 국내외 건설 전문 Law Firm의 변호사 등이 주요한 건설 현장의 클레임 관련자들이다. 최근 들어 해외 클레임 컨설팅 회사가 국내에 진출하여 해외공사 클레임 지원을 추진 중에 있고, 국내 대형 로펌을 중심으로 해외 현장 건설 클레임 업무를 전담하는 전문팀들이 신설되고 있는 추세이다.

필자는 현장의 클레임 담당자들뿐만 아니라 상대방 측인 발주자나 하도급사 실무자, 외부 Claim 컨설팅업체 소속의 전문가 및 로펌의 변호사들과 지속적인 협업을 하면서 공기지연 클레임과 분쟁의 성공적인 결과뿐만 아니라 목표한 결과를 달성하지 못하는 실패의 경험도 있었다. 필자의 20여 년간의 국내외 공기지연 클레임과 분쟁 사례와 다양한 전문가들과의 협업을 통한 실무 경험상, 건설공사 공기지연 클레임 및 분쟁업무 수행에서의 핵심적인 성공 요인을 정리하면 다음과 같다.

7.3.1 공기지연 사건 자료 관리

현장계약관리와 클레임의 가장 중요한 요인은 자료관리이다. 그렇지만 현장에서는 너무나 많은 중요한 일들이 복잡하고 동시에 발생하기에 현장의 자료를 완벽하게 관리한다는 것은 거의 불가능하다고 할 수 있다.

필자의 경험상 공기지연 관련 클레임을 추진하는 현장은 공정지연으로 인해 계약상 명시된 준공일에 공사를 완료하기 어렵다는 것을 확정적으로 인지할 때 현장은 공기연장 클레임을 준비하게 된다. 현장에서 공기지연 클레임을 발주자와 우호적으로 해결하지 못하는 현장들은 대부분 공통적인 특징을 가지고 있다. 그중에 대표적인 사항은 공기지연 사건에 대한 현장의 자료관리가 미흡하다는 것이다.

대다수의 건설공사 계약조건상 시공자는 지연사건이 발생했을 경우 지연사건의 발생원인과 영향력에 대해 발주처에게 통보하도록 되어 있다. 하지만 많은 현장에서는 지연사건의 현안 해결과 후속 대응방안 마련 등 실질적인 대책마련에 업무를 집중하고 반면에 지연사건에 대한 원인 및 영향력 분석, 지연사건 발생 통지공문, 정기적인 영향력 검토 등에 대한 자료관리가 미흡한 경우가 많다.

발생한 지연사건에 대한 시공자의 공기연장 권한이 계약적으로 명확한지 아닌지의 여부 또한 계약상에 지정된 통지요건(Time Bar)을 준수했는지의 여부 등과 상관없이 현장은 공기연장 클레임이 필요하다고 인지하는 그 순간부터라도 현장에서 발생한 모든 공기지연 사건들에 대한 사실관계 자료를 정리하는 작업을 가능한 한 빨리 착수해야 한다. 지연사건에 대한 자료 없이는 공기지연 클레임을 추진할 수 없기 때문이다.

주요한 공기지연 클레임 추진 관련 자료목록은 다음과 같다.

- 입찰공정표, 입찰당시 공정표 작성기준
- 계약공정표, 계약공정표 승인 당시 공정표 작성기준
- 지연사건의 발생통지 공문 및 상대 측 회신 공문
- 지연사건 관련 회의자료, 이메일, 공문
- 정기 공정보고 자료 및 회의록
- 공기지연 만회 관련 회의자료, 이메일, 공문

이상과 같은 주요 공기지연 관련 자료의 확보를 통해 현장은 후속 공기연장 권한에 대한 객관적 검토 및 클레임 추진 전략을 수립할 수 있게 된다.

공기지연 사건과 관련된 자료관리에 대해 추가적으로 강조해야 할 내용이 있다. 바로 공기지연 클레임이나 분쟁 과정에서 필수적으로 검토되는 공기지연 관련자료의 신뢰성을 확보하는 방법에 관련된 사안이다. 공기지연 클레임이 상호 간에 협상을 통해 해결되지 않으면 해당 클레임은 건설분쟁으로 최종적인 해결을 구하게 된다. 건설분쟁 과정에서 검토되는 현장자료의 종류는 일반적으로 두 가지로 구분할 수 있다. 하나는 계약적 효력이 확보되는 공식적인 자료이며, 다른 하나는 계약당사자 일방이 작성하여 관리하거나 공식적인 공유방식을 활용하지 않고 계약당사자 자체적으로 관리하는 일반자료가 있다. 건설 분쟁 판정부에서는 건설현장의 각종 자료의 신뢰성과 관련

하여 다음과 같이 처분문서와 보고문서로 구분하고 있다.[3]

처분문서는 계약서, 합의서, 각서, 해약통지서 등 증명하고자 하는 법률적 행위가 그 문서 자체에 의해 이루어진 문서를 말한다. 반면 보고문서는 문서 작성자가 보고 듣고 느끼고 판단한 내용을 재한 문서로서 회의록, 상업장부, 일기 등이 그 예에 해당한다. 처분문서는 그 진정성립이 인정되면 특별한 사정이 없는 한 그 내용이 되는 법률행위의 존재가 인정되어 그 법률행위가 있었던 것이 증명된 것으로 되나(대법원 1997. 4. 11. 선고 96다50520 판결), 보고문서는 법원이 자유심증에 의해 문서 기재 사실이 진실한지 여부를 판단할 수 있다는 점에서 차이가 있다. 즉 법원은 처분문서가 위·변조된 것이 아닌 이상 그 기재된 내용대로의 법률적 행위가 있었음을 인정하여야 하는 반면, 보고문서의 경우에는 여러 사정을 고려하여 자유심증으로 결정할 수 있다. 이러한 이유로 소송에서 법률행위의 존재나 내용이 쟁점인 사건에서 문서가 처분문서인지 아니면 보고문서인지가 결론에 직접적인 영향일 미칠 가능성이 높다.

양자의 구별은 대체로 용이하나, 반드시 그러하지는 않다. 문서의 내용이 법률행위에 관한 것이더라도 경우에 따라서는 처분문서가 아니라 보고문서에 해당하기도 한다. 즉 대법원은 문서의 내용이 작성자 자신의 법률행위에 관한 것이라 할지라도 그 법률행위를 외부적 사실로서 보고·기술하고 있거나 그에 관한 의견이나 감상을 기재하고 있는 경우에는 처분문서가 아니라 보고문서라는 입장을 취하고 있다(대법원 1987. 6. 23. 선고 87다카400 판결 등 참조).

이와 관련하여 최근 의미 있는 대법원 판결이 하나 선고되었다. 원도급업체가 공기지연을 이유로 하도급업체와 체결한 하도급계약을 해지한 다음 정산수량에 관하여 협의를 진행하였는데, 하도급업체가 협의 과정에서 협의수량을 기재한 회의자료를 근거로 정산합의가 있었다면서 기재된 수량대로 하도급대금을 지급할 것을 청구하였다. 그러나 1심 및 항소심은 하도급업체의 정산합의 주장을 받아들이지 않았고, 하도급업체는 원심이 처분문서에 나타난 당사자의 의사표시를 잘못 해석하였다면

---

3   정유철 외 2인, 공공계약 판례여행, 건설경제, 2017.

서 상고를 제기하였다. 그런데 대법원은 앞서의 법리를 전제로 위 회의자료가 보고문서에 해당한다고 보았고, 그에 따라 하도급 업체의 상고가 이유 없다고 판단하였다.

이와 같이 <u>**작성된 문서가 처분문서와 보고문서 중 어느 것에 해당하는지를 법적 책임의 인정 여부와 밀접한 관련이 있는 중요한 사항으로, 양자의 구별 기준에 관하여 명확히 인지하여야 할 것이다.**</u> 또한 문서의 내용이 법률행위에 관한 것이더라도 무조건적으로 처분문서가 되는 것이 아니라 경우에 따라서는 보고문서일 수도 있다는 점을 유의하여야 할 것이다.

공기지연이 발생한 현장에서는 상호 협의를 통한 클레임 처리 단계뿐만 아니라 향후 건설분쟁에 대비하여 분쟁 단계에서 자료의 신뢰도를 상대적으로 높게 인정받고 있는 형태인 계약당사자 상호 간에 서명이 포함된 합의서나 계약적인 행위의 의사가 명백히 포함된 통지서와 공문 등과 같은 자료를 확보하고 관리하여야 필요가 있다.

7.3.2 공기지연 클레임 전문가의 활용

최근 국내외 대형 건설현장의 경우 발주자와 시공자 양측에 계약관리 담당자와 공정관리 업무를 전담하는 담당자들이 지정되어 있다.

공기지연 관련 클레임을 추진할 경우 현장의 계약담당자와 공정관리 담당자가 업무를 협업하여 클레임을 추진하는 것이 가장 바람직하다. 그렇지만 대형 건설공사에서 발생하는 공기지연의 경우 지연사건의 귀책사유와 지연사건의 영향력을 객관적으로 분석하여 입증 자료를 만드는 작업을 현장 담당자가 수행하기에는 어려운 경우가 대부분이다.

지연사건의 귀책원인들이 시공자와 발주자간에 동시적으로 또는 연속적으로 연계되어 발생하는 사례가 많으므로, 현장에서 발생하는 지연사건은 정확히 누구의 귀책사유라고 특정하는 것은 계약조건의 해석만을 통해 결정할 수 있는 간단한 일이 아니다. 또한 지연사건의 영향력을 분석하는 데도 적게는 몇 백 개에서 많게는 몇 만 개의 작업들로 이루어진 공정표에서 지연사건을 정의하고 그 영향력을 명확하게 설명해 내는 작업도 공정관리자에게는 익숙하지 않은 일이다.

현장에서는 공기지연 클레임을 추진하는 데 공기지연 클레임 추진 전략을 선택하기 전에, 가능한 한 이른 시간에 공기지연 클레임 및 분쟁 경험을 확보한 외부 전문가를 활용하여 현장의 공기연장 권한에 대한 객관적인 검토를 할 필요가 있다.

공기지연 클레임 전문가의 역할은 다음과 같다.

- 현장에서 발생한 지연사건들에 대한 조사
- 지연사건별 계약적 공기연장 권한 검토
- 공기지연 사건들에 대한 전체 작업의 영향력 검토
- 공기지연 기간 중, 공기연장 가능기간에 대한 객관적 분석
- 공기연장 클레임 추진 전략에 대한 의견 제공
- 공기연장 클레임 서류 작성 지원 등

현장은 공기지연 클레임에 대한 경험이 많고 유능한 전문가들의 활용을 통해 현장의 공기지연 클레임에 대한 객관적인 검토 결과를 확보할 수 있게 되며, 그러한 자료의 활용을 통해 후속 클레임 추진 전략을 수립에 이러한 자료를 활용할 수 있다.

7.3.3 법률전문가(Lawyer)의 활용

최근 대형 건설현장의 경우 발주자와 시공자 양측에 계약관리 담당들이 지정되어 있고, 해외의 대형 건설현장의 경우 별도의 계약관리팀 또는 국제 변호사들을 프로젝트 팀에 배치하기도 한다.

공기지연 사건이 발생하여 준공지연이 예측되지만 클레임 권한이 명확하지 않을 경우, 대부분의 계약에서 관할법으로 지정되는 현지의 법률과 판례에 익숙한 법률 전문가들에게 계약조건 이외의 현지 법률상으로 예상되는 손실을 대응할 수 있는지에

대한 검토를 해보아야 한다.

법률전문가들의 활용을 통해 현장에서 검토해야 할 내용은 다음과 같다.

- 현재 추진 중인 클레임에 대해 계약적으로 클레임 권한을 확보할 수 있는지에 대한 계약조건 해석 및 법률적 검토
- 현재 발생한 지연사건 관련하여 추가적으로 클레임 청구가 가능한 법률적 대응이 있는지에 대한 검토
- 클레임이 협상으로 합의되지 못할 경우, 현지의 중재 및 소송과 같은 분쟁에 대한 고려사항에 대한 의견 검토
- 현재 준비 중인 클레임이 최종적인 분쟁으로 진행될 경우, 승소 가능성에 대한 검토

국내 건설공사의 클레임과 분쟁을 추진하는 데는 무엇보다 건설공사계약과 현장업무에 대한 이해가 높고 건설소송 경험이 풍부한 법률전문가를 선정하는 것이 가장 중요하며, 해외 건설공사의 경우에서는 계약상에 명시된 해당국가의 법령에 익숙하고 무엇보다도 계약의 최종적인 분쟁 방법으로 명시된 기관의 실제 분쟁 실무와 승소 경험을 확보한 로펌을 선정해야 한다.

7.3.4 공기지연 클레임 추진 전략 수립

현장에서 공기지연이 발생했을 때 시공자에게 공기연장 권한이 크지 않다고 판단하고 클레임을 제출할 경우 거절될 것을 우려하여, 준공지연이 확실하게 예상되는 시점에도 현장은 공기연장 클레임을 제기하지 않았던 다수의 현장 사례들이 있다.

필자의 경험상 공기연장에 대한 계약적 권한이 크지 않다고 클레임을 추진하지 않는 사례보다는 현장에서 당초 예측하지 못한 사건으로 인해 공기지연이 발생했음을 강조하여 계약 상대방에게 공기연장 클레임을 추진하는 현장이 지체상금 회피나 추가

비용 확보의 기회를 조금이라도 더 갖게 해줄 수 있다는 것이 명확한 사실이다. 물론 현장에서 공기지연 사건의 발생의 원인이 자신의 귀책이 아니라는 것을 적극적으로 해명하고 공기지연 만회에 대한 노력이 뒷받침될 경우에 그 기회가 커지는 것 또한 사실이다.

공기지연 사건이 발생하여 클레임을 추진하거나 준공지연이 명확하게 예측되는 시점에 클레임을 추진하는데, 현장은 클레임에 대한 추진 전략을 수립하는 데 다음과 같은 사항을 우선적으로 수립해두어야 한다.

- 공기지연 클레임에 대한 권한이 명확한지에 대한 검토
- 클레임을 추진하는 시점에서 객관적으로 준공지연이 명확히 예상된다고 주장할 수 있는지에 대한 검토
- 상대방에서 공기연장이 반드시 필요하다고 인지하고 있는지에 대한 검토
- 추가자원이나 추가 비용 또는 설계 변경 등을 통해 적기준공이 가능한지에 대한 검토
- 클레임을 추진할 경우, 상대방에서 강력하게 제3자의 조정이나 중재, 소송 등 분쟁을 추진할 의사가 있는지에 대한 검토

공기지연 클레임을 추진하는 데 이러한 사전 검토를 통해 현장의 클레임 추진 전략을 수립할 수 있다. 결국 클레임 추진 전략에서 가장 중요한 요인은 계약상에 명시된 클레임에 대한 권한이 명확한지의 여부이다.

계약적으로 권한이 명확할 경우에는 준공지연이 반드시 필요하다는 명확한 근거자료를 첨부하여 상대방과 사전 협의를 진행하고 계약상에 지정된 절차에 맞춰 클레임을 추진하는 것이 필요하다.

만약 계약적으로 클레임 권한이 미흡하지만 준공지연이 반드시 필요하다고 판단되는 경우에는, 현장은 경험이 많은 클레임 전문가와 현지 법률 및 공기지연 관련 건설

공사 판례들에 익숙한 법률전문가의 지원을 통해 공기연장 클레임 자료 준비를 할 수 있다. 현장에서는 공기연장 클레임 자료준비와 병행하여 계약 상대방에게 지연사건 회피가 어려웠다는 점에 대한 적극적인 설명과 공기연장의 필요성에 대한 협상을 추진해야 한다.

7.3.5 적극적 분쟁추진과 지속적 협상 병행

공기지연 관련 현안이 발생하여 상대방에게 클레임 서류를 제출하고 관련한 계약적 후속 이행조치를 요청했음에도 불구하고, 상대방 측에서 관련 내용에 대한 회신이 없거나 강력하게 해당 클레임을 부인하는 사례가 있다.

클레임 요청에 대해 상대방에서 적극적으로 임하지 않을 경우나 상대방에서 받아들일 수 없는 클레임 요구를 지속적으로 요구할 경우, 일방의 계약당사자는 계약에 명시된 조건에 따른 제3자의 조정 또는 분쟁을 준비하여 이를 추진할 필요가 있다.

분쟁추진에서 가장 중요한 요인 중의 하나는 현지 법률과 현지의 건설 분쟁에 익숙한 법률전문가(Law Firm)의 선택이라고 생각한다. 법률전문가의 선택은 일반적으로 각 회사의 법무실이나 계약관리팀에서 추진하지만 현장에서도 현지의 건설 분쟁을 경험한 실무자들의 추천을 받아 유능한 법률전문가와 변호사를 적극적으로 검토해야 한다. 특히 해외 건설공사 계약에서 많이 채택하고 있는 국제중재를 진행할 경우에는, 해당 관할 중재기구의 중재경험이 많은 중재대리인의 선정이 분쟁의 성패에 중요한 영향력을 준다는 점을 강조하고 싶다.

분쟁을 추진하는 데 분쟁을 주도하는 우수한 소송대리인 또는 중재대리인 선정 이외에도 이에 못지않게 현장에서 발생한 공기지연에 대한 책임일수와 손실비용을 체계적이고 과학적으로 분석해서 입증할 수 있는 건설 클레임 전문가의 활용하여 소송서류나 대응서류 작성에 활용하는 것을 적극 검토해야 할 것이다.

대형 공사 공기지연 분쟁을 진행하는 데 재판부에서는 공기지연에 대한 현안이 복잡할 경우 앞의 분쟁 사례에서와 같이 소송당사자가 아닌 제3자의 전문적인 감정을 의뢰하는 경우가 많다. 특히 다양한 작업이 동시에 시행되는 복잡한 대형 건설공사의 공기지연 분쟁에서는 전문가의 감정과 이에 대한 적극적인 대응이 판결에 중요한 역할을 끼친다. 따라서 공기지연 분쟁을 추진하는 데 현장의 자료관리, 유능한 중재대리인의 선정 그리고 공기지연을 체계적이고 과학적으로 입증할 수 있는 건설 클레임 전문가의 활용이 중요하다.

이와 더불어, 분쟁 진행 중에 추가적으로 고려해야 할 사항은 분쟁 진행 경과에 따라 상대방 측과 지속적으로 우호적 협상종결의 여지를 열어두어야 한다는 점이다. 특히 현지 국가의 소송이나 경험이 부족한 중재기구에서 중재를 진행할 경우에는 분쟁의 진행 단계별로 상대방 측에서 인지하고 있는 분쟁판결에 대한 의지를 확인할 필요가 있다. 분쟁 진행 과정에서 당초에 예상하고 있는 최소한의 협상목표를 설정하고 이에 대한 목표치를 분쟁 진행 과정에서 적정한 시점에 상대방에게 제시할 수 있는 기회를 탐지하여 원하는 수준에서 소송을 철회하고 목표를 달성하는 것이 가장 합리적인 결정일 것이다.

분쟁을 추진하는 데 최종적인 분쟁판결을 통해 반드시 승소로 끝장을 내겠다는 태도는 지양해야 할 점이다. 건설 분쟁의 핵심은 승소가 아니라 적극적 소송 대응 및 추진과 병행하여 상대방과 지속적인 협상을 진행함으로써 상대방에게 원하는 목표치에 가깝게 성과를 달성하는 것임을 명심해야 한다.

CHAPTER 08
공기지연 클레임의
선제적 관리방안 제언

CHAPTER 08
공기지연 클레임의 선제적 관리방안 제언

　국내외 현장 공기연장 클레임 실무를 수행하면서 건설 프로젝트 책임자들과 실무자들에게 클레임 대응과 관련하여 실무상으로 아쉽게 느껴지는 점이 있다. 그중 하나는 건설공사에서 불가결하게 필수적으로 발생하는 공기지연을 공사 초기 단계에서부터 체계적으로 관리하는 것이 공기연장 클레임과 분쟁 업무에 못지않게 발주자나 시공자 모두에게 시간적으로나 비용적으로도 훨씬 효율적임에도 불구하고 대다수의 현장에서는 공기지연 관리에 대한 선제적인 관리 방법에 큰 관심을 가지고 있지 않다는 점이다.

　이번 장에서는 건설 프로젝트에서 발생하는 공기지연 클레임이나 분쟁을 합리적이고 체계적으로 관리하고 대응할 수 있도록, 발주자와 시공자 각각의 입장에서 공기지연 클레임에 대한 선제적 관리방안을 소개하고자 한다.

　현장의 공기지연 사건을 성공적으로 관리하기 위해서는 프로젝트 시점별로 나누어 다음의 세 가지 단계별로 관리하는 것이 중요하다. 첫 번째는 계약 체결 전 단계에서의 공기지연 관련 계약조건 검토업무, 두 번째는 공사 초기 지연사건 관리를 위한 공정관리 업무기준 설정업무, 그리고 세 번째는 공사 진행에 따른 공기지연 사건에 대한 대응 및 관리업무가 이에 해당한다.

8.1 계약 체결 전 계약조건 검토

건설공사는 발주자의 입찰 요구서류에 명시된 청약과 시공자의 입찰서류 제출에 의한 승낙으로 이루어지는 대표적인 계약이다. 당사자 간에 상호 합의한 계약조건이 관련 법령에 위법되지 않는 이상 계약조건에 정해진 관련 조건들은 공기지연에 따른 공기연장과 비용조정 그리고 상호 합의가 되지 않아서 분쟁으로 해결할 경우에도 가장 근간이 되는 기준이다. 따라서 시공자와 계약자 모두 계약합의 이전에 계약조건에 대한 검토가 중요하다.

공기지연 관리에 대한 업무절차와 기술적인 방법들을 규정하고 계약당사자 간 합의된 기준으로 활용한다면 보다 효율적인 관리가 가능할 수 있고, 공정관리 또는 공기지연 관리의 시방서가 이러한 역할을 할 수 있을 것이라 판단된다. 실제 해외 일부 발주기관에서는 공정관리 시방서를 제정하여 건설공사 관리에 활용하고 있으며, 대표적인 것이 미 국방부(Department of Defense) 공병단(The US Army Corp of Engineers)에서 활용하는 공정시방(Project Specification)과 싱가포르 교통국(Land Transport Authority)의 공정시방(Programme Requirements)을 들 수 있다.

저자는 국내외 여러 공정관리 기준을 참고하여 공기지연 사건을 체계적으로 관리할 수 있는 건설공사 공정관리 표준시방서 표준안(별첨 3 참조)을 작성하였으며, 다음과 같이 이 책의 별첨에서 시방서 내용을 소개하고 있으므로 참조할 수 있을 것으로 기대한다.

- 별첨 2-1 : 미 국방부 공병단 공정관리 시방서
- 별첨 2-2 : 싱가포르 교통국 공정관리 시방서
- 별첨 3 : 건설공사 공정관리 표준시방서(안)

국내외 대형 건설공사에서의 대표적인 공기연장 관련 계약조건은 다음과 같다.

- 착공 후 28일 이내에 상세공정계획과 공정계획 이행 관련 주요 인원 및 장비의 수량내역 제출
- 실제 공정 진행에 따라 이전에 제출한 공정계획과 실제 공정이 일치하지 않을 때 시공자는 수정공정계획을 제출해야 함
- 공기연장 권한이 있는 조건: 발주자 설계 변경 지시, 발주처 책임으로 인한 지연 사건, 제3자 귀책사건, 불가항력 등
- 공기연장 권한이 있는 사건으로 인해 준공지연이 발생했을 때 28일 이내에 통지, 기한 초과 시 클레임 권한 상실됨. 이러한 사건이 발생하고 42일 이내에 공기연장 및 추가 비용을 뒷받침하는 내역을 제출해야 함
- 공사 진행에 따라 매월 정기적으로 공정 진행 상황을 보고해야 함. 공기연장 권한이 없는 사유로 예정공정계획보다 늦거나 준공지연이 예상되는 경우, 발주자는 시공자에게 수정공정계획과 그 달성 방법 제출을 지시할 수 있으며, 시공자는 자신의 비용으로 수정계획에 따른 공사를 추진해야 함. 만약 그러한 수정계획 시행에 발주처 비용이 발생할 경우, 시공자는 그 비용을 발주자에게 지급해야 함
- 계약서에 명시된 준공기한을 준수하지 못할 경우 그 지연에 따른 배상금(계약서 상에 일당 금액 명시)을 발주자에게 지급해야 하며, 그 지연 배상금이 시공자의 계약상 다른 이행의무를 면제시키지 않음

8.1.1 시공자 입장의 계약조건 검토

앞서 기술한 바와 같이 당사자 간에 상호 합의한 계약조건은 공기지연에 따른 공기 연장과 비용조정 그리고 상호 합의가 되지 않아서 분쟁으로 해결할 경우에도 가장 근간이 되는 기준이다. 따라서 입찰에 참여하는 시공자는 입찰참여 전에 계약조건에 대한 충실한 검토를 시행하여야 한다.

공기지연 대응 관련 계약조건을 검토하는 방법으로는, ① 국제적인 표준계약조건의 관련 조건을 검토하고, ② 해당 국가의 유사발주공사의 계약조건을 검토하고, ③

시공자가 기존에 수행했던 해당 국가의 계약조건을 검토하여, ④ ①~③ 검토 결과와 해당 프로젝트의 계약조건과 비교를 통해 계약조건의 리스크 수준을 평가하는 방법이 가장 추천할 만하다.

기존의 유사조건 대비 해당 입찰프로젝트의 계약조건이 심각할 정도로 차이가 있을 경우에, 시공자는 발주자에게 해당 계약조건의 철회나 적정한 수준으로의 조정을 요구하도록 한다. 만약 발주자가 그러한 요구에 대해 불응할 경우에는 해당 리스크를 반영하여 입찰에 참여하거나 불참을 결정할 수 있다.

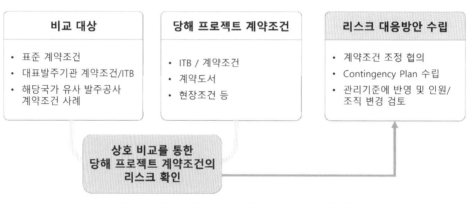

그림 8.1 계약조건 비교를 통한 리스크 검토의 개념

공기지연 관리 관련 발주자가 추가적으로 요구하는 계약조건으로는 다음과 같은 사례가 있다.

• 공기연장 가능사건이 발생했을 때 시공자는 3일 이내에 통지해야 하며, 이를 지키지 못할 경우 클레임 권한은 상실된다. 공기연장 가능사건이 발생한 지 5일 이내에 공기연장 및 추가 비용을 뒷받침하는 내역을 제출해야 하고 이를 지키지 못할 경우 권한이 상실됨
• 공기연장 가능 사건이 발생하더라도 시공자 책임의 지연사건이 동시에 존재하는 경우에는 공기연장 권한을 주장할 수 없음

이러한 조건들이 입찰조건에 존재할 경우 시공자는 발주처에게 너무나 짧은 통지 기간은 수많은 작업을 동시에 수행하는 건설공사 특성상 이행하기 어렵다. 국제적인 일반적 통지기한과도 부합하지 않으므로 일반적 월간보고 간격인 28일 또는 격주 공정 업데이트를 수행하는 14일 정도로 수정해줄 것을 요청하는 것이 필요하다. 만약 이러한 조건이 받아들이지 않는다면 시공자는 발주처 의사결정과 책임과 관련된 어떠한 사건들에 대해서도 지속적인 지연통지를 시행하고 지속적인 관리를 시행하여야 한다.

또한 동시발생 공기지연의 경우 공기연장이 불가하다고 명시되어 있을 경우에는, 이러한 조건은 국제적인 기준과 부합하지 않으므로 철회해줄 것을 요청할 필요가 있다. 만약 이러한 요청이 받아들이지 않는다면 시공자는 공기연장 가능사건이 발생했을 시점에 그 지연사건이 Critical Path에 존재하는지를 확인하고, Critical Path상에 시공자 지연이 같이 존재하는지를 검토하여야 한다. 만약 시공자 지연이 CP에 영향을 주지 않는다면 시공자는 발주자에게 시공자 지연이 준공지연에 영향을 주지 않음을 입

표 8.1 공기지연 관리 측면에서의 계약조건 주요 검토항목

검토항목	세부 검토사항
착수 및 준공 기준	착수 및 준공 조건, 중간 마일스톤, 계약공기 등
공정표 제출, 승인 및 수정	공정표 형식, 사용 Software, 공정관리자 자격요건, 공정표 제출 및 승인 기한, 공정표 수정 조건 및 기한 등
정기보고 및 지연 만회	공정보고 주기 및 구성, 공정표 Update 기준, 만회공정표 제출 의무 등
공기연장 가능 사유	각종 변경사유에 대한 책임정의, 공기연장 가능/불가능 사유 등
클레임 절차 및 선결 조건	계약자 클레임 절차, EOT 클레임 선결 조건 등
LD 및 계약 해지 조건	마일스톤별 LD 부과 기준, 최대 LD 한도, 계약타절 조건, 보상 한도 등
분쟁처리 절차	분쟁처리 방법 및 절차, 기한 등

증하여 공기연장이 타당하다는 것을 주장하여야 한다. 이를 위해서는 시공자 조직에 공기지연 분석을 할 수 있는 실무자를 사전에 배치하거나 외부의 공정분석 전문가를 고용하여야 할 필요가 있다.

8.1.2 발주자 입장의 계약조건 준비

일반적으로 대형 건설공사에서는 발주자가 계약조건을 작성하여 입찰참가서류를 시공자에게 공지하거나 교부를 한다.

발주자는 계약조건을 합리적이며 프로젝트 특성에 맞게 합리적으로 작성하여야 한다. 만약 허술한 수준의 계약조건을 채택할 경우 공기지연에 대한 처리방법과 절차가 없어서 공사 진행 중에 발주자와 시공자 간에 많은 이견이 발생할 수 있으며, 만약 너무나 혹독한 기준의 계약조건을 설정할 경우 입찰에 참여하는 시공자가 조정이나 철회를 요청하여 입찰 진행이 복잡해지거나 심할 경우에는 입찰에 참여하는 시공자가 없어 도급계약 체결이 어려워질 수 있다.

발주자가 공기지연 대응 계약조건을 설정하는 방법으로는

① 국제적인 표준계약조건을 검토하고

② 국가에서 발주하는 공공공사의 유사 발주공사의 계약조건을 검토하며

③ 발주자가 기존에 발주했던 유사공사의 계약조건을 검토하여

④ ①~③ 검토 결과와 해당 프로젝트의 특수사항 등을 반영하여 계약조건을 설정하고

⑤ 마지막으로 법률가의 검토를 통해 해당 계약조건이 관련 법령에 위법한지의 검토를 통해 최종 계약조건을 설정하는 방법을 추천할 만하다.

발주자는 적기 준공을 위해 다음과 같은 계약조건을 추가할 수 있다.

• 계약준공일 이외에 중간 계약 마일스톤을 설정하고, 중간 계약 마일스톤별 지체상금을 배정

- 상세공정계획의 중요성을 강조하기 위해, 계약상에 정해진 상세조건을 충족하는 공정계획 제출했을 경우에 최초 기성을 지급
- 공기지연 사건의 체계적 관리를 위한 지연사건 Log 양식을 제공. 그 양식을 활용하여 정기 공정보고에 첨부하여 보고 시행
- 공기연장 가능사건이 발생했을 경우, 객관적인 공기지연 영향력 분석 방법(예: Time Impact Analysis)을 계약조건에 명시
- 발주처 귀책이 아닌 지연사건으로 인해 공기가 지연될 경우, 정기 공정보고 이후 지정된 기한(예: 14일) 내에 수정공정계획 제출을 하도록 하고 이를 미이행 시 계약 해지 가능조건과 같은 시공사 통제조건을 명시

이러한 계약조건에 대해 시공사가 계약조건 변경을 요청할 경우, 발주자는 이러한 조건은 공기지연 관리를 위한 합리적인 조건임을 충분히 설명하고 그 조건을 이행할 수 있도록 한다.

발주자 입장에서는 건설공사에서 공기지연을 체계적으로 관리할 수 있도록 공정관리 시방서를 작성하여 계약조건에 첨부할 수 있으며, 시방서는 다음과 같은 내용으로 구성할 수 있다(자세한 내용은 별첨 2 주요 발주처 공정시방서와 별첨 3 건설공사 공정관리 시방서(표준안) 참조).

표 8.2 공기지연 관리용 공정관리 시방서 표준안 구성 내용 예시

No		구분	내용
1		공정표 작성 기본사항	
	1.1	일반사항	공정표 작성에 관한 일반사항 설명
	1.2	공정표 작성 방법과 활용 Tool	공정표 작성 방법 및 사용 소프트웨어
	1.3	공정표의 형식	공정표의 구성 및 표현방법
	1.4	공정표 포함 내용	공정표에 포함하여야 할 내용 및 요건

표 8.2 공기지연 관리용 공정시방서 구성 내용 예시(계속)

No		구분	내용
	1.5	공정관리 담당자	공정담당자 배치기준
2		**관리기준 공정표의 요구조건**	
	2.1	관리기준 공정표의 제출	관리기준공정표의 제출 시기 및 구성 내용
	2.2	관리기준 공정표의 개정	공정표 개정 기준 및 방법
3		**공정 업데이트 및 보고**	
	3.1	공정 업데이트 및 공정보고	월단위 실적 공정표 관리 방법 및 기준 제시
	3.2	작업/상세공정표	주단위 4-Week 스케줄 관리
	3.3	기타 공정표	기타 관리에 필요한 공정표, 보고서 제출
	3.4	월간 공정보고	월간 공정보고서 내용 및 제출 관련 사항
4		**공정운영**	
	4.1	공기연장	공기연장 가능 조건의 설명
	4.2	지연의 통지	공기연장 권한 확보를 위한 통지조건 설명
	4.3	적용해야 하는 지연 입증 방법	지연기간 검증을 위한 입증 방법 설명
	4.4	만회 공정계획	공기지연에 따른 만회대책 수립 관련 사항
5		**첨부**	Progress S-Curve, 공정보고 내용 등 규정

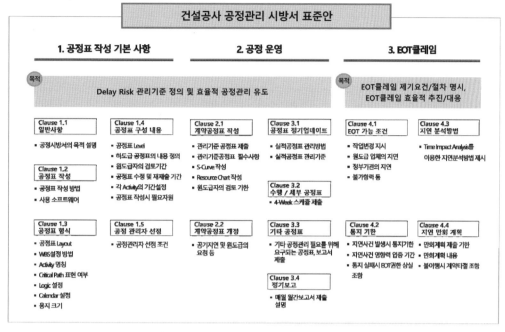

그림 8.2 건설공사 공정관리 시방서 구성체계

8.2 공사 초기 공정관리 기준선 설정

일반적으로 건설공사는 정해진 계약공기 이내에 시공자가 공사를 완료해서 발주자에게 정해진 절차에 따라 인도해야 완료가 된다. 대형 공사에서 공사의 공정 진행 현황 파악과 공기지연을 체계적으로 관리하기 위해 계약 체결 당시 계약서류에 간략한 계약공정표를 첨부하거나 공사계약 체결 이후 정해진 기한 내에 시공자는 계약공정표와 공사관리용 추가서류를 제출하고 발주처나 감리자는 이를 검토 또는 승인하도록 되어 있다.

8.2.1 시공자 입장의 공정관리 기준선 설정

계약서상에 명시된 공정관리 조건에 따라 시공자는 상세공정표(Detailed Programme)

를 제출하여야 한다. 일반적으로 시공자가 발주자에 제출하는 서류로는

① Critical Path가 명시되어 있는 CPM 공정표

② 주요 장비, 자재, 인력 동원계획

③ 공정을 반영한 시공자의 예정 기성청구 Cash Flow

가 있으며, 경우에 따라서는 CPM 공정표에 자원 투입 계획을 포함하여 함께 관리하는 경우도 있다. 시공자는 공정계획을 제출할 때, 발주자의 다른 계약자와의 일정을 표기하여 Interface를 관리하여야 한다. 그리고 부지 확보 또는 접근, 인허가 관련 일정을 공정계획에 포함시키고 해당 역무의 책임이 있는 자로 하여금 업무지연에 따른 리스크를 인지할 수 있도록 관리하여야 한다.

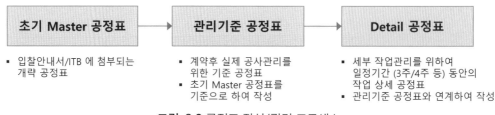

그림 8.3 공정표 작성/관리 프로세스

공사 초기 공정관리 기준선 설정과 관련된 사항은 계약조건 또는 공정관리 시방조건에 명기되어 있는 경우가 종종 있으므로 계약자는 관련 기준을 숙지하여 공사 초기 기준선 설정 업무를 진행하여야 한다.

통상적으로 발주자는 입찰 시 입찰안내서(ITB, Invitation to Bid)를 통하여 공사일정에 대한 개략적인 계획과 주요 마일스톤 달성일정을 제안하고 계약자는 이를 참고하여 공사계획의 수립, 예상비용 산출을 실시하여 입찰에 참여한다.

입찰이 완료된 후 낙찰자는 발주자와 공사수행 계약을 체결하고 계약조건에 따라 정해진 기한 내에 실질적인 공사관리가 가능한 관리기준 공정표를 작성하여 제출하여야 한다.

통상적으로 관리기준공정표는 계약자가 작성하여 발주자의 검토와 승인과정을 거

치고, 발주자로부터 승인된 이후에는 해당 공정계획을 기준으로 공사관리를 진행하고 공사 진척에 대해 발주자와 협의하는 기준으로 활용된다.

뿐만 아니라 공기지연 클레임 과정에서도 상호 합의된 계약공정표 또는 관리기준 공정표는 지연의 판단, 공기지연 분석의 기준으로 활용되므로 공사관리에 매우 중요한 도구로 활용된다.

따라서 초기 공정관리 기준선을 설정하는 업무를 유의하여 추진해야 하며, 관리기준 공정계획의 계약적 의미를 이해할 필요가 있다.

8.2.2 발주자 입장의 공정관리 기준선 설정

발주자는 시공자에게 계약에서 정한 공정관리 요구사항의 이행을 지시할 수 있으며, 정해진 계약기간 및 예산범위에서 공사가 완료될 수 있도록 관리하여야 한다. 발주자의 공정관리 기준설정과 관련된 업무는 다음과 같다.

① 정해진 계약공기를 준수할 수 있도록 요약공정표 또는 주요 마일스톤의 지정
② 시공자가 제출한 공정관리 및 Cash Flow 계획의 적정성 검토
③ 주요 하도급 업체 및 생산성 계획 검토

발주자는 시공자가 지정된 계약 준공일을 달성할 수 있는 공정계획을 수립할 수 있도록 요약 공정표나 주요 마일스톤 달성 일정을 지정하여 공정계획 수립의 기준을 설정해주어야 한다. 그리고 시공자가 제출한 공사계획의 적정성을 검토하고 비정상적인 사항이 있을 경우 이를 조정하여 명확한 공사관리의 기준선이 설정될 수 있도록 한다.

8.3 공기지연 사건 관리

공사 초기 설정한 공사관리 기준선을 바탕으로 공사수행 단계에서는 계획과 실적을 상호 비교하여 변동사항과 공기지연 사건을 적시에 인지하여야 한다. 그리고 공기연장 사건이 발생하였거나 공기지연이 예상될 경우에 시공자는 적시에 발주자에게 통보하고, 발주자와 시공자는 공기지연 사건 발생 및 그 원인에 대한 원인을 인지하여 공기지연의 영향력을 최소화하기 위한 대응방안을 협의하도록 해야 한다.

8.3.1 시공자 입장의 공기지연 사건 관리

공사 진행 중에 시공자는 작업 진행 사항을 확인하고 변경사항에 대한 적정한 관리 행위를 이행해야 한다. 일반적으로 시공자가 수행하는 실적관리 업무로는

① 작업 진척 및 자원 투입 실적관리

② 계획 기준선 대비 변동사항 모니터링 및 대응방안 수립

③ 정기보고 및 대응 관련 발주처 협의

가 있다. 시공자는 공사수행 단계에서 작업진척사항을 수시로 체크하고 결과를 정기적으로 발주자에게 증빙자료와 함께 보고하여야 한다. 실적관리는 단순히 작업진척을 확인하는 것이 아니라 현재 작업 상황에 따른 준공일 및 중요 마일스톤 달성에 미치는 영향력, 보고 시점에서의 Critical Activity 및 지연 정도, 지연의 원인이 되는 현안사항 및 주요 변경사항 등에 대한 사항이 모두 포함된다.

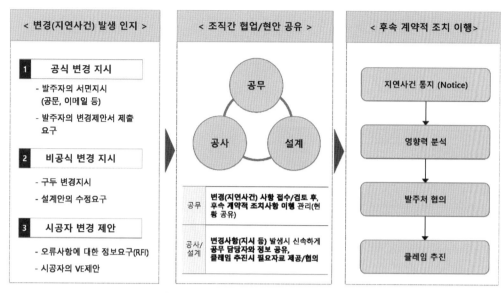

그림 8.4 지연사건의 인지 및 대응 프로세스

공사 진행 중 준공지연에 영향력을 주는 지연사건이 발생하였을 때 시공자의 주요 업무는 다음과 같이 요약할 수 있다.

① 지연사건 발생 시 발주자에 통지

② 공기지연 만회계획 검토 및 Recovery(Catch up) Programme 작성

③ 지연사건 관련 기록관리

시공자는 공사 중에 발생하는 리스크 요인을 적정하게 대응하면서 정해진 공사기간 및 계약금액 범위에서 성공적인 공사관리를 이행하는 의무를 지닌다. 하지만 당초 계약에서 요구하는 범위를 초과하여 시공자가 스스로 감당하기 어려운 공기지연 사건이 발생하였을 때, 해결을 위해 가장 먼저 조치할 수 있는 대응은 발주자에게 지연사건 발생 사실을 적시에 통보하는 것이 될 수 있다.

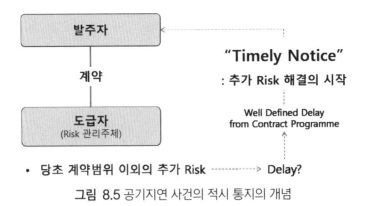

그림 8.5 공기지연 사건의 적시 통지의 개념

공기지연 사건의 통지는 발주자로 하여금 공기지연 리스크에 대하여 적시에, 적정하게 대응할 수 있는 기회를 제공하는 의미이며, 시공자는 이러한 통지를 성공적인 프로젝트 수행을 위한 리스크 관리 업무로 인식하여야 한다. 통지가 지니는 이러한 의미로 인하여 대부분의 해외계약에서 적시에 통지를 이행하지 않았을 경우 클레임 청구권한을 불인정하는 Time-Bar 조항을 포함하고 있다.

그리고 시공자는 지연사건의 책임소재를 막론하고 발생하는 공기지연에 대한 만회의 의무를 지닌다. 비록 계약조건에 시공자의 만회의무를 명시적으로 규정하지 않았다 하더라도 시공자는 계약된 공사기간을 준수하여야 하는 내재된 의무를 가지므로 준공일 준수를 위한 선의의 노력을 다하여야 한다. 따라서 예상되는 지연을 경감할 수 있는 적정한 만회계획을 수립하여 발주자와 협의하여야 한다.

지연사건과 관련된 기록과 만회조치 이행에 대한 기록을 그 시점에서 유지·관리하고 발주자에게 제공하여야 한다. 지연사건이 발생하였을 때 혹은 진행되고 있을 때의 기록을 발주자와 공유하여 발주로 하여금 지연의 원인과 상황을 정확히 인지할 수 있게 지원하여야 한다.

8.3.2 발주자 입장의 공기지연 사건 관리

발주자는 시공자의 공정보고 내용을 검토하여 공사의 현안사항 및 시공자 대응의
적정성을 확인하여야 할 뿐만 아니라 리스크를 저감하기 위한 발주자로서의 적정한
조치를 이행하여야 한다. 공사 진행 중 공기지연 사건을 체계적으로 관리하기 위해 기
본적으로 수행해야 할 발주자의 주요 업무는 다음과 같다.

① 정기 공정보고 및 시공자 통지 내용 확인, 리스크 요인 적시인지
② 주요 현안사항 협의 및 적의조치
③ 관리기준공정표의 개정 등 기준선 변경

발주자도 공사 진행 중 발생하는 변경요인을 적시에 인지하고 합리적인 대응이 필
요하다. 일반적으로 발주자는 현안 및 변경사항 대응에서 시공자보다 더 큰 의사결정
권한이 있으므로 시공자의 대응조치보다 더 효과적인 대응이 가능할 수 있다.

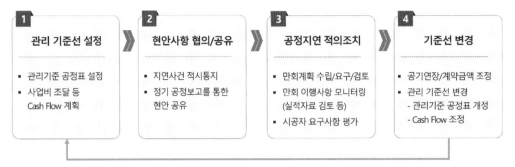

그림 8.6 발주자 입장의 공기지연 관리 프로세스

공사 진행 중 준공지연에 영향력을 주는 지연사건이 발생하였을 때 발주자의 주요 업무는 다음과 같이 요약할 수 있다. 발주자는 발생하는 지연사건에 대하여 적극적으로 대응하고 후속 조치사항에 대하여 시공자와 적극적이고 주도적으로 협의하여야 한다. 공기지연 사건 관리에 관한 발주자의 주요 업무는 다음과 같다.

① 지연사건 통지에 따른 대처
② 만회조치 이행 및 관련 실적자료 검토
③ 시공자 요구사항에 대한 객관적 평가 및 대응

시공자에게 명확한 변경요인이 통보되었을 경우, 시공자와 협의를 통하여 변경사항에 대하여 적극적으로 대처하는 것이 중요하다. 공기지연 사건으로 인한 불가피하게 업무범위 변경이나 추가작업이 발생할 경우 실질적인 지연영향력을 분석하여 제출할 것을 요구하고 상호 협의하여야 한다.

만회조치가 이행되는 과정에서도 이행 실적 자료를 요청하여 적정성을 검토하여야 하며, 발생한 지연사건 외 다른 요인으로 인해 발생하는 자원 투입을 구분할 수 있도록 조치하여야 한다. 인력, 자재, 장비, 경비 등 변경과 관련된 비용요소들을 세부적으로 나눠서 작성하도록 요구하고 세부적인 항목에 대한 협의를 진행하여야 한다.

건설공사 수행 과정에서는 발주자와 시공자 그리고 공사 참여자들은 예기치 못한 사유들로 인해 적지 않은 지연사건들을 필연적으로 경험한다. 국내외 주요 건설현장에서 시공자뿐만 아니라 많은 발주자 실무자들은 공기지연으로 인한 클레임 및 분쟁 업무를 수행하고 있다.

공기지연과 관련된 클레임을 수행함에 있어 앞서 제4장에서부터 제6장까지 소개한 합리적인 공기지연의 영향력 입증방법과 객관적인 평가방법들을 활용하여 계약당사자 간에 사안 발생 시 적극적으로 협의하는 업무처리가 무엇보다 중요하다.

건설 클레임의 성공적인 추진을 위해서는 준공일 지연이 확실해진 시점에서 클레임을 적극적으로 추진하는 업무가 중요하지만 이번 장에서 명시한 내용과 같이 발주자와 시공자 양측에서 공사 초기부터 공기지연에 대한 업무처리 기준을 계약조건에 명확히 하고 그 계약조건에 따라 지연사건 통보 및 지연사건 관리업무를 포함하여 후속 클레임 협의업무를 충실히 이행하는 것이 가장 이상적인 공기지연 클레임에 대한 관리 방법임에 틀림이 없다.

현재 국내 건설산업에서는 발주처와 시공자 간에 최종 해결까지 장기간이 소요되는 공기연장 및 간접비 보상에 대한 공기지연 클레임이 빈번하게 제기되고 있으며, 적시에 공기지연에 대한 합의가 되지 않는 사례가 상당하다. 발주자와 시공자 간에 합의가 되지 않을 경우 최종 해결까지 오랜 시간과 추가비용이 요구되는 소송과 중재와 같은 분쟁해결 절차를 통해 공기지연에 대한 책임기간과 손실금액이 최종적으로 결정된다. 이러한 분쟁 단계에서는 일반적으로 전문 감정인들의 의견을 수렴하고 있다. 이 책에서 소개하고 있는 국내외 공기지연 영향력 입증 방법 및 평가 방법과 실제 클레임 사례들의 시사점들이 감정인들의 업무에 참고가 될 수 있을 것이다.

국내 건설산업은 해외 건설 선진국들의 건설공사 공기지연 관리기준들과 해외법원 및 주요 건설관련기관에서 활용하고 있는 공기지연 클레임에 대한 평가기준의 추가적인 검토 등을 통해 국내 건설공사에 적용 가능한 관리기준과 관련제도를 정비해나가야 한다.

건설산업 차원에서 이러한 건설공사 공기지연에 대한 체계적인 관리기준이 마련되어 국내 건설 프로젝트 공사관리에 적용된다면 현재 대다수의 대형 건설공사에서 발생하는 공기지연 클레임에 대한 합리적 합의 및 해결에 상당한 기여를 할 수 있을 것이다. 또한 건설현장 차원에서 공기지연클레임에 대한 적시해결이 확대에 도움이 될 수 있으며, 현장의 클레임이 무분별하게 건설분쟁으로 확대됨으로 인해 발생하는 사회적 손실을 줄일 수 있을 것으로 기대한다.

부 록

별첨 01

용어 색인

주요 발주처 공정시방서

※ 미 국방부(Department of Defense) Unified Facilities Guide Specification

미 국방부에서는 발주된 프로젝트 관리를 위하여 Unified Facilities Guide Specification 을 적용하고 있다. 그중 공정관리 및 공기지연 입증과 관련된 사항은 Division 01- General Requirements, Section 01 32 01.00 10 Project Schedule에 규정되어 있다. 미 국방 부, 공병단(The US Army Corp of Engineers)에서 발주하는 대부분의 건설공사에 적용되 는 시방으로 그 내용은 다음과 같다.

No.	항목		내용
1	General		일반사항, 제출물, 공정관리자의 요건
2	Products		공정관리 소프트웨어
3	Execution		공정관리 운영 측면의 내용 규정
	1)	General Requirements	공정표의 일반적 요건
	2)	Basis for Payment and Cost Loading	기성 평가의 기준으로 활용하기 위한 요건
	3)	Project Schedule Detailed Requirements	공정표의 상세수준, 작업일, 설계/조달 등에 대한 세부요건
	4)	Project Schedule Submissions	제출 공정표의 종류와 구성
	5)	Submission Requirements	공정관련 제출물의 종류와 요건
	6)	Periodic Schedule Update	공정표 정기 업데이트 및 공정회의 규정
	7)	Weekly Progress Meeting	주간 공정회의 목적 및 논의사항
	8)	Requests for Time Extension	공기연장 입증과 추진 절차
	9)	Failure to Achieve Progress	공정지연시 만회 및 대응방안
	10)	Ownership of Float	여유시간의 소유권 규정
	11)	Transfer of Schedule Data into RMS/QCS	RMS와 QCS에 공정데이터의 연계
	12)	Primavera P6 Mandatory Requirements	Primavera 공정표의 필수 요건

```
**************************************************************************
USACE / NAVFAC / AFCEC / NASA        UFGS-01 32 01.00 10 (February 2015)
                                     ------------------------------------
Preparing Activity:  USACE           Superseding
                                     UFGS-01 32 01.00 10 (August 2008)

                UNIFIED FACILITIES GUIDE SPECIFICATIONS

        References are in agreement with UMRL dated April 2020
**************************************************************************
```

-- End of Section Table of Contents --

```
*********************************************************************
USACE / NAVFAC / AFCEC / NASA          UFGS-01 32 01.00 10 (February 2015)
                                       ------------------------------------
Preparing Activity:  USACE             Superseding
                                       UFGS-01 32 01.00 10 (August 2008)

               UNIFIED FACILITIES GUIDE SPECIFICATIONS

          References are in agreement with UMRL dated April 2020
*********************************************************************

                    SECTION 01 32 01.00 10

                       PROJECT SCHEDULE
                          02/15

*********************************************************************
          NOTE:  This guide specification covers the
          requirements for the preparation and maintenance of
          the project schedule for construction projects or
          design-build construction projects.

          Adhere to UFC 1-300-02 Unified Facilities Guide
          Specifications (UFGS) Format Standard when editing
          this guide specification or preparing new project
          specification sections.  Edit this guide
          specification for project specific requirements by
          adding, deleting, or revising text.  For bracketed
          items, choose applicable item(s) or insert
          appropriate information.

          Remove information and requirements not required in
          respective project, whether or not brackets are
          present.

          Comments, suggestions and recommended changes for
          this guide specification are welcome and should be
          submitted as a Criteria Change Request (CCR).

          TO DOWNLOAD UFGS GRAPHICS for attachment to this
          section
          Go to
          http://www.wbdg.org/ffc/dod/unified-facilities-guide-specifications
*********************************************************************

PART 1   GENERAL

*********************************************************************
          NOTE:  Coordinate selection of the optional
          requirements in this guide specification with
          Construction Division to ensure that the schedule
          requirements are appropriate for the complexity of
          the constructability portion of the BCOE review.
          See ER 415-1-11.  Do not remove paragraphs from this
          specification except as noted.

          If it is desired to monitor a Contractor's schedule


                    SECTION 01 32 01.00 10   Page 4
```

```
                by use of an in-house program, this will require use
                of the Standard Data Exchange Format (SDEF).  Use of
                proprietary systems will not be specified.  See ER
                1-1-11, Appendix A.
    ***********************************************************************
```

1.1   REFERENCES

```
    ***********************************************************************
                NOTE:  This paragraph is used to list the
                publications cited in the text of the guide
                specification.  The publications are referred to in
                the text by basic designation only and listed in
                this paragraph by organization, designation, date,
                and title.

                Use the Reference Wizard's Check Reference feature
                when you add a Reference Identifier (RID) outside of
                the Section's Reference Article to automatically
                place the reference in the Reference Article.  Also
                use the Reference Wizard's Check Reference feature
                to update the issue dates.

                References not used in the text will automatically
                be deleted from this section of the project
                specification when you choose to reconcile
                references in the publish print process.
    ***********************************************************************
```

The publications listed below form a part of this specification to the
extent referenced. The publications are referred to within the text by
the basic designation only.

          AACE INTERNATIONAL (AACE)

AACE 29R-03   (2011) Forensic Schedule Analysis

AACE 52R-06   (2006) Time Impact Analysis - As Applied
                                   in Construction

          U.S. ARMY CORPS OF ENGINEERS (USACE)

ER 1-1-11   (1995) Administration -- Progress,
                                   Schedules, and Network Analysis Systems

1.2   SUBMITTALS

```
    ***********************************************************************
                NOTE:  Review submittal description (SD) definitions
                in Section 01 33 00 SUBMITTAL PROCEDURES and edit
                the following list to reflect only the submittals
                required for the project.

                The Guide Specification technical editors have
                designated those items that require Government
                approval, due to their complexity or criticality,
                with a "G."  Generally, other submittal items can be
                reviewed by the Contractor's Quality Control
                System.  Only add a "G" to an item, if the submittal
```

                    SECTION 01 32 01.00 10   Page 5

is sufficiently important or complex in context of the project.

For submittals requiring Government approval on Army projects, a code of up to three characters within the submittal tags may be used following the "G" designation to indicate the approving authority. Codes for Army projects using the Resident Management System (RMS) are: "AE" for Architect-Engineer; "DO" for District Office (Engineering Division or other organization in the District Office); "AO" for Area Office; "RO" for Resident Office; and "PO" for Project Office. Codes following the "G" typically are not used for Navy, Air Force, and NASA projects.

The "S" following a submittal item indicates that the submittal is required for the Sustainability eNotebook to fulfill federally mandated sustainable requirements in accordance with Section 01 33 29 SUSTAINABILITY REPORTING. Locate the "S" submittal under the SD number that best describes the submittal item.

Choose the first bracketed item for Navy, Air Force and NASA projects, or choose the second bracketed item for Army projects.
****

Government approval is required for submittals with a "G" designation; submittals not having a "G" designation are for [Contractor Quality Control approval.] [information only. When used, a designation following the "G" designation identifies the office that will review the submittal for the Government.] Submittals with an "S" are for inclusion in the Sustainability eNotebook, in conformance to Section 01 33 29 SUSTAINABILITY REPORTING. Submit the following in accordance with Section 01 33 00 SUBMITTAL PROCEDURES:

    SD-01 Preconstruction Submittals

        Project Scheduler Qualifications; G[, [_____]]

        Preliminary Project Schedule; G[, [_____]]

        Initial Project Schedule; G[, [_____]]

        Periodic Schedule Update; G[, [_____]]

1.3   PROJECT SCHEDULER QUALIFICATIONS

Designate an authorized representative to be responsible for the preparation of the schedule and all required updating and production of reports. The authorized representative must have a minimum of 2-years experience scheduling construction projects similar in size and nature to this project with scheduling software that meets the requirements of this specification. Representative must have a comprehensive knowledge of CPM scheduling principles and application.

PART 2   PRODUCTS

2.1   SOFTWARE

  The scheduling software utilized to produce and update the schedules
  required herein must be capable of meeting all requirements of this
  specification.

2.1.1   Government Default Software

  The Government intends to use Primavera P6.

2.1.2   Contractor Software

  Scheduling software used by the contractor must be commercially available
  from the software vendor for purchase with vendor software support
  agreements available. The software routine used to create the required
  sdef file must be created and supported by the software manufacturer.

2.1.2.1   Primavera

  If Primavera P6 is selected for use, provide the "xer" export file in a
  version of P6 importable by the Government system.

2.1.2.2   Other Than Primavera

  If the contractor chooses software other than Primavera P6, that is
  compliant with this specification, provide for the Government's use two
  licenses, two computers, and training for two Government employees in the
  use of the software. These computers will be stand-alone and not
  connected to Government network. Computers and licenses will be returned
  at project completion.

PART 3   EXECUTION

3.1   GENERAL REQUIREMENTS

  ****
          **NOTE: If tailoring options are not deselected,
          selection of design-bid-build or design-build text
          required.**
  ****

  Prepare for approval a Project Schedule, as specified herein, pursuant to
  FAR Clause 52.236-15 Schedules for Construction Contracts. Show in the
  schedule the proposed sequence to perform the work and dates contemplated
  for starting and completing all schedule activities. The scheduling of
  the entire project is required. The scheduling of design and construction
  is the responsibility of the Contractor. Contractor management personnel
  must actively participate in its development. Designers, Subcontractors
  and suppliers working on the project must also contribute in developing
  and maintaining an accurate Project Schedule. Provide a schedule that is
  a forward planning as well as a project monitoring tool. Use the Critical
  Path Method (CPM) of network calculation to generate all Project
  Schedules. Prepare each Project Schedule using the Precedence Diagram
  Method (PDM).

3.2 BASIS FOR PAYMENT AND COST LOADING

The schedule is the basis for determining contract earnings during each
update period and therefore the amount of each progress payment. The
aggregate value of all activities coded to a contract CLIN must equal the
value of the CLIN.

3.2.1 Activity Cost Loading

Activity cost loading must be reasonable and without front-end loading.
Provide additional documentation to demonstrate reasonableness if
requested by the Contracting Officer.

3.2.2 Withholdings / Payment Rejection

Failure to meet the requirements of this specification may result in the
disapproval of the preliminary, initial or periodic schedule updates and
subsequent rejection of payment requests until compliance is met.

In the event that the Contracting Officer directs schedule revisions and
those revisions have not been included in subsequent Project Schedule
revisions or updates, the Contracting Officer may withhold 10 percent of
pay request amount from each payment period until such revisions to the
project schedule have been made.

3.3 PROJECT SCHEDULE DETAILED REQUIREMENTS

3.3.1 Level of Detail Required

Develop the Project Schedule to the appropriate level of detail to address
major milestones and to allow for satisfactory project planning and
execution. Failure to develop the Project Schedule to an appropriate
level of detail will result in its disapproval. The Contracting Officer
will consider, but is not limited to, the following characteristics and
requirements to determine appropriate level of detail:

3.3.2 Activity Durations

Reasonable activity durations are those that allow the progress
of ongoing activities to be accurately determined between update periods.
Less than 2 percent of all non-procurement activities may have Original
Durations (OD) greater than 20 work days or 30 calendar days.

3.3.3 Design and Permit Activities

****
          NOTE: Include this paragraph in Design-Build
          projects..
****

Include design and permit activities with the necessary conferences and
follow-up actions and design package submission dates. Include the design
schedule in the project schedule, showing the sequence of events involved
in carrying out the project design tasks within the specific contract
period. Provide at a detailed level of scheduling sufficient to identify
all major design tasks, including those that control the flow of work.
Also include review and correction periods associated with each item.

3.3.4   Procurement Activities

Include activities associated with the critical submittals and their approvals, procurement, fabrication, and delivery of long lead materials, equipment, fabricated assemblies, and supplies. Long lead procurement activities are those with an anticipated procurement sequence of over 90 calendar days.

3.3.5   Mandatory Tasks

Include the following activities/tasks in the initial project schedule and all updates.

a. Submission, review and acceptance of SD-01 Preconstruction Submittals (individual activity for each).

b. Submission, review and acceptance of features require design completion Submission, review and acceptance of design packages.

c. Submission of mechanical/electrical/information systems layout drawings.

d. Long procurement activities

e. Submission and approval of O & M manuals.

f. Submission and approval of as-built drawings.

g. Submission and approval of DD1354 data and installed equipment lists.

h. Submission and approval of testing and air balance (TAB).

i. Submission of TAB specialist design review report.

j. Submission and approval of fire protection specialist.

k. Submission and approval of Building Commissioning Plan, test data, and reports: Develop the schedule logic associated with testing and commissioning of mechanical systems to a level of detail consistent with the contract commissioning requirements. All tasks associated with all building testing and commissioning will be completed prior to submission of building commissioning report and subsequent contract completion.

l. Air and water balancing.

m. Building commissioning - Functional Performance Testing.

n. Controls testing plan submission.

o. Controls testing.

p. Performance Verification testing.

q. Other systems testing, if required.

r. Contractor's pre-final inspection.

s. Correction of punch list from Contractor's pre-final inspection.

t. Government's pre-final inspection.

u. Correction of punch list from Government's pre-final inspection.

v. Final inspection.

3.3.6   Government Activities

****
              NOTE: Selection of construction or design-build
              construction text required.
****

Show Government and other agency activities that could impact progress.
These activities include, but are not limited to: approvals,acceptance,
design reviews, environmental permit approvals by State regulators,
inspections, utility tie-in, Government Furnished Equipment (GFE) and
Notice to Proceed (NTP) for phasing requirements.

3.3.7   Standard Activity Coding Dictionary

Use the activity coding structure defined in the Standard Data Exchange
Format (SDEF) in ER 1-1-11. This exact structure is mandatory. Develop
and assign all Activity Codes to activities as detailed herein. A
template SDEF compatible schedule backup file is available on the QCS web
site: http://rms.usace.army.mil.

The SDEF format is as follows:

Field	Activity Code	Length	Description
1	WRKP	3	Workers per day
2	RESP	4	Responsible party
3	AREA	4	Area of work
4	MODF	6	Modification Number
5	BIDI	6	Bid Item (CLIN)
6	PHAS	2	Phase of work
7	CATW	1	Category of work
8	FOW	20	Feature of work*

Field	Activity Code	Length	Description
*Some systems require that FEATURE OF WORK values be placed in several activity code fields. The notation shown is for Primavera P6. Refer to the specific software guidelines with respect to the FEATURE OF WORK field requirements.			

3.3.7.1   Workers Per Day (WRKP)

Assign Workers per Day for all field construction or direct work activities, if directed by the Contracting Officer. Workers per day is based on the average number of workers expected each day to perform a task for the duration of that activity.

3.3.7.2   Responsible Party Coding (RESP)

Assign responsibility code for all activities to the Prime Contractor, Subcontractor(s) or Government agency(ies) responsible for performing the activity.

a.   Activities coded with a Government Responsibility code include, but are not limited to: Government approvals, Government design reviews, environmental permit approvals by State regulators, Government Furnished Property/Equipment (GFP) and Notice to Proceed (NTP) for phasing requirements.

b.   Activities cannot have more than one Responsibility Code. Examples of acceptable activity code values are: DOR (for the designer of record); ELEC (for the electrical subcontractor); MECH (for the mechanical subcontractor); and GOVT (for USACE).

3.3.7.3   Area of Work Coding (AREA)

Assign Work Area code to activities based upon the work area in which the activity occurs. Define work areas based on resource constraints or space constraints that would preclude a resource, such as a particular trade or craft work crew from working in more than one work area at a time due to restraints on resources or space. Examples of Work Area Coding include different areas within a floor of a building, different floors within a building, and different buildings within a complex of buildings. Activities cannot have more than one Work Area Code.

Not all activities are required to be Work Area coded. A lack of Work Area coding indicates the activity is not resource or space constrained.

3.3.7.4   Modification Number (MODF)

Assign a Modification Number Code to any activity or sequence of activities added to the schedule as a result of a Contract Modification, when approved by Contracting Officer. Key all Code values to the Government's modification numbering system. An activity can have only one Modification Number Code.

3.3.7.5 Bid Item Coding (BIDI)

Assign a Bid Item Code to all activities using the Contract Line Item

SECTION 01 32 01.00 10   Page 11

Schedule (CLIN) to which the activity belongs, even when an activity is not cost loaded. An activity can have only one BIDI Code.

3.3.7.6   Phase of Work Coding (PHAS)

```
************************************************************************
          NOTE: Select tailored design-build construction text
          for Design-Build projects.
************************************************************************
```

Assign Phase of Work Code to all activities. Examples of phase of work are design phase, procurement phase and construction phase. Each activity can have only one Phase of Work code.

a. Code proposed fast track design and construction phases proposed to allow filtering and organizing the schedule by fast track design and construction packages.

b. If the contract specifies phasing with separately defined performance periods, identify a Phase Code to allow filtering and organizing the schedule accordingly.

3.3.7.7   Category of Work Coding (CATW)

```
************************************************************************
          NOTE: Include tailored design-build construction
          text in Design-Build projects.
************************************************************************
```

Assign a Category of Work Code to all activities. Category of Work Codes include, but are not limited to design, design submittal, design reviews, review conferences, permits, construction submittal, procurement, fabrication, weather sensitive installation, non-weather sensitive installation, start-up, and testing activities. Each activity can have no more than one Category of Work Code.

3.3.7.8   Feature of Work Coding (FOW)

Assign a Feature of Work Code to appropriate activities based on the Definable Feature of Work to which the activity belongs based on the approved QC plan.

Definable Feature of Work is defined in Section 01 45 00.00 10 QUALITY CONTROL. An activity can have only one Feature of Work Code.

3.3.8   Contract Milestones and Constraints

Milestone activities are to be used for significant project events including, but not limited to, project phasing, project start and end activities, or interim completion dates. The use of artificial float constraints such as "zero free float" or "zero total float" are prohibited.

Mandatory constraints that ignore or effect network logic are prohibited. No constrained dates are allowed in the schedule other than those specified herein. Submit additional constraints to the Contracting Officer for approval on a case by case basis.

3.3.8.1 Project Start Date Milestone and Constraint

  The first activity in the project schedule must be a start milestone
  titled "NTP Acknowledged," which must have a "Start On" constraint date
  equal to the date that the NTP is acknowledged.

3.3.8.2 End Project Finish Milestone and Constraint

  The last activity in the schedule must be a finish milestone titled "End
  Project."

  Constrain the project schedule to the Contract Completion Date in such a
  way that if the schedule calculates an early finish, then the float
  calculation for "End Project" milestone reflects positive float on the
  longest path. If the project schedule calculates a late finish, then the
  "End Project" milestone float calculation reflects negative float on the
  longest path. The Government is under no obligation to accelerate
  Government activities to support a Contractor's early completion.

3.3.8.3 Interim Completion Dates and Constraints

  Constrain contractually specified interim completion dates to show
  negative float when the calculated late finish date of the last activity
  in that phase is later than the specified interim completion date.

3.3.8.3.1 Start Phase

  Use a start milestone as the first activity for a project phase. Call the
  start milestone "Start Phase X" where "X" refers to the phase of work.

3.3.8.3.2 End Phase

  Use a finish milestone as the last activity for a project phase. Call the
  finish milestone "End Phase X" where "X" refers to the phase of work.

3.3.9 Calendars

  Schedule activities on a Calendar to which the activity logically
  belongs. Develop calendars to accommodate any contract defined work
  period such as a 7-day calendar for Government Acceptance activities,
  concrete cure times, etc. Develop the default Calendar to match the
  physical work plan with non-work periods identified including weekends and
  holidays. Develop sSeasonal Calendar(s) and assign to seasonally affected
  activities as applicable.

  ****
                  NOTE: Refer to ER 415-1-15 CONSTRUCTION TIME
                  EXTENSIONS FOR WEATHER for suggested working of the
                  contract clause that must accompany this paragraph
                  and for guidance on its application.   Coordinate
                  with the responsible party for the Special Contract
                  Clauses or Special Contract Requirements to confirm
                  that TIME EXTENSIONS FOR UNUSUALLY SEVERE WEATHER is
                  included in the solicitation.
  ****

  If an activity is weather sensitive it should be assigned to a calendar
  showing non-work days on a monthly basis, with the non-work days selected
  at random across the weeks of the calendar, using the anticipated adverse

weather delay work days provided in the Special Contract [Clauses] [Requirementns]. Assign non-work days over a seven-day week as weather records are compiled on seven-day weeks, which may cause some of the weather related non-work days to fall on weekends.

3.3.10   Open Ended Logic

Only two open ended activities are allowed: the first activity "NTP Acknowledged" may have no predecessor logic, and the last activity -"End Project" may have no successor logic.

Predecessor open ended logic may be allowed in a time impact analyses upon the Contracting Officer's approval.

3.3.11   Default Progress Data Disallowed

Actual Start and Finish dates must not automatically update with default mechanisms included in the scheduling software. Updating of the percent complete and the remaining duration of any activity must be independent functions. Disable program features that calculate one of these parameters from the other. Activity Actual Start (AS) and Actual Finish (AF) dates assigned during the updating process must match those dates provided in the Contractor Quality Control Reports. Failure to document the AS and AF dates in the Daily Quality Control report will result in disapproval of the Contractor's schedule.

3.3.12   Out-of-Sequence Progress

Activities that have progressed before all preceding logic has been satisfied (Out-of-Sequence Progress) will be allowed only on a case-by-case basis subject to approval by the Contracting Officer. Propose logic corrections to eliminate out of sequence progress or justify not changing the sequencing for approval prior to submitting an updated project schedule. Address out of sequence progress or logic changes in the Narrative Report and in the periodic schedule update meetings.

3.3.13   Added and Deleted Activities

Do not delete activities from the project schedule or add new activities to the schedule without approval from the Contracting Officer. Activity ID and description changes are considered new activities and cannot be changed without Contracting Officer approval.

3.3.14   Original Durations

Activity Original Durations (OD) must be reasonable to perform the work item. OD changes are prohibited unless justification is provided and approved by the Contracting Officer.

3.3.15   Leads, Lags, and Start to Finish Relationships

Lags must be reasonable as determined by the Government and not used in place of realistic original durations, must not be in place to artificially absorb float, or to replace proper schedule logic.

a.   Leads (negative lags) are prohibited.

b.   Start to Finish (SF) relationships are prohibited.

SECTION 01 32 01.00 10 Page 14

3.3.16   Retained Logic

  Schedule calculations must retain the logic between predecessors and
  successors ("retained logic" mode) even when the successor activity(s)
  starts and the predecessor activity(s) has not finished (out-of-sequence
  progress). Software features that in effect sever the tie between
  predecessor and successor activities when the successor has started and
  the predecessor logic is not satisfied ("progress override") are not be
  allowed.

3.3.17   Percent Complete

  Update the percent complete for each activity started, based on the
  realistic assessment of earned value. Activities which are complete but
  for remaining minor punch list work and which do not restrain the
  initiation of successor activities may be declared 100 percent complete to
  allow for proper schedule management.

3.3.18   Remaining Duration

  Update the remaining duration for each activity based on the number of
  estimated work days it will take to complete the activity. Remaining
  duration may not mathematically correlate with percentage found under
  paragraph entitled Percent Complete.

3.3.19   Cost Loading of Closeout Activities

  Cost load the "Correction of punch list from Government pre-final
  inspection" activity(ies) not less than 1 percent of the present contract
  value. Activity(ies) may be declared 100 percent complete upon the
  Government's verification of completion and correction of all punch list
  work identified during Government pre-final inspection(s).

3.3.19.1   As-Built Drawings

  If there is no separate contract line item (CLIN) for as-built drawings,
  cost load the "Submission and approval of as-built drawings" activity not
  less than $35,000 or 1 percent of the present contract value, which ever
  is greater, up to $200,000. Activity will be declared 100 percent
  complete upon the Government's approval.

3.3.19.2   O & M Manuals

  Cost load the "Submission and approval of O & M manuals" activity not less
  than $20,000. Activity will be declared 100 percent complete upon the
  Government's approval of all O & M manuals.

3.3.20   Early Completion Schedule and the Right to Finish Early

  An Early Completion Schedule is an Initial Project Schedule (IPS) that
  indicates all scope of the required contract work will be completed before
  the contractually required completion date.

  a. No IPS indicating an Early Completion will be accepted without being
      fully resource-loaded (including crew sizes and manhours) and the
      Government agreeing that the schedule is reasonable and achievable.

  b. The Government is under no obligation to accelerate work items it is
      responsible for to ensure that the early completion is met nor is it

SECTION 01 32 01.00 10   Page 15

responsible to modify incremental funding (if applicable) for the project to meet the contractor's accelerated work.

3.4   PROJECT SCHEDULE SUBMISSIONS

Provide the submissions as described below. The data CD/DVD, reports, and network diagrams required for each submission are contained in paragraph SUBMISSION REQUIREMENTS. If the Contractor fails or refuses to furnish the information and schedule updates as set forth herein, then the Contractor will be deemed not to have provided an estimate upon which a progress payment can be made.

Review comments made by the Government on the schedule(s) do not relieve the Contractor from compliance with requirements of the Contract Documents.

3.4.1   Preliminary Project Schedule Submission

Within 15 calendar days after the NTP is acknowledged submit the Preliminary Project Schedule defining the planned operations detailed for the first 90 calendar days for approval. The approved Preliminary Project Schedule will be used for payment purposes not to exceed 90 calendar days after NTP. Completely cost load the Preliminary Project Schedule to balance the contract award CLINS shown on the Price Schedule. The Preliminary Project Schedule may be summary in nature for the remaining performance period. It must be early start and late finish constrained and logically tied as specified. The Preliminary Project Schedule forms the basis for the Initial Project Schedule specified herein and must include all of the required plan and program preparations, submissions and approvals identified in the contract (for example, Quality Control Plan, Safety Plan, and Environmental Protection Plan) as well as design activities, planned submissions of all early design packages, permitting activities, design review conference activities, and other non-construction activities intended to occur within the first 90 calendar days. Government acceptance of the associated design package(s) and all other specified Program and Plan approvals must occur prior to any planned construction activities. Activity code any activities that are summary in nature after the first 90 calendar days with Bid Item (CLIN) code (BIDI), Responsibility Code (RESP) and Feature of Work code (FOW).

3.4.2   Initial Project Schedule Submission

****
             NOTE: Include tailored design-build construction
             text in Design-Build projects.
****

Submit the Initial Project Schedule for approval within 42 calendar days after notice to proceed is issued. The schedule must demonstrate a reasonable and realistic sequence of activities which represent all work through the entire contract performance period. Include in the design-build schedule detailed design and permitting activities, including but not limited to identification of individual design packages, design submission, reviews and conferences; permit submissions and any required Government actions; and long lead item acquisition prior to design completion. Also cover in the initial design-build schedule the entire construction effort with as much detail as is known at the time but, as a minimum, include all construction start and completion milestones, and detailed construction activities through the dry-in milestone, including all activity coding and cost loading. Include the remaining construction, including cost loading, but it may be scheduled summary in nature. As the design proceeds and design packages are developed, fully detail the remaining construction activities concurrent with the monthly schedule updating process. Constrain construction activities by Government acceptance of associated designs. When the design is complete, incorporate into the then approved schedule update all remaining detailed construction activities that are planned to occur after the dry-in milestone. No payment will be made for work items not fully detailed in the Project Schedule.

3.4.2.1   Design Package Schedule Submission

****
          NOTE: This paragraph applies only to design-build
          procurements.
****

With each design package submitted to the Government, submit a fragnet schedule extracted from the then current Preliminary, Initial or Updated schedule which covers the activities associated with that Design Package including construction, procurement and permitting activities.

3.4.3   Periodic Schedule Updates

****
          NOTE: Include tailored design-build construction
          text in Design-Build procurements.
****

Update the Project Schedule on a regular basis, monthly at a minimum. Provide a draft Periodic Schedule Update for review at the schedule update meetings as prescribed in the paragraph PERIODIC SCHEDULE UPDATE MEETINGS. These updates will enable the Government to assess Contractor's progress. Update the schedule to include detailed construction activities as the design progresses, but not later than the submission of the final un-reviewed design submission for each separate design package. The Contracting Officer may require submission of detailed schedule activities for any distinct construction that is started prior to submission of a final design submission if such activity is authorized.

a. Update information including Actual Start Dates (AS), Actual Finish Dates (AF), Remaining Durations (RD), and Percent Complete is subject to the approval of the Government at the meeting.

b. AS and AF dates must match the date(s) reported on the Contractor's Quality Control Report for an activity start or finish.

3.5   SUBMISSION REQUIREMENTS

Submit the following items for the Preliminary Schedule, Initial Schedule, and every Periodic Schedule Update throughout the life of the project:

3.5.1   Data CD/DVDs

Provide two sets of data CD/DVDs containing the current project schedule and all previously submitted schedules in the format of the scheduling software (e.g. .xer). Also include on the data CD/DVDs the Narrative Report and all required Schedule Reports. Label each CD/DVD indicating the type of schedule (Preliminary, Initial, Update), full contract number,

SECTION 01 32 01.00 10   Page 17

Data Date and file name. Each schedule must have a unique file name and use project specific settings.

3.5.2   Narrative Report

Provide a Narrative Report with each schedule submission. The Narrative Report is expected to communicate to the Government the thorough analysis of the schedule output and the plans to compensate for any problems, either current or potential, which are revealed through that analysis. Include the following information as minimum in the Narrative Report:

a. Identify and discuss the work scheduled to start in the next update period.

b. A description of activities along the two most critical paths where the total float is less than or equal to 20 work days.

c. A description of current and anticipated problem areas or delaying factors and their impact and an explanation of corrective actions taken or required to be taken.

d. Identify and explain why activities based on their calculated late dates should have either started or finished during the update period but did not.

e. Identify and discuss all schedule changes by activity ID and activity name including what specifically was changed and why the change was needed. Include at a minimum new and deleted activities, logic changes, duration changes, calendar changes, lag changes, resource changes, and actual start and finish date changes.

f. Identify and discuss out-of-sequence work.

3.5.3   Schedule Reports

The format, filtering, organizing and sorting for each schedule report will be as directed by the Contracting Officer. Typically, reports contain Activity Numbers, Activity Description, Original Duration, Remaining Duration, Early Start Date, Early Finish Date, Late Start Date, Late Finish Date, Total Float, Actual Start Date, Actual Finish Date, and Percent Complete. Provide the reports electronically in .pdf format. Provide [_____] set(s) of hardcopy reports. The following lists typical reports that will be requested:

3.5.3.1   Activity Report

List of all activities sorted according to activity number.

3.5.3.2   Logic Report

List of detailed predecessor and successor activities for every activity in ascending order by activity number.

3.5.3.3   Total Float Report

A list of all incomplete activities sorted in ascending order of total float. List activities which have the same amount of total float in ascending order of Early Start Dates. Do not show completed activities on this report.

3.5.3.4   Earnings Report by CLIN

A compilation of the Total Earnings on the project from the NTP to the
data date, which reflects the earnings of activities based on the
agreements made in the schedule update meeting defined herein. Provided a
complete schedule update has been furnished, this report serves as the
basis of determining progress payments. Group activities by CLIN number
and sort by activity number. Provide a total CLIN percent earned value,
CLIN percent complete, and project percent complete. The printed report
must contain the following for each activity: the Activity Number,
Activity Description, Original Budgeted Amount, Earnings to Date, Earnings
this period, Total Quantity, Quantity to Date, and Percent Complete (based
on cost).

3.5.3.5   Schedule Log

Provide a Scheduling/Leveling Report generated from the current project
schedule being submitted.

3.5.4   Network Diagram

The Network Diagram is required for the Preliminary, Initial and Periodic
Updates. Depict and display the order and interdependence of activities
and the sequence in which the work is to be accomplished. The Contracting
Officer will use, but is not limited to, the following conditions to
review compliance with this paragraph:

3.5.4.1   Continuous Flow

Show a continuous flow from left to right with no arrows from right to
left. Show the activity number, description, duration, and estimated
earned value on the diagram.

3.5.4.2   Project Milestone Dates

Show dates on the diagram for start of project, any contract required
interim completion dates, and contract completion dates.

3.5.4.3   Critical Path

Show all activities on the critical path. The critical path is defined as
the longest path.

3.5.4.4   Banding

Organize activities using the WBS or as otherwise directed to assist in
the understanding of the activity sequence. Typically, this flow will
group activities by major elements of work, category of work, work area
and/or responsibility.

3.5.4.5   Cash Flow / Schedule Variance Control (SVC) Diagram

With each schedule submission, provide a SVC diagram showing 1) Cash Flow
S-Curves indicating planned project cost based on projected early and late
activity finish dates, and 2) Earned Value to-date.

3.6   PERIODIC SCHEDULE UPDATE

3.6.1   Periodic Schedule Update Meetings

  Conduct periodic schedule update meetings for the purpose of reviewing the
  proposed Periodic Schedule Update, Narrative Report, Schedule Reports, and
  progress payment. Conduct meetings at least monthly within five days of
  the proposed schedule data date. Provide a computer with the scheduling
  software loaded and a projector which allows all meeting participants to
  view the proposed schedule during the meeting. The Contractor's
  authorized scheduler must organize, group, sort, filter, perform schedule
  revisions as needed and review functions as requested by the Contractor
  and/or Government. The meeting is a working interactive exchange which
  allows the Government and Contractor the opportunity to review the updated
  schedule on a real time and interactive basis. The meeting will last no
  longer than 8 hours. Provide a draft of the proposed narrative report and
  schedule data file to the Government a minimum of two workdays in advance
  of the meeting. The Contractor's Project Manager and scheduler must
  attend the meeting with the authorized representative of the Contracting
  Officer. Superintendents, foremen and major subcontractors must attend
  the meeting as required to discuss the project schedule and work.
  Following the periodic schedule update meeting, make corrections to the
  draft submission. Include only those changes approved by the Government
  in the submission and invoice for payment.

3.6.2   Update Submission Following Progress Meeting

  Submit the complete Periodic Schedule Update of the Project Schedule
  containing all approved progress, revisions, and adjustments, pursuant to
  paragraph SUBMISSION REQUIREMENTS not later than 4 work days after the
  periodic schedule update meeting.

3.7   WEEKLY PROGRESS MEETINGS

  Conduct a weekly meeting with the Government (or as otherwise mutually
  agreed to) between the meetings described in paragraph entitled PERIODIC
  SCHEDULE UPDATE MEETINGS for the purpose of jointly reviewing the actual
  progress of the project as compared to the as planned progress and to
  review planned activities for the upcoming two weeks. Use the current
  approved schedule update for the purposes of this meeting and for the
  production and review of reports. At the weekly progress meeting, address
  the status of RFIs, RFPs and Submittals.

3.8   REQUESTS FOR TIME EXTENSIONS

  Provide a justification of delay to the Contracting Officer in accordance
  with the contract provisions and clauses for approval within 10 days of a
  delay occurring. Also prepare a time impact analysis for each Government
  request for proposal (RFP) to justify time extensions.

3.8.1   Justification of Delay

  Provide a description of the event(s) that caused the delay and/or impact
  to the work. As part of the description, identify all schedule activities
  impacted. Show that the event that caused the delay/impact was the
  responsibility of the Government. Provide a time impact analysis that
  demonstrates the effects of the delay or impact on the project completion
  date or interim completion date(s). Evaluate multiple impacts
  chronologically; each with its own justification of delay. With multiple

impacts consider any concurrency of delay. A time extension and the schedule fragnet becomes part of the project schedule and all future schedule updates upon approval by the Contracting Officer.

3.8.2   Time Impact Analysis (Prospective Analysis)

Prepare a time impact analysis for approval by the Contracting Officer based on industry standard AACE 52R-06. Utilize a copy of the last approved schedule prior to the first day of the impact or delay for the time impact analysis. If Contracting Officer determines the time frame between the last approved schedule and the first day of impact is too great, prepare an interim updated schedule to perform the time impact analysis. Unless approved by the Contracting Officer, no other changes may be incorporated into the schedule being used to justify the time impact.

3.8.3   Forensic Schedule Analysis (Retrospective Analysis)

Prepare an analysis for approval by the Contracting Officer based on industry standard AACE 29R-03.

3.8.4   Fragmentary Network (Fragnet)

Prepare a proposed fragnet for time impact analysis consisting of a sequence of new activities that are proposed to be added to the project schedule to demonstrate the influence of the delay or impact to the project's contractual dates. Clearly show how the proposed fragnet is to be tied into the project schedule including all predecessors and successors to the fragnet activities. The proposed fragnet must be approved by the Contracting Officer prior to incorporation into the project schedule.

3.8.5   Time Extension

The Contracting Officer must approve the Justification of Delay including the time impact analysis before a time extension will be granted. No time extension will be granted unless the delay consumes all available Project Float and extends the projected finish date ("End Project" milestone) beyond the Contract Completion Date. The time extension will be in calendar days.

Actual delays that are found to be caused by the Contractor's own actions, which result in a calculated schedule delay will not be a cause for an extension to the performance period, completion date, or any interim milestone date.

3.8.6   Impact to Early Completion Schedule

No extended overhead will be paid for delay prior to the original Contract Completion Date for an Early Completion IPS unless the Contractor actually performed work in accordance with that Early Completion Schedule. The Contractor must show that an early completion was achievable had it not been for the impact.

3.9   FAILURE TO ACHIEVE PROGRESS

Should the progress fall behind the approved project schedule for reasons other than those that are excusable within the terms of the contract, the Contracting Officer may require provision of a written recovery plan for

approval. The plan must detail how progress will be made-up to include
which activities will be accelerated by adding additional crews, longer
work hours, extra work days, etc.

3.9.1   Artificially Improving Progress

Artificially improving progress by means such as, but not limited to,
revising the schedule logic, modifying or adding constraints, shortening
activity durations, or changing calendars in the project schedule is
prohibited. Indicate assumptions made and the basis for any logic,
constraint, duration and calendar changes used in the creation of the
recovery plan. Any additional resources, manpower, or daily and weekly
work hour changes proposed in the recovery plan must be evident at the
work site and documented in the daily report along with the Schedule
Narrative Report.

3.9.2   Failure to Perform

Failure to perform work and maintain progress in accordance with the
supplemental recovery plan may result in an interim and final
unsatisfactory performance rating and may result in corrective action
directed by the Contracting Officer pursuant to FAR 52.236-15 Schedules
for Construction Contracts, FAR 52.249-10 Default (Fixed-Price
Construction), and other contract provisions.

3.9.3   Recovery Schedule

Should the Contracting Officer find it necessary, submit a recovery
schedule pursuant to FAR 52.236-15 Schedules for Construction Contracts.

3.10   OWNERSHIP OF FLOAT

Except for the provision given in the paragraph IMPACT TO EARLY COMPLETION
SCHEDULE, float available in the schedule, at any time, may not be
considered for the exclusive use of either the Government or the
Contractor including activity and/or project float. Activity float is the
number of work days that an activity can be delayed without causing a
delay to the "End Project" finish milestone. Project float (if
applicable) is the number of work days between the projected early finish
and the contract completion date milestone.

3.11   TRANSFER OF SCHEDULE DATA INTO RMS/QCS

Import the schedule data into the Quality Control System (QCS) and export
the QCS data to the Government. This data is considered to be additional
supporting data in a form and detail required by the Contracting Officer
pursuant to FAR 52.232-5 Payments under Fixed-Price Construction
Contracts. The receipt of a proper payment request pursuant to FAR
52.232-27 Prompt Payment for Construction Contracts is contingent upon the
Government receiving both acceptable and approvable hard copies and
matching electronic export from QCS of the application for progress
payment.

3.12   PRIMAVERA P6 MANDATORY REQUIREMENTS

If Primavera P6 is being used, request a backup file template (.xer) from
the Government, if one is available, prior to building the schedule. The
following settings are mandatory and required in all schedule submissions
to the Government:

SECTION 01 32 01.00 10 Page 22

a. Activity Codes must be Project Level, not Global or EPS level.

b. Calendars must be Project Level, not Global or Resource level.

c. Activity Duration Types must be set to "Fixed Duration & Units".

d. Percent Complete Types must be set to "Physical".

e. Time Period Admin Preferences must remain the default "8.0 hr/day, 40 hr/week, 172 hr/month, 2000 hr/year". Set Calendar Work Hours/Day to 8.0 Hour days.

f. Set Schedule Option for defining Critical Activities to "Longest Path".

g. Set Schedule Option for defining progressed activities to "Retained Logic".

h. Set up cost loading using a single lump sum labor resource. The Price/Unit must be $1/hr, Default Units/Time must be "8h/d", and settings "Auto Compute Actuals" and "Calculate costs from units" selected.

i. Activity ID's must not exceed 10 characters.

j. Activity Names must have the most defining and detailed description within the first 30 characters.

   -- End of Section --

※ 싱가포르 LTA(Land Transport Authority)

싱가포르 LTA는 교통관련 시설을 발주하는 대표적 발주기관이다. LTA는 발주하는 대부분의 건설공사에서 계약조건 외 공정관리 시방을 첨부하여 입찰을 진행하고 있으며, 공정관리 시방서에는 구체적인 공정관리 요구조건을 제시하고 있다.

공정표의 성격별 요건 및 작성방법을 비롯하여 타 시공자 작업의 인터페이스 부분을 감안한 공정계획의 수립뿐만 아니라, 프로젝트 특성에 따른 주요 공종에 대한 상세계획 수립에 대한 요건 또한 규정하고 있다. 그리고 공정표의 운영과 정기보고에 대한 세부사항도 명시하고 있다.

LTA에서 사용하는 공정관리 시방서는 General Specification Appendix E. Programme Requirements에 제시되어 있으며, 세부내용은 다음과 같다.

No.	항목	내용
1	General	공정시방의 일반사항
2	Programmes	공정표 작성방법 및 요건
3	Programming Plan	Programming Plan 구성내용 및 작성 방법
4	Detailed Programme	상세 공정표의 내용과 작성 방법
5	Co-ordinated Installation Programme	Contractor간 간섭사항 관리를 위한 세부 공정계획 수립 방법 및 요건
6	Track Related Installation Programme	궤도 설치관련 공정계획 수립 방법 및 요건
7	Co-ordinated Testing and Commissioning Porgramme	시운전 단계에서의 간섭사항 관리를 위한 공정계획 수립 요건
8	Monthly Progress Report	월간 공정보고 내용 및 요건
9	Planning and Programming Staff	공정관리 조직 운영 요건

APPENDIX E

PROGRAMME REQUIREMENTS

GS-E-i

GENERAL SPECIFICATION

APPENDIX E

PROGRAMME REQUIREMENTS

CONTENTS

CONTRACT T308

GS-E-ii

GENERAL SPECIFICATION

APPENDIX E

PROGRAMME REQUIREMENTS

CONTENTS

CONTRACT T308

APPENDIX E

PROGRAMME REQUIREMENTS

1.   General

These requirements are applicable to all programmes and their subsequent revisions, as well as all other programme-related submissions by the Contractor.

2.   Programmes

All programmes mentioned under this clause shall be developed by computerised Critical Path Method (CPM) using at least version 6.0 of Primavera P6 Professional Project Management from Oracle. The programme software setting requirements are stipulated in **Appendix E1**.

The level of programme development, information and detail shall be sufficient to permit the Engineer to have a good appreciation of the Contractor's plan to meet specified key dates through a logical work sequence that has taken account of all constraints. All activities shall be scheduled in a manner as to show a logical sequence of work with all activities logically linked. The Contractor shall schedule the Works such that the early dates of activities shall be the most likely start or finish dates against which the progress of works shall be monitored.

2.1.   Baseline Programme

The baseline programme shall demonstrate the sequence and duration of activities that the Contractor planned to adopt to achieve the key dates, milestones and obligations under the Contract.

The Contractor shall ensure timely co-ordination with the other contractors to review, revise and finalise the baseline programme so as not to affect the progress of the Works and/or the works of the other contractors. It is the Contractor's responsibility to raise in good time any disagreement on interface dates that he cannot resolve to the Engineer for his decision. Such decision of the Engineer shall be final and binding on the parties.

The baseline programme when accepted by the Engineer, shall form the basis against which progress of the Works is measured and assessed.

2.2.   Progress Update Programme

The progress update programme shall be a monthly status update of the accepted baseline programme capturing the progress of the activities. During such update, no change shall be made to the accepted baseline programme except for Actual Start/Finish, Percent Completion, Remaining Duration and Actual Units. The Remaining Duration shall be a proportion of the Original Duration corresponding to the remaining Percent Completion.

The 3-month rolling programme shall be an extract of the progress update programme showing activities completed in the month and those in progress or will start in the next 3 months. The time scale shall be in weeks.

2.3.   Recovery Programme

In the event, the progress of works continued to slip against the accepted baseline programme, the Contractor shall provide to the Engineer a recovery plan stating how the Contractor will bring progress back in line with that planned in the accepted baseline programme. When required by the Engineer, this shall be followed with a submission of the recovery programme to demonstrate the planned recovery.

For avoidance of doubt, the recovery programme shall not constitute a revision to the accepted baseline programme and the Contractor shall continue to report his progress against the accepted baseline programme. In addition, the Contractor shall monitor and report the progress of works against the recovery programme.

2.4.   Programme Revision

The Contractor shall revise his programmes whenever necessary or as required by the Engineer to ensure completion of the Works within the times for completion prescribed in the Contract and whenever the Engineer considers that such programmes of the Contractor, not withstanding acceptance by the Engineer, have not been properly co-ordinated with Civil or System-wide Contractors. The submission of revised programme shall be made within fourteen (14) calendar days following the concurrence / request of the Engineer and the acceptance shall be achieved no later than three (3) months thereafter.

The acceptance of any programme by the Engineer shall not prevent the Engineer from requiring the Contractor to make changes to the programme to suit the developing or changing needs of the Project nor shall it specifically relieve the Contractor of any of his obligations under the Contract. However, no change shall be made to an accepted programme without the expressed acceptance of the Engineer.

CONTRACT T308

2.5.   Programme for Options

Separate programmes for the various options under the Contract with programme implication to the baseline programme shall be provided to demonstrate how the Contractor has planned to execute them. Dependencies with the activities in the baseline programme shall be clearly shown. Such programmes shall be submitted to the Engineer for his information within six (6) months of award of the Contract and in any case, no later than three (3) months prior to the expiry of the option.

2.6.   Programme Format

2.6.1.   Activity Identification

The Activity ID structure shall be as per **Appendix E2** and the first two (2) alphanumeric characters shall be the same for all activities. The Contractor shall not create any sub-project within his programme.

2.6.2.   Activity Codes

The activity code structure shall be such that the activities can be summarised to the various levels illustrated in **Appendix E3**. Each level shall be summarised and collapsed from the programme developed at level IV using the programming software via the global-level codes which shall be strictly adhered to.

The activity codes in **Appendix E3** are grouped by global and project-level codes. The activity code values are given to illustrate the nature of items covered under the respective activity codes and are not intended to be exhaustive. The Engineer may change the code values or require the use of additional activity codes. Additional activity codes may only be created by the Contractor under project-level activity code with the acceptance of the Engineer.

Activities shall be organised in an appropriate order so that works are clearly defined and can be followed through to completion.

2.6.3.   Activity Description

Activities shall be discrete items of work that, when completed, produce definable, recognisable components or stages within the Works. Activity descriptions shall clearly convey the nature of the work to be performed with respect to the zone, block, geographical location or category rooms as appropriate. This is to be explained in the programming plan. Notwithstanding the use of activity codes, activity description shall by itself be specific and unique such that the activities can be differentiated when they are not filtered or organised by activity codes.

CONTRACT T308

2.6.4.   Weightage

For purpose of progress monitoring and reporting, weightage shall be assigned to all activities less those solely for purpose of cost loading and milestones. The physical progress S-curve shall be generated based on the amalgamation of weightage assigned. All weightage shall be in nominal units and assigned with non-labour units using resource loading. The weightage assigned shall be agreed with the Engineer.

2.6.5.   Programming Logic

The Contractor shall ensure that all activities in the programme are linked with logical relationships. Multiple and redundant relationships that complicate the programme shall be avoided. No activities shall be open ended except artificially constrained milestones in accordance with specified deadlines.

Programming constraints and logic links that simplify the programme drafting process but distorts the logical relationship between activities shall not be used. Lags shall be used according to the necessary time lapse between two activities and not for artificially spacing them apart.

Activities shall be planned with float time in the programme except for circumstances that are beyond the control of the Contractor.

Only finish milestone shall be used. Milestones shall not be created artificially as a node for termination of upstream activities to simplify their linkage to downstream activities.

Mandatory constraint type such as "Must Finish By", "Finish On or After", "Start On or Before", "Mandatory Start", "Mandatory Finish" and "As Late As Possible" shall not be used. When the use of constraint is necessary, constraint type "Start On", "Finish On", "Start On or After" and "Finish On or Before" shall be used.

2.7.   Programme Content

The content of the Contractor's programme, as a minimum, shall include the following :

a)   All activities duration shall be in calendar days and based on genuine estimate of time required to carry out the task. They shall generally be not more than ninety (90) calendar days and not less than fourteen (14) calendar days, except for activities otherwise specified in the Contract or accepted by the Engineer. Activities shall be broken down according to the activity codes.

b)   The Contractor shall resource load the programme based on manpower from the installation / construction phase onwards. Manpower categories such as engineer, technician, supervisor, foreman, electrician, fitter, welder, plumber, duct worker, etc. shall be clearly identified, as appropriate. Adequate manpower resource shall be deployed to enable works to be carried out concurrently on various work fronts to ensure that key dates are achieved with sufficient float time. Critical activities shall be restricted to those beyond the control of the Contractor and for which additional resources cannot reduce the duration required for the task. Such activities shall be highlighted and substantiated for the Engineer's acceptance in the Contractor's programme submissions. Resource loading for materials / construction equipment and quantity of work (e.g. m3, no, m, etc) will vary depending on the nature of work and the Contractor shall submit his proposal in his Programming Plan. Nevertheless, activities shall be logically linked based on the planned deployment of teams or equipment with the basis clearly explained in the Programming Plan.

c)   Dependencies or interfaces with Utility Agencies and Interfacing Contractors shall be shown and be clearly distinguished by notation in the activity description to indicate the party responsible for the required inputs.

d)   The durations for review and resubmission of the Contractor's deliverables shall be no less than twenty-eight (28) and fourteen (14) calendar days respectively unless otherwise specified.

However, this shall not prevent the Engineer from requiring the Contractor to provide further details as required to assist him in his appreciation of the Contractor's programme.

2.7.1.   Cost Loading

The requirements on cost loading of activities are stipulated in **Appendix E4**.

2.8.   Programme Layout

2.8.1.   Bar Chart Layout

Programme in bar chart format shall contain columns for Activity ID, Activity Description, Original Duration, Start and Finish Dates, Late Start and Finish Dates, Total Float, Weightage, Price Schedule / Activity Cost and, in the case of progress reporting, Remaining Duration and Percent Completion. The columns shall take up not more than a third of the page. All activity bars shall be shown using early dates.

CONTRACT T308

Activities shall be organised in an appropriate order so that works are clearly defined and can be followed through to completion.

2.8.2.   Pure Logic Diagram Layout

Where required by the Engineer, layout of the programme in pure logic diagram format shall be arranged such that there is minimal criss-crossing of logic lines. Programming data to be shown in the activity boxes shall be appropriate to the purpose for which the logic diagram is produced. Box size shall be such that activity description is legible.

2.8.3.   Time Chainage Diagram Layout

The time chainage diagram format is a diagrammatic presentation of major activities in relation with time and geographical locations. They shall be:

a)   Generated from the baseline programme based on early and late dates on separate charts.

b)   Horizontal axis shall represent chainage and the vertical axis shall represent time.

c)   For purpose of plotting the time chainage diagram, each activity shall have its location defined using two sets of numbers representing its boundary chainages and captured under the User-Defined Fields (UDF).

For road diversion/reinstatement, utility diversion and other enabling works, the location shall be defined in accordance with the section of station, entrance or tunnel that it affects/impacts.

For better presentation of the time chainage diagram (example, works in linkway, etc.), the Contractor may propose other numeric location definition for the Engineer's acceptance.

An example of the time chainage diagram is shown in **Appendix E6**.

2.9.   Charts

2.9.1.   Physical Progress S-curve

The Contractor shall submit an overall physical progress s-curve prepared using Microsoft Excel. It shall be based on the amalgamation of weightage assigned to activities rolled up according to the activity codes and in the format as required by the Engineer. It shall be expressed in term of percentage on the vertical axis, time on the horizontal axis and plotted with the early and late dates. A sample is shown in **Appendix E7.**

CONTRACT T308

The physical progress s-curve shall be updated monthly with a curve based on the actual progress of works generated from the progress update programme and shown against the curves generated from the baseline programme.

The Contractor shall provide separate physical progress s-curves for specific phase of the Works when required by the Engineer.

2.9.2.   Resource Chart

The Contractor shall submit resource charts based on manpower, main construction equipment and major material usage generated from the baseline programme showing the planned resource per month for the execution of the Works. In addition, the Contractor shall provide similar charts based on actual resources utilisation. Where required by the Engineer, the Contractor shall provide further details for better appreciation of his resource plan and utilisation.

2.9.3.   Trend Chart

Separate trend charts shall be generated from the baseline programme for each of the major items of works such as piling, excavation, etc. They shall be expressed in cumulative quantity and plotted using the early and late dates. These trend charts shall be updated weekly based on the actual progress.

2.9.4.   Progress Payment S-curve

The Contractor shall submit the progress payment S-curve (Refer to **Appendix E8**) based on early dates and late dates for the Authority's expenditure forecasting. The curves shall reflect payments of specific percentage of completion as stipulated in the Contract. The Contractor shall submit updated progress payment S-curve to keep up with the actual payments made on activities as and when requested by the Engineer.

2.10.   Submission

For every programme related submission, including re-submissions, seven (7) sets in hard copy, unless otherwise specified, shall be provided together with an electronic copy in original file format (i.e. P6, Microsoft Excel and etc.) in suitable media acceptable to the Engineer. Any submission that is found to have discrepancy between the hard copies and the electronic copy shall be rejected and returned to the Contractor as if the submission has not been made.

Hard copies shall be submitted in colour and in ISO A Series paper. Paper size used shall be such as to provide clear and easy reading of the programme to show all required information neatly, with activity bars on appropriate timescale to allow easy reading of the duration and tracing of the programming logic.

2.10.1.   Baseline Programme

Within thirty (30) calendar days of award of Contract, the Contractor shall carry out a presentation on overall scope appreciation, methodology and sequence of work. The presentation is intended to provide the Engineer with a clear understanding of the proposed work processes.

a)   Within sixty (60) calendar days of award of the Contract, the Contractor shall submit the baseline programme to the Engineer for his acceptance. The hardcopy of the baseline programme shall be submitted in A3 size in landscape layout.

b)   The Engineer shall review the Contractor's baseline programme submissions which require his acceptance and signify his acceptance or otherwise within twenty-eight (28) calendar days. The Contractor shall re-submit his programmes within fourteen (14) calendar days of receipt of the Engineer's comments.

c)   The Contractor shall address comments made on his baseline programme submissions expeditiously such as to achieve acceptance by the Engineer within 6 months from award of the Contract.

d)   The submission shall include baseline programme in bar chart layout, programming plan, and the following generated from the baseline programme :
   i)   Physical Progress S-curve (refer to Appendix E7).
   ii)   Resource Chart.
   iii)   Time Chainage Diagram.
   iv)   Trend Charts
   v)   Separate print out on the critical paths to the various key dates.
   vi)   Cost Loading (refer to Appendix E4).
   vii)   Progress Payment S-curve (refer to Appendix E8).

2.10.2.   Recovery Programme

The Contractor shall submit the recovery programme within fourteen (14) calendar days when requested by the Engineer, unless otherwise specified.

The recovery programme shall only contain activities relevant to the recovery plan. A narrative shall be submitted together with the recovery programme to explain the Contractor's plan and approach for the recovery. These shall include how the activities in the recovery and accepted baseline programmes are correlated.

CONTRACT T308

2.10.3. Other Programmes

All other programmes including any schedule analysis when requested by the Engineer shall be submitted within fourteen (14) calendar days, unless otherwise specified.

3. **Programming Plan**

The programming plan is a document that contains details on how the Contractor has planned and set out in his baseline programme for the execution of the Works to meet the contract key dates. It shall also contain details on how progress of the Works will be monitored, reported and performance assessed against the established programme. This shall include how the Contractor will manage the participation of specialists and sub-contractors within the organisation with respect to programme development and progress monitoring.

The programming plan is a live document and the Contractor shall keep it updated and consistent with the accepted baseline programme and subsequent revisions as accepted by the Engineer.

The content of the Contractor's programming plan requirements are stipulated in **Appendix E9**. However, this shall not prevent the Engineer from requiring the Contractor to provide further details as required to assist him in his appreciation of the Contractor's programme and plan.

4. **Detailed Programme**

4.1. Working Programme

The working programme shall be an amplification of the baseline programme that contains a detailed breakdown of activities with up-to-date information for purpose of scheduling and execution of works on site i.e. construction, installation, testing and commissioning, etc. It shall contain sufficient data for weekly reporting, monitoring, measuring and evaluating the Contractor's progress of the Works and manpower deployment objectively. The activities shall be referenced back to the accepted baseline programme through Activity ID.

The 4-week rolling programme shall be an extract of the working programme showing the activities completed in the past week and those in progress or planned to start within the next 4 weeks including the most likely start/finish dates. It shall be used to monitor the day to day activities on site and submitted on a weekly basis. The progress shall then be amalgamated correspondingly to update the progress update programme.

CONTRACT T308

The Contractor shall employ 4-week rolling programmes in Microsoft Excel spreadsheet format (refer to **Appendix E10**). The time scale shall be in days and the format shall be agreed with the Engineer.

5. **Co-ordinated Installation Programme**

The Civil Contractor shall be responsible for the production of a Co-ordinated Installation Programme (CIP) for depot including tracks or each station or viaducts / tunnels interface separately, where applicable. CIP shall be prepared in consultation and co-ordination with the System-wide Contractors. The Civil Contractor shall commence interface meetings with the System-wide Contractors on the CIP following the submission of the Combined Services Drawings (CSD) / Structural, Electrical and Mechanical Drawing (SEM).

The System-wide Contractors shall be responsible to provide programming requirements to the Civil Contractor for preparation of the CIP. The CIP shall show the access for activities in each room, depot or station area or track as appropriate and identify the duration and sequence of work with the CSD/SEM in view, where applicable. The degree finishes dates in the Schedule B of Particular Specification shall serve as the basis for developing the CIP. However, contractors shall continue with the co-ordination process should the need arises to co-ordinate to dates other than the specified degree finishes dates when taking into account the work progress. Upon successful co-ordination of any proposed changes to the specified degree finishes dates, these shall be highlighted to the Engineer for his acceptance.

The System-wide Contractors shall be responsible to provide actual access time slots to the Civil Contractor for his tracking and reporting of the status of access against the agreed CIP. The format and frequency of the report submission by the Civil Contractor shall be agreed and accepted by the Engineer.

5.1. Co-ordinated Installation Programme Format

The CIP shall be produced using Microsoft Excel in a format to be provided by Engineer. Basic requirements shall include:

a) The Contractor shall adopt the multi-year calendar as shown in **Appendix E13**. A week begins 0000 hours on a Monday and ends at 2359 hours on a Sunday. The completion of an activity or the achievement of an event when given a week number shall be taken to mean midnight on the Sunday at the end of the numbered week. An access date or activity start date when given as a week number shall be taken to mean 0000 hours on a Monday of the numbered week.

b) Access time slots on a room by room, area by area and track by track basis and shown on the same horizontal row for each room, area and track.

c)   System-wide Contractors' activities shall as a minimum be grouped into 1st and 2nd Fix and site testing activities for each room, area and track.

d)   Architectural finishes works for each room or area shall be shown. Specific interfacing requirements, such as those in Category D rooms and rooms with raised floor and false ceiling, shall be coordinated and programmed in detail.

e)   Major equipment deliveries, including the installation of partition walls and casting of delivery shaft/opening that need to be coordinated for the delivery, shall be shown.

f)   The CIP shall have a title block and space for the respective contractors' Project Manager to sign off the CIP, signifying their agreement.

g)   A remarks column shall be provided for clarifications to avoid ambiguity. All comments shall be shown on the CIP itself and not by way of separate documents.

5.2.   Co-ordinated Installation Programme Content

The Contractor shall comply with the following conditions in his co-ordination on the CIP with the Interfacing Contractors:

a)   The Contractor shall not have exclusive access to any area.

b)   The Contractor shall take note that when the same time allocation for certain areas has been given to more than one contractor, the Contractor shall co-ordinate his work in such areas with that of the other contractors.

c)   The absence of a programmed date or installation period for the Contractor in a specific area forming part of the Site shall not prejudice the right of the Engineer to establish a reasonable date or installation period for that area.

d)   The contractor with the time slot indicated in the accepted CIP shall have the first priority of access. It is the Contractor's responsibility to ensure that the times and duration of his access requirements are provided and agreed.

e)   In the event of a dispute relating to a clash in requirements among the contractors which the Civil Contractor is unable to resolve, the Engineer shall make a decision which shall be binding on the parties. The Contractor shall note that the process of developing an agreed CIP is complex and iterative in nature requiring inputs from various parties and adjustments to these inputs. The Contractor shall therefore be aware that late information by him is likely to disrupt the process and may not be incorporated.

f)   Upon completion of the CIP, all contractors shall check and confirm their agreement with the CIP. The CIP shall be agreed and signed-off by all parties.

g)   The Engineer may provide preliminary comments on the CIP but will not indicate his acceptance or otherwise of the CIP until it has been signed off by the Civil Contractor and System-wide Contractors. Should the Contractor refuse to sign off the CIP without a reason acceptable to the Engineer, the Engineer may proceed to accept the CIP and the Contractor shall comply with the accepted CIP notwithstanding that it has not been signed off by him.

h)   The Contractor shall revise his accepted baseline programme should the accepted CIP be such as to cause the progress of his Works to fall outside the early and late envelop of the physical progress S-curve.

5.3.   Submission

a)   The Civil Contractor shall submit thirteen (13) sets in hard copy together with electronic copy in Microsoft Excel and pdf format of the signed-off CIP to the Engineer for acceptance. Any submission prior to these shall also be made in the similar fashion. All hard copies shall be submitted in colour on ISO A1 size paper. The station layout and equipment delivery routes drawings that are used to develop the CIP shall also be submitted.

b)   The signed-off CIP shall be submitted no later than 6 months before the key date for Depot / Station Basic Structure Completion or the date of first access, whichever is earlier. A copy of the same shall be given to SWC who are parties to the development of the CIP.

6.   Track Related Installation Programme

6.1.   The Track Related Installation Programme (TRIP) shows the access time slots to each section of the track for each System-wide Contractors that require work trains.

CONTRACT T308

6.2.   All track related installation shall be completed and tested in time for gauging and rectification of gauge intrusions prior to the commencement of Test Running.

6.3.   The Contractor will be allocated periods of access to the track by the Engineer for installation and commissioning works in accordance with the TRIP. The Contractor shall take into consideration the restrictions to access to the track imposed by the TRIP in the preparation of programmes. Access to areas shown unoccupied may be made available to the Contractor through submission of a request for occupation to the Engineer for his consideration. The Contractor shall attend weekly Works Train Meetings convened by the Engineer or his representative for the allocation of such track occupation.

6.4.   Access to the tracks during TRIP will be managed such that System-wide Contractors can commence installation works following completion of trackwork installation. All contractors who require access to the tracks shall comply with the rules and procedures set out in the Works Train Manual.

6.5.   Access requirements during TRIP shall be co-ordinated in detail at the weekly Works Train Meeting. The Contractor shall attend the Works Train Meetings to confirm his access allocation. Weekly Works Train Notice will be published confirming the access allocation for each week.

7.   **Not used**

8.   **Monthly Progress Report**

8.1.   The format of the Contractor's monthly progress report is shown in **Appendix E14**.

8.2.   The Contractor shall submit the monthly report to the Engineer not later than the following :

a)   1st day of the month following the month of the report - One (1) electronic copy in original file format of the progress update programme i.e. P6 and progress related charts i.e. Microsoft Excel.

b)   5th day of the month following the month of the report - Seven (7) hard copies and one (1) electronic copy (in pdf format for report and jpg format for photographs) of the monthly report supported by charts and photographs (in colour) shall be submitted.

8.3.   One week prior to the submission of this monthly report, the Contractor shall organise a joint progress assessment session with the Engineer to agree on the actual start / finish dates and completed percentage of each activity in the progress update programme.

8.4.   The Engineer will convene meetings with the Contractor to review the adequacy of the Contractor's monthly report submission and discuss the matters raised in the report.

9.   Planning and Programming Staff

9.1.   The Contractor shall provide sufficient numbers of planning and programming staff competent in the use of the scheduling software and with a good knowledge of the type of work required to be performed by the Contractor under the Contract. The Engineer shall have the discretion to require the Contractor to replace his planning and programming staff or to strengthen the programming team with more competent staff should the Engineer considers the Contractor's current programming staff or team do not have the training or skill required for this very specialised nature of work or when the quality in this aspect continued to be erroneous that compromise the correctness of the reporting.

9.2.   The Contractor shall employ at least one fully dedicated and full time on site planning and programming staff.

CONTRACT T308

건설공사 공정관리 표준시방서(안)

건설공사 공정관리 표준시방서(안)은 공정관리 및 공기지연 관리에 대한 기준과 의무사항을 명시하고 있으며, 공기지연 클레임 대응 기준을 체계적으로 기술하였다.

본 표준시방서(안)은 공기지연 관리 및 공기지연 클레임 업무의 합의된 기준으로 활용될 수 있으며, 이를 통하여 관련 업무의 효율성을 높이는 것을 목적으로 작성되었다.

건설공사 공정관리 표준시방서(안)은 다음과 같은 내용으로 구성되어 있다.

	구분 No		내용
1		공정표 작성 기본사항	
	1.1	일반사항	공정표 작성에 관한 일반사항 설명
	1.2	공정표 작성 방법과 활용 Tool	공정표 작성방법 및 사용 소프트웨어
	1.3	공정표의 형식	공정표의 구성 및 표현방법
	1.4	공정표 포함 내용	공정표에 포함하여야 할 내용 및 요건
	1.5	공정관리 담당자	공정담당자 배치기준
2		관리기준 공정표의 요구조건	
	2.1	관리기준 공정표의 제출	관리기준공정표의 제출 시기 및 구성 내용
	2.2	관리기준 공정표의 개정	공정표 개정 기준 및 방법

	구분 No		내용
3		공정 업데이트 및 보고	
	3.1	공정 업데이트 및 공정보고	월단위 실적 공정표 관리방법 및 기준 제시
	3.2	작업/상세 공정표	주단위 4-Week 스케줄 관리
	3.3	기타 공정표	기타 관리에 필요한 공정표, 보고서 제출
	3.4	월간 공정보고	월간 공정보고서 내용 및 제출관련 사항
4		공정운영	
	4.1	공기연장	공기연장 가능 조건의 설명
	4.2	지연의 통지	공기연장 권한 확보를 위한 통지조건 설명
	4.3	적용해야 하는 지연 입증 방법	지연기간 검증을 위한 입증방법 설명
	4.4	만회 공정계획	공기지연에 따른 만회대책 수립 관련 사항
5		첨부	Progress S-Curve, 공정보고 내용 등 규정

1. 공정표 작성 기본사항

1.1 일반사항

프로젝트 관리를 위한 공정표는 CPM(Critical Path Method) 형태로 작성되어야 한다. 공정표에는 공사의 현황과 작업의 진행상황과 같이 공사관리에 필요한 객관적인 정보를 명확히 표현되어야 한다. 공정표에는 공사초기 각종 제출물, 설계작업, 장비 및 자재의 조달 작업, 시공작업, 각종 검사와 시운전 작업, 준공관련 작업 등 공사수행에 필요한 전반적인 작업이 포함되어야 한다.

본 공정관리 표준시방서의 목적은 다음과 같이 정리할 수 있다.

a) 프로젝트 전 단계에서 수행되는 공사내용에 대한 충분한 공정관리 및 계약관리

정보를 발주자에게 제공

b) 공사기간 중 발주자에게 공사관리 및 공정현황 등에 대한 정보를 제공

본 공정관리 시방서에서 '날짜'는 특별한 언급이 없는 한 'Calendar Day'를 의미한다.

1.2 공정표 작성 방법과 활용 Tool

공정표는 전산화된 소프트웨어를 활용하여 CPM 형태로 작성되어야 한다. 추천되는 공정관리 소프트웨어는 Primavera P6이며, CPM 공정을 구현할 수 있는 MS Project나 엑셀을 추가적으로 활용할 수 있다. CPM 공정표가 발주자로부터 승인되었을 때, 해당 공정표는 시공자가 작업관리와 진척사항을 보고하는 기준 공정표로 활용하여야 한다.

착공과 준공 마일스톤을 제외하고 Open-End로 표현된 작업은 없어야 하며, 각각의 작업들은 선후행 관계로 연결되어 있어야 하고, 불필요한 로직을 최소화하여 작성하여야 한다. 발주자의 승인 없이 작업을 삭제/추가하거나 범위의 변경, 작업명을 변경해서는 안 되며, 작업의 로직을 변경하는 것도 안 된다. 발주자로부터 작업의 삭제, 추가, 변경사항이 승인되면 계약자는 변경에 관한 기록을 공정보고에 포함하여야 한다.

발주자가 승인하지 않는 한 작업의 강제 수행일과 Lag 시간은 지정하지 않아야 하며, 공정표의 마지막 작업은 '준공'으로 설정되어야 한다.

1.3 공정표의 형식

1.3.1 공정표의 구성

공정표는 작업의 ID, 작업명, 작업기간, 착수일, 종료일, 전체 여유에 대한 정보는 최소한으로 포함하여야 한다. 추가적인 작업 정보로 투입자원과 비용에 관한 정보, 가중치, Activity Code, 작업의 책임 등 발주자와 협의된 정보는 표현되어야 한다. 작업의 물리적인 진행률(%)과 잔여 작업기간은 공정진척 보고서에 포함되어야 한다.

발주자의 별도의 지시가 없는 한, 주공정선은 빨간색으로 하이라이트되어야 한다.

공사의 범위와 작업내용을 쉽게 이해할 수 있도록 공정표에 표현된 작업은 단계, 지역, 공종, 세부항목 등으로 적정하게 구조화되어야 한다. 공정표는 발주자에 의해 제시된 WBS(Work Breakdown Structure)에 맞게 구성되어야 한다.

1.3.2 작업분류체계(WBS)

WBS는 작업의 범위를 위계에 따라 세분화하는 것이다. WBS 작성의 목적은 복잡한 작업의 범위를 단일의 참여자가 책임하에 관리할 수 있도록 세분화된 요소로 표현하는 것이다. 시공자는 모든 작업내용을 포괄하고, 하도급 업체 또는 타 계약자 간 밀접한 협력이 이루어질 수 있으며, 계약에 요구된 사항을 적합하게 구현할 수 있는 상세 수준으로 WBS를 작성하여야 한다.

1.3.3 작업명

작업은 공사의 단계나 요소를 식별할 수 있고, 결과물을 정의할 수 있도록 별개의 작업 항목으로 구분되어야 한다. 작업명은 작업이 수행되는 구역, 위치 등의 특성을 명확하게 전달할 수 있도록 구성하여야 하며, 타 작업명과 중복되지 않도록 작성하여 필터링이나 정렬이 가능하여야 한다.

1.3.4 주공정선

주공정선은 명확히 정의되고 표현되어야 한다(발주자의 요청 시 공정표에서 발췌하여 제시하여야 함). 시공자 책임 범위를 초과하는 경우를 제외하고 공정표상의 작업은 여유시간이 계획되어 있어야 한다. 발주처 승인을 위하여 제출하는 공정표에는 주공정에 해당되는 작업들이 하이라이트 및 구체화되어 있어야 한다.

1.3.5 공정표 로직

계약자는 공정표상의 모든 작업 간의 연결관계를 확인하여야 한다. 복잡한 다중 연결관계를 단순화하고 불필요한 로직을 삭제하여 공정표를 간결하게 구성하여야 한다. 지정된 작업 완료일이 인위적으로 설정된 마일스톤을 제외하고 후행 작업이 연결되지 않은 작업(Open Ended Activities)은 없어야 한다. 작업 간 논리적 연결관계를 왜곡하는 제약사항 및 연결조건은 적용하지 않아야 한다. 예를 들어 Lag Time은 작업 간 간격을 두기 위해 적용하는 것이 아니라 작업 간의 관계에 따라 시간적 간격이 필요한 경우에 적용되어야 하며, Lag Time의 필요성이 발주자에게 명확히 설명하고 승인되어야 한다. 마일스톤은 로직을 단순화하기 위하여 인위적으로 설정해서는 안 된다. 공정표에 'Mandatory'와 'As Late As Possible'의 제약조건은 사용하지 않아야 한다. 제약조건 적용이 필요한 경우 'Start On', 'Finish On', 'Start On or After', 'Finish On or Before'에 한하여 적용하여야 한다.

1.3.6 달력

공정표에 적용되는 달력은 휴무일이 없는 주 7일 달력을 기본으로 한다. 작업 계획에는 비작업일에 따른 제약사항이 반영된 것으로 간주한다. 작업시간은 일 단위로 하여야 하며 날짜 표기 기준은 YY-MM-DD를 기준으로 한다.

1.4 공정표 포함 내용

1.4.1 공정표 작성의 상세 수준

공정표의 상세 수준은 공사의 모든 제약조건을 고려하여 작성한 시공자의 계획이 주요 작업의 일정을 적기에 달성할 수 있다는 것을 발주자가 충분히 이해할 수 있도록 작성되어야 한다. 모든 작업 간의 논리적인 작업순서를 표현할 수 있도록 작성되어야 한다.

1.4.2 공정표 요구조건

공정표는 발주자로부터 승인을 받기 위해 준비, 제출, 검토 그리고 수정사항을 반영한 재제출을 과정을 거쳐 프로젝트의 다양한 요구조건을 세부적으로 표현해야 한다.

공정표는 다음과 같은 사항을 포함하여 작업의 절차와 내용을 설명할 수 있도록 상세하게 작성되어야 한다.

a) 계약의 주요 일정, 마일스톤과 타 계약자와의 연계된 일정, 주요 달성일은 적합한 Activity Code 사용을 통해 구분될 수 있도록 작성되어야 한다. 당해 계약과 연관관계가 있는 타 계약자와의 협의에 소요되는 시간을 충분히 확보할 수 있도록 작성되어야 한다.

b) 입찰서에 요약된 설계기준을 포함한 시방이 반영되어야 한다.

c) 다른 계약의 관계가 표현되어야 한다.

d) 계약자의 작업진행에 영향을 줄 수 있는 모든 사항이 포함되어 있어야 한다. 이러한 인터페이스는 작업 설명에 별도 표기를 통해 참여자 간 책임관계를 판단할 수 있도록 명확하게 구분되어야 한다. 하지만 이러한 사항으로 인하여 발주자가 공정표를 평가하기 위해 필요한 세부사항을 계약자에게 요구하는 행위를 제약해서는 안 된다.

1.4.3 공정표의 검토와 재제출 기간

계약자의 제출물에 대한 검토와 재제출 기한에 관한 세부적인 계약조건이 설정된 경우 해당 계약조건에 따른다. 만약 계약조건에 세부적인 제출 기한이 명기되지 않은 경우 Appendix E3에 언급된 기한을 초과해서는 안 된다. 각 제출물 마다 검토와 재제출에 관한 별도 조항이 있는 경우 해당 조건을 적용한다.

1.4.4 작업 기간

공정표에 사용된 모든 작업기간은 Calendar Day이다. 작업기간은 작업을 수행하는 데 필요한 실제 예상 시간을 기준으로 작성하여야 하며, 일반적으로 30일을 초과하지 않아야 하고 작업의 총 여유시간 또한 60일을 초과해서는 안 된다. 월간 단위로 작업의 진행 현황을 확인하기 때문이다(공정관리 소프트웨어인 P6 또는 MS Project를 사용하는 경우, 총 여유시간에 관한 요구사항 준수하여야 함). 발주자가 승인하였거나 계약에 별도로 특정되어 있는 경우 외에는 적용되어야 한다.

1.4.5 주요 물량 할당

공정표의 작업에는 설계도서의 물량내역서에 기반한 핵심 물량이 할당되어야 한다. 핵심 물량은 콘크리트 타설(m^3), 용접(D/I) 물량 등을 의미하며 공정표상에 명확하게 규명되어야 한다.

1.5 공정관리 담당자

계약자는 계약에 요구된 작업내용에 관한 지식이 있어 공정관리 업무 수행이 가능한 인원을 최소 1명 현장에 배치하여야 한다(겸직 가능). 발주자는 계약자의 공정관리 담당자 또는 조직이 공사관리에 필요한 역량이 부족하다고 판단되거나 지속적으로 공정보고 내용의 오류가 발생할 경우 계약자에게 공정관리자의 교체 또는 경험 있는 담당자를 보강할 것을 요구할 수 있다.

2. 관리기준 공정표의 요구조건

2.1 관리기준 공정표의 제출

2.1.1 일반사항

관리기준공정표는 계약에 정해진 의무와 마일스톤 및 핵심 일정을 달성할 수 있도록 작업의 순서와 기간이 설정되어야 한다.

계약자는 타 계약자 작업과의 영향이 발생하지 않도록 관리기준공정표를 검토, 수정, 확정하여야 하고 이를 위하여 타 계약자와 적시에 협의하여야 한다. 계약자는 타 계약자와 일정 협의가 어려워 조율되지 못하는 사안에 대하여 적시에 이슈화하여야 한다. 발주자에 의해 결정된 사항은 양 당사자에 최종적인 구속력을 가진다.

관리기준공정표가 발주자에게 승인되었을 때 공사의 실제 진척 사항을 측정하고 평가하는 기준이 된다. 관리기준공정표는 A3 크기의 가로 방향으로 제출되어야 한다.

이 시방의 요구사항을 충족하지 않으면 예비, 초기 관리기준 공정표가 승인되지 않을 수 있으며, 이후 발주자는 Appendix E3에 명시된 금액을 보류할 수 있고, 이는 발주자의 다른 권리 및 면책을 침해하지 않는다. 보류 금액을 명시하지 않은 경우 별도 조항에 따라 다른 유보금과는 별개로 관리기준공정표가 승인되거나 계약자 책임이 면책될 때까지 각 기성액의 5%를 유보한다.

초기 관리기준공정표가 승인되지 않을 경우 발주자는 이러한 사실과 계약 타절의 의사가 있다는 내용을 계약자에게 통보한 후 계약타절의 권한을 가진다.

2.1.2 관리준공정표의 제출

계약 체결 후 Appendix E3에 정해진 기간(기간 언급이 없을 경우 42일 이내) 내에 계약자는 공사의 순서와 방법 및 전반적인 작업범위의 평가에 대한 내용을 발표하여야 한다. 추가적으로 계약자는 발주자에게 승인받기 위한 관리기준 공정표를 제출하여야 한다. 발표와 관리기준 공정표의 제출의 목적은 발주자에게 공사 진행사항에 대하여 명확한 이해를 제공하기 위함이다.

발주자에게 관리기준 공정표가 승인된 이후, 계약자는 3장에서 언급한 바와 같이 정기적으로 승인된 관리기준 공정표상의 작업현황을 보고하여야 한다.

2.1.3 관리기준공정표의 요건

공사를 수행하기 위한 공정표의 세부사항 및 형태는 계약에 요구된 사항을 충족시켜야 하며, 다음의 사항을 준수하여야 한다.

a) 공사를 적정하게 계획, 시행, 관리할 수 있도록 충분한 상세 수준을 반영할 것

b) 공정표는 전산화된 CPM(Critical Path Method)으로 개발할 것

c) 준공일을 준수할 수 있도록 충분히 검토할 것

d) 설계, 구매, 조달 및 시공작업과 관련된 모든 시공자의 작업을 규명할 것

e) 작업의 시작과 종료일을 표기할 것(만약 공정표를 Primavera로 작성하였을 경우 작업의 시작과 종료의 이른 시간과 늦은 시간을 표현하여야 함)

f) 발주자가 수행해야 하는 정보제공, 설계, 자재, 장비, 설비, 가설작업이 무엇이며 언제 제공되어야 하는지를 규명할 것

g) 발주자가 수행해야 할 승인업무, 허가, 검측 업무가 무엇이며, 언제 제공되어야 하는지 규명할 것

h) 계약된 역무를 수행하기 위하여 현장 접근이 필요한 날짜와 위치를 규명할 것

i) 장비와 자재의 핵심 조달 날짜를 규명할 것

j) 예상되는 검측 또는 검사 날짜를 규명할 것

k) 모든 작업이 논리적으로 연결할 것

l) 주공정선(CP)을 규명할 것

m) 모든 작업의 여유시간을 규명할 것

n) 발주자의 작업과 타 시공자의 작업 간의 간섭을 적합하게 조율할 수 있도록 충

분한 유연성을 확보할 것

o) 계약 역무 기간의 모든 주요 마일스톤을 규명하고 계약자의 작업과 연결할 것

p) 공정표상의 개별 작업의 기간의 적정성을 판단하기 위하여 투입되는 인력, 생산성, 장비 목록, 자재 등 필요한 자원조건에 대한 충분한 상세가 표현되어 있어야 할 것

2.1.4 공정 진도율 S-Curve

계약자는 관리기준 공정표를 기준으로 퍼센트로 표기되고 이른/늦은 날짜로 작성된 요약 공정표와 함께 공정 진도 S-Curve를 제출하여야 한다. 모든 가중치는 발주자로부터 동의 받아야 한다. 전체 작업을 모니터링 및 보고하기 위하여 모든 가중치는 명목 단위로 계산되어야 하고, Non-Labour Unit을 사용하여 자원을 할당하여야 한다. 공정 진도 S-Curve를 작성에 활용된 자료는 작업단위의 정보가 포함된 공정표로부터 작성되어야 한다.

공정 진도 S-Curve는 작업의 실제 진도율에 기반하여 월단위로 업데이트되어야 하고, 관리기준 S-Curve와 대비되어 표현되어야 한다.

공정 진도 S-Curve는 발주자가 요구한 Microsoft Excel의 그래프로 작성되어야 하며, 컬러로 제출되어야 한다(Appendix E1 샘플 참조).

2.1.5 자원 투입 그래프

계약자는 관리기준 공정표를 기준으로 공사 진행 중 예상되는 자원 투입을 보여줄 수 있는 그래프를 제출하여야 한다. 계획된 인력 투입, 주요 장비 및 주요 자재 사용을 월단위로 표현하여야 한다.

인력에 대한 세부구분 항목은 Engineer, 기술자, 감독자, 십장, 전기공, 전선공, 정비공, 용접공, 배관공, 덕트공 등으로 명확하게 정의되어야 한다.

자원 투입 그래프는 관리기준 대비 실제 동원된 자원을 비교할 수 있도록 월단위로

업데이트되어야 한다.

2.1.6 계약자 제출 공정표의 검토 기한

발주자는 초기 공정표를 수령한 후 Appendix E3에 언급된 기한(기한 언급이 없을 경우 28일) 내에 계약 수행을 위한 초기 공정표를 승인하거나, 거절하거나, 계약자가 초기공정표를 적시에 수정할 수 있도록 적정한 보완사항과 충분한 정보를 제공하는 의견을 회신하여야 한다.

만약 발주자가 초기 공정표가 계약을 이행하는 데 부적합하다는 의견을 회신하면, 계약자는 발주자가 지적한 사항을 적절하게 고려하여 Appendix E3에 언급된 기한(만약 기한 언급이 없을 경우 14일) 내에 수정된 초기 공정표를 제출하여야 한다. 발주자는 수정된 초기 공정표를 수령한 후 Appendix E3에 언급된 기한(만약 기한 언급이 없을 경우 14일) 내에 승인하거나, 거절하거나, 계약자가 초기공정표를 추가 수정할 수 있도록 적정한 보완 사항과 충분한 정보를 제공하는 의견을 회신하여야 한다.

2.2 관리기준 공정표의 개정

계약자는 계약에 명기된 역무를 적시에 완료하기 위한 목적으로 발주자가 요구하거나 타 계약자와의 간섭 조율이 적정하게 이행되지 않았다고 판단될 경우 비록 공정표가 승인되었다 하더라도 언제든지 수정하여야 한다.

어떠한 공정표라도 발주자가 승인하였다 할지라도 발주자는 공사를 적정하게 이행 및 변경을 계약자에게 공정표의 수정을 요구할 수 있고, 계약에 명기된 계약자의 의무를 면책되는 것이 아니다. 하지만 발주자의 승인 없이 승인된 계약공정표를 수정해서는 안 된다.

3. 공정 업데이트 및 보고

3.1 공정 업데이트 및 공정보고

승인된 관리기준공정표에 작업의 실제 공정률을 반영하여 월단위로 업데이트하여야 한다. 공정표 업데이트 시 실제 착수일 및 종료일, 완료율, 잔여기간, 실제 투입자원을 제외하고 승인된 관리기준공정표는 변경해서는 안 된다.

3.2 작업/상세 공정표(4주 단위의 상세 공정표)

작업/상세 공정표는 작업의 시행과 일정관리를 목적으로 관리기준공정표를 상세화하여야 한다. 이러한 상세 공정표는 가장 가능성이 높은 작업의 착수, 종료일을 포함한 최신의 정보를 활용하여 작업을 보다 세부적으로 구분하는 것을 포함한다. 상세 공정표의 작업들은 관리기준 공정표의 작업 ID와 연계되어야 한다.

4주 단위공정표는 지난주에 완료된 작업 또는 향후 4주 내에 착수가 계획된 작업을 상세 공정표에서 추출하여 작성하여야 한다. 4주 단위공정표는 주간 보고, 모니터링, 작업 진도율 측정 및 평가를 위한 충분한 정보와 투입인력에 대한 사항을 포함하여야 한다. 해당 진도율은 업데이트 공정표의 진도율과 일치되어야 한다. 4주 단위공정표는 일단위 계획 작성하여 주단위로 제출하여야 하며, 공정표 형식은 발주자로부터 동의되어야 한다.

3.3 기타 공정표

별도의 공정표는 계약자가 다양한 방법에 따라 작업을 어떻게 수행할지를 설명하기 위하여 제출되어야 한다. 관리기준 공정표의 작업과의 연계성을 명확히 표현되어야 한다. 발주자로부터 공정분석 및 특정 포맷으로 공정표를 제출에 대한 요청을 받았을 경우 계약자는 준비하여 제출하여야 한다.

3.4 월간 공정보고

계약자는 해당 월의 월간 공정보고서를 다음 달 5일 이전에 발주자에게 출력본 7부와 전자 원본파일 1부를 제출하여야 한다. 발주자는 월간 공정보고서의 적정성 검토와 보고된 현안사항에 대하여 논의하기 위한 회의를 소집할 수 있다.

월간 공정보고서는 발주자의 요구에 따라 사진 및 삽도 등을 포함하여야 한다.

월간 보고서 제출 일주일 전에 계약자는 공정률 측정 및 검사를 조율하거나 상세 공정표상의 작업의 실제 착수/종료일, % 완료율에 대한 발주자 동의를 위한 회의를 진행하여야 한다.

월간 공정보고서의 형식은 Appendix E2를 따른다.

4. 공정운영

4.1 공기연장

계약에서 별도로 언급하지 않으면, 계약자는 당해 계약의 다른 규정에 따라 공기연장 권한을 가진다. 다음의 사유로 인하여 주공정선(CP)이 영향을 받아 준공일이 지연될 경우 공기연장의 권한이 인정된다.

a) 발주자가 기존 역무를 변경하거나 추가작업을 서면으로 지시하였고, 해당 지시로 인한 작업이 공정표나 작업 수행 시 조정될 수 없어 추가자원이나 추가시간이 필요한 경우

b) 계약조항에 따라 계약자에 공기연장 권한이 인정되는 사유로 지연이 발생한 경우

c) 발주자 책임으로 인한 사유로 인한 지연이 계약자의 만회 노력에도 불구하고 단축되지 않았을 경우

4.2 지연의 통지

계약에서 다른 언급이 없다면 다음의 4.2.1, 4.2.2, 4.2.3의 규정을 따라야 한다.

4.2.1 계약자가 관련 계약조항에 근거하여 공기연장 및 추가비용 보상의 권한이 있다고 판단되면 발주자에게 지연사건과 그로 인한 제반 환경을 포함하여 클레임 통지를 실시하여야 한다. 통지는 지연사건을 인지하였거나 인지하였어야 하는 시점부터 Appendix E3에 정해진 기한(만약 기한에 대한 언급이 없다면 14일 이내) 내에 최대한 빨리 실시하여야 한다.

4.2.2 만약 시공자가 기한 내 통지에 실패하였을 경우, 공기연장은 불가하며, 추가 비용 보상 권한도 상실한다. 그리고 발주자는 해당 클레임과 연계된 모든 책임으로부터 면제된다.

4.2.3 통지를 실시한 이후 Appendix E3에 정해진 기한(만약 기한 언급이 없다면 30일 이내) 내에 공기연장 및 비용 보상 요구에 대한 세부 사항이 포함된 상세 클레임 서류를 제출하여야 한다.

계약에 다른 규정에도 불구하고 다음의 4.2.4, 4.2.5, 4.2.6 조항을 따라야 한다.

4.2.4 모든 클레임은 우선 지연이 발주자의 책임 또는 다른 누구의 책임인지에 관계없이 계약자가 지연을 만회하기 위한 노력을 포함하여 발주자에 대한 모든 의무를 충족시켰을 경우에 성립한다.

4.2.5 발주자는 통지된 사안에 대하여 다른 정보나 기록(클레임 관련 있거나 다른 자

료)을 언제든지 요구할 수 있다. 계약자는 계약에 따른 발주자에 이러한 요구에 대응하기 위해 관련 기록을 유지관리 하여야 한다. 계약자는 발주자가 적시에 이 조항에서 요구하는 사항이 충족될 수 있도록 준비하여야 한다.

4.2.6 만약 계약자 책임으로 계약에서 규정하는 관련 사항이 충족되지 못하였을 경우 발주자는 계약자의 보상 권한을 제한할 수 있다. 이러한 계약자의 실패의 경우 발주자는 다른 어떤 권한에 제약 없이 계약금액을 감액할 수 있는 권한이 있다.

4.3 적용하여야 하는 공기지연 입증방법

계약자는 발주자가 공기연장 기간을 결정하기 위하여 준공일 조정의 권한을 TIA (Time Impact Analysis) 방법으로 입증하여야 한다. TIA는 발주자가 준공일의 조정과 그 판단의 근거로 정의되며 다음과 같은 사항이 포함되어야 한다.

a) 변경이 필요한 작업의 정의
b) 추가적인 시간 소요에 따라 여유시간이 어떻게 감소하였는지에 대한 분석
c) 지연사건과 CP 영향에 대한 인과관계 정의

TIA는 추가 작업 또는 발생한 제반 환경, 그 당시의 작업 현황과 준공일에 미친 결과를 고려하여 날짜를 분석하여야 한다. 프로젝트가 가진 여유시간을 모두 소진하지 않은 지연이 발생하였을 경우 계약자는 공기연장 및 연장 손실비용을 보상받을 수 없다.

TIA와 추가적인 입증자료는 4.1, 4.2에서 언급한 공기연장을 위한 상세 입증자료에 통합되어 표현되어야 한다.

만약 계약자가 이러한 지연 입증을 포함한 상세 입증와 관련 정보를 제출하지 못하였을 경우, 공기연장 및 관련된 추가 클레임은 허용되지 않고, 발주자는 해당 클레임과 관련된 어떠한 책임으로부터 면책된다.

4.4 만회공정계획

발주자는 지연사건으로 계약자 역무가 관리기준 공정표에 따라 수행되지 않거나 완료되지 않을 것이라는 합리적으로 판단될 경우 계약자에게 서면으로 통지하여야 한다. 그리고 계약자는 발주자에게 통지를 받은 날로부터 Appendix E3에 명시된 기한(명시된 기한이 없을 경우 14일 이내) 내에 만회 공정표를 제출하여야 한다. 만회 공정표는 관리기준 공정표에 따라 역무가 진행되고 완료될 것을 확인하기 위한 조치사항이 반영되어야 하고 발주자가 합리적으로 받아드릴 수 있는 내용과 양식으로 작성되어야 한다.

만회 공정표는 공정단축 방법, 추가 투입 장비, 가시설, 자재가 포함되어 있어야 하고 추가 투입 인력, 작업시간(또는 추가 작업시간), 교대근무, 예상되는 관리감독 업무 등을 포함하여야 한다.

만약 계약자가 관리기준공정표에 따라 작업을 수행하지 못한 원인이 계약에서 규정한 공기연장 사건이 아닌 경우 만회 공정표에 따라 작업을 수행함으로써 발생하는 모든 비용은 계약자 단독의 책임으로 계약자가 부담하여야 한다. 이러한 경우 계약자는 만회 계획의 준비와 수행 또는 돌관작업의 수행에 따른 계약고 증액이나 설계변경의 권한이 없다. 만회 공정계획이 발주자로부터 서면으로 승인될 경우 계약자는 즉시 만회 계획에 따른 작업을 수행해야 하고 만회 계획의 조건을 만족시킬 의무가 있다. 만약 만회 계획으로 인하여 발주자에게 추가 비용 또는 지출이 발생되면 계약자는 발주자에게 해당 금액을 보상하거나 지체상금에 포함되어 청구될 수 있다.

만약 공정률이 관리기준 공정표 대비 10% 지연되거나 계약자가 다음의 사항을 이행하지 못하였을 때 발주자는 계약자에게 계약타절 의사를 통보한 후 계약을 타절할 권한을 가진다.

a) 상기에 언급된 만회 공정계획 제출기간을 초과한 후 Appendix E3에 명시된 기한 (명시된 기한이 없을 경우 10일 이내) 내에 제출할 것

b) 발주자로부터 승인된 만회계획 대비 추가적인 지연 없이 공정단축을 진행할 것

5. 첨부

5.1 APPENDIX E1-Physical Progress S-Curve(Sample)

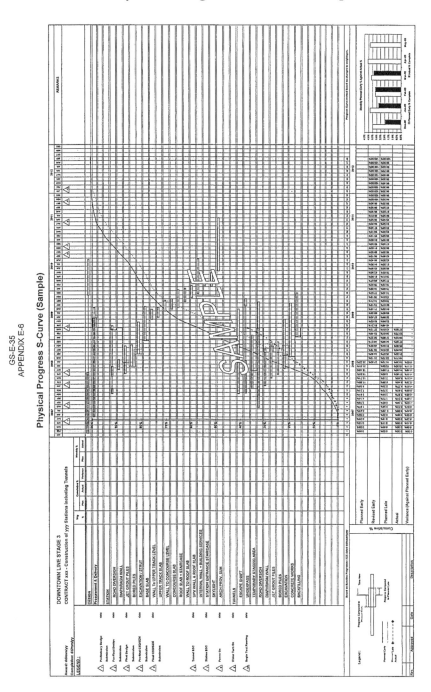

5.2 APPENDIX E2-(Contractor's) Monthly Report Format

(a) 총괄

- 중요한 성과물과 현안사항을 포함하여 전반적인 공정진행의 검토를 위한 요약
- 계약정보 요약

(b) 안전 관련 사항

- 현장 사고 보고서
- 필요한 선제조치를 포함한 안전조치에 관련 논의사항

(c) 계약자의 조직과 자원 투입

- 현장조직 변경사항 보고
- 인력, 장비, 자재 등 자원 투입 사항

(d) 간섭사항/주요 달성일

- 당월에 달성한 완료일, 인도일, 타 업체와의 조정일정과 향후 6개월에 달성하여 야 하는 날짜
- 주요 일정이 달성됨에 따라 검토 및 예상되는 일정

(e) 공정표

- 공정표 준비, 제출, 업데이트 현황

(f) 공정률

- 승인된 관리기준 공정표를 기준으로 한 작업의 진척도와 현황
- 저하된 작업 진척에 대한 설명

－발생하였거나 예상되는 기술적 문제의 세부사항

－지연작업 및 지연의 원인 규명과 정상적 공정운영을 위한 만회방안 제안

(g) 조달/공장제작/운송

－주요 장비 및 자재, Pre-Fabrication 공장제작, 조달, 검사, 선적 및 운송 현황

(h) 작업조율

－당해 작업에 영향이 있는 타 업체와의 조율에 관한 주요 이슈

－타 업체와의 업무 조율과 관련된 문제를 해결을 위해 필요한 조치사항 또는 취해 진 조치에 대한 논의사항

－업체 간에 승인된 조정 일정표 대비 작업진행 현황

(i) 품질 관련 사항

－계약자의 품질관리 계획대비 부족한 사항과 달성한 사항 기술

(j) 환경 관련 사항

－수질관리, 소음관리, 공기질 관리, 민원관리 등 환경관련 이슈사항

(k) 계약 및 자금상황

－기성사항

－계약자의 자금 흐름

－발주자의 지시, 변경, 견적사항

－클레임 관련 사항

－보험관련 사항

(l) 현안사항

(m) 준공도서

(n) 기타 업무관련 사항

(o) 첨부

- 자원 투입 그래프
- 작업 진도 S-Curve
- 관리기준 공정표 월간 업데이트
- 마일스톤 변경 보고서
- 작업완료 확인을 위한 Layout Plan
- 공정 사진
- 설계도서 리스트 및 현황
- 조달 및 운송 현황 리스트
- 조달 진행 현황
- 자재, 인력, 장비 투입
- 발주자 지시사항 리스트
- VO 리스트
- 견적 리스트
- 클레임 리스트
- 예상되는 기성 청구 사항
- 발주자 회신이 필요한 공문

5.3 APPENDIX E3-프로젝트별 주요 Terms(프로젝트 특성에 따라 결정)

계약조항	설명	세부사항
1.4.3	검토 및 재제출 기한	검토 : [●]일 재제출 : [●]일
2.1.1	일반사항(관리기준 공정표 미승인에 따른 보류 비율)	[●]%
2.1.2	관리기준공정표의 제출	[●]일
2.1.6	공정표 제출에 따른 검토 기한 - 발주자의 1차 회신 기한 - 계약자의 재제출 기한 - 발주자의 2차 회신 기한	[●]일 [●]일 [●]일
4.2.1	지연의 통지 : 통지기한	[●]일
4.2.3	지연의 통지 : 상세 입증자료 제출 기한	[●]일
4.4	만회 공정계획 제출 기한	[●]일

별첩 04

공기지연 분석 시방서

※ AACEi recommended practice No. 52R-06 : Prospective Time Impact Analysis

현재까지 미국 AACE에서 발간한 Recommended Practice는 약 90여 개이며, 건설공사의 예산 관련, 공정계획 수립 및 관리 방법, 리스크 관리 방법, 공기지연 관리 방법 등 다양한 분야의 관리방법을 가이드하고 있다.

그중 공기지연 분석과 관련된 Recommended Practice는 29R-03 Forensic Schedule Analysis와 52R-06 Prospective Time Impact Analysis-As Applied in Construction이 대표적이다.

52R-06 Prospective Time Impact Analysis-As Applied in Construction에서는 공기지연 분석을 위한 방법 중 Time Impact Analysis의 목적, 주요 내용 및 방법을 소개한 Recommended Practice이다. 해당 자료는 지연사건이 준공에 미치는 영향을 평가하고 정량화하는 방법을 제시한 Guideline이라 할 수 있고, 공기지연 분석 시방서의 세부내용은 다음과 같다.

No.	항목	내용
1	Overview	일반사항, TIA 분석의 개념, 특성, 가정사항 등 기술
2	Specification	TIA 분석 방법의 적용 절차 단계별 분석 방법 적용의 Guideline 기술
3	Concurrent Delay Analysis	동시발생 지연의 고려사항
4	Comparison of Calculated Results with Actual Observance	TIA 분석결과와 실제 지연일수를 비교한 해석방법 소개

AACE International Recommended Practice No. 52R-06

TIME IMPACT ANALYSIS – AS APPLIED IN CONSTRUCTION
TCM Framework: 6.4 – Forensic Performance Assessment, 7.2 – Schedule Planning and Development, 10.2 – Forecasting, 10.3 – Change Management

Acknowledgments:
Timothy T. Calvey, PE PSP (Author)
Ronald M. Winter, PSP (Author)
Edward E. Douglas, III CCC PSP
Earl T. Glenwright, Jr. PE PSP
Kenji P. Hoshino, PSP

William H. Novak, PSP
Lee Schumacher, PE PSP
Lawrence R. Tanner, PSP
James G. Zack, Jr.

TIME IMPACT ANALYSIS – AS APPLIED IN CONSTRUCTION
aace International

TCM Framework: 6.4 – Forensic Performance Assessment, 7.2 – Schedule Planning and
Development, 10.2 – Forecasting, 10.3 – Change Management

October 19, 2006

PURPOSE

This **Recommended Practice for Time Impact Analysis (TIA)** is intended to provide a guideline, not to
establish a standard. This recommended practice of AACE International on TIA provides guidelines for
the project scheduler to assess and quantify the effects of an unplanned event or events on current
project completion. While TIAs are usually performed by a project scheduler and can be applied on a
variety of project types, the practice is generally used as part of the Total Cost Management (TCM)
change management and forecasting processes on construction projects.

OVERVIEW

This recommended practice focuses on the basic elements necessary to perform a Time Impact Analysis
(TIA.) Necessary considerations and optional analysis practices are described. The TIA is a 'forward-
looking,' prospective schedule analysis technique that adds a modeled delay to an accepted contract
schedule to determine the possible impact of that delay to project completion. This practice is not
recommended for a retrospective (hindsight or forensic) view taken after a significant passage of time
since the delay event.

This TIA practice concerns itself with time aspects, not cost aspects of projects. The time impact must be
quantified prior to determining any cost implications. No practical advantage is obtained by including cost
factors into a time impact analysis. Linking time and cost into one analysis implies that time impacts are a
function of costs, which for the purposes of a prospective TIA is not true. Separating time analysis from
cost analysis makes TIA inherently easier to accomplish and accept contractually; eliminating the cost-
driven considerations from both 'creator' and 'approver' of the TIA.

A TIA may be performed to evaluate the potential or most likely results of an unplanned event. This event
may be either schedule acceleration or a delay. For simplicity and clarity, we will refer to this event as a
delay (i.e., acceleration can be considered as a negative delay).

RECOMMENDED PRACTICE

Time Impact Analysis
Overview
Unplanned delays on a construction project are often regrettable but unavoidable. If the party responsible
for executing the contract (Contractor) has been delayed by the effects of a change in the work or an
event that was beyond his or her ability to reasonably foresee and plan for in the bidding process, then
the entity responsible for overseeing the contract (Owner) may be obligated to adjust the contract,
depending upon the terms of the contract.

TIA is a simplified analytical procedure typically specified on construction projects to facilitate the award
of excusable days to project completion, due to delays that were not the responsibility of the Contractor.
The TIA process may also be used by the Contractor as an internal method to evaluate alternatives to re-
gain or improve project completion for delays caused by the Contractor.

Construction law in most localities require the injured party (in this case the Contractor) to petition for a
contract time extension, if they have been delayed by the actions or inactions of parties not under their
control. To this goal, many contracts specify that a TIA be prepared and submitted to objectively
substantiate the Contractor's request for a time extension. Once the duration of time has been agreed
upon then the added time-related costs of such a delay can be determined in terms of the contract.

The TIA procedure should be reduced to the most basic level possible and still reflect a reasonable assessment of the result of a delay. It is recommended that the time adjustment to the contract be calculated quickly, using an agreed upon standard method, with the results appropriate to the actual delay to a reasonable degree of certainty. The Owner should approve or reject this TIA strictly in accordance with contract terms and the same standard as was used by the Contractor. Time Impact Analysis is not an attempt to simulate reality, only to approximate it. It is a recognized analytical technique intended to facilitate a reasonable estimation of the time impact to the project caused by a single delay event or series of events.

The TIA procedure is performed while a project is on-going, and thus has a 'forward-looking' or a "prospective analysis" perspective in near-real time. Retrospective (hindsight) forensic research and analysis is not desired or required as a TIA is a forecast designed to facilitate a timely contract adjustment prior to the actual work being completely preformed.

The longer the period between the delay and the approval of the TIA, the less useful and valid the TIA becomes. Because 'time' is the issue being negotiated, the value obtained from a timely resolution of this contractual adjustment is greatly diminished by delay in preparation and/or approval of the TIA. Delay in approval of a TIA may result in a supplemental claim by the Contractor of constructive acceleration. At some point, delay in preparation and/or approval of a TIA so diminishes the value of the analysis that the inherent inaccuracies of a TIA invalidates the use of this simple procedure and calls for a more thorough retrospective, forensic analysis.

The TIA is typically associated with the modeling of the effects of a single change or delay event. It requires a Critical Path Method (CPM) schedule that is able to show the pure CPM calculation differences between a schedule that does not include a delay and one that does include an activity modeling the delay event. The difference for project completion, between the non-impacted schedule and that of the schedule with the impact, is considered to be the impact of the delay for time duration considerations.

TIA assumes that the most recently accepted schedule update, just prior to the actual delay, correctly displays the project status and logical sequence of work involved on the project at the time of the delay. It also assumes that the Contractor's and Owner's responses to that delay are independent of the rest of the project and that the actual delay will not result in a change in the project work plan. In effect, a TIA assumes that the CPM schedule, in-effect at the time of the delay, is 'frozen' and will not change (other than the change brought about by the delay.) The above assumptions provide a means of quickly analyzing the impact of the delay, but they can also introduce subtle (and sometimes not so subtle) inaccuracies under certain conditions.

Should the assumption of an Update Schedule, with correct and timely accepted status and logic, be incorrect an additional preliminary step should be taken. Before a TIA may be accomplished, an accepted CPM schedule, with a status date immediately just prior to the delaying event, must be developed that has no reference to the delay in question. Maintaining a set of timely, accepted, schedule updates is very important to the TIA success.

TIA is more effective as a forward-looking tool than as a backward-looking (or forensic) tool. This is partially due to the ability of the Owner to respond to the results of the analysis and minimize the cost impacts of a delay. However, TIA is an acceptable and useable tool for the determination of the effects of a past delay when employed in an analytical tool, such as a Window Analysis. Other delay analysis techniques such as Windows Analysis and As-Built Analysis are generally more accurate and reliable, but these are usually far more expensive to prepare, more time-consuming, and require more expertise, research, and preparation time to complete.

COMPARISON GUIDELINE: As a general guideline, TIA is more or less acceptable and useable for the determination of delay impacts under the following circumstances:

More Useable:

- **Frozen work plan** If the Contractor has not been given remediation direction and is not able to redeploy his work force in order to remain in readiness for resumption of work, then the work plan is said to be 'frozen' and the assumptions inherent in a TIA remain valid.
- **Forward looking** Delays expected to occur or occurring at the present time are better subjects for a TIA then those that have already finished. Using actual durations in place of estimates then suggests the need for a review of operational efficiency of the actual work and the removal of any of the time also spent on contract work during the delay period. In addition, the tendency for parties to wait and observe the actual durations is in conflict with the primary purpose of timely resolution in TIAs.
- **Short duration of delay** In general, TIAs are intended to model delays of less than one reporting period. If longer periods are considered, then an additional step (detailed below) must be considered. This optional step is needed to address the legal requirement and natural tendency of the Contractor to mitigate any delays where the mitigation does not involve additional costs. Mitigation effects become more pronounced as time progresses after a delay has occurred.

Less Useable:

- **The more your schedule update does not reflect actual conditions at the time of the delay** The longer the time period between the date that the schedule update reflected the status of the project and the date of the start of the delay event, the more conditions will have changed between the planned forecast schedule and the actual work schedule before the time of the delay. The schedule update used to model the delay must reasonably reflect the work plan in effect at the time of the delay.
- **The less linear (or serial in nature) of the work plan** Work plans based upon resource considerations are more easily adjusted without detriment to the project completion or planned expenses than those based upon physical constraints. Resources may possibly be redeployed to areas not affected by the delay. Work plans involving physical process steps dependent upon earlier work being completed (serial in nature) will likely be harder to mitigate.
- **If more mitigation was accomplished during the delay** This can have the opposite effect of that of a 'frozen' work plan. The more work that was performed 'out-of-sequence,' the more construction restrictions waived, the more effort that is performed by either the Owner or Contractor on behalf of reducing the effects of a delay upon project completion, the less effective a TIA will be in modeling the effects of a delay.

Specification

The process diagram in Figure 1 depicts a recommended TIA procedure.

October 19, 2006

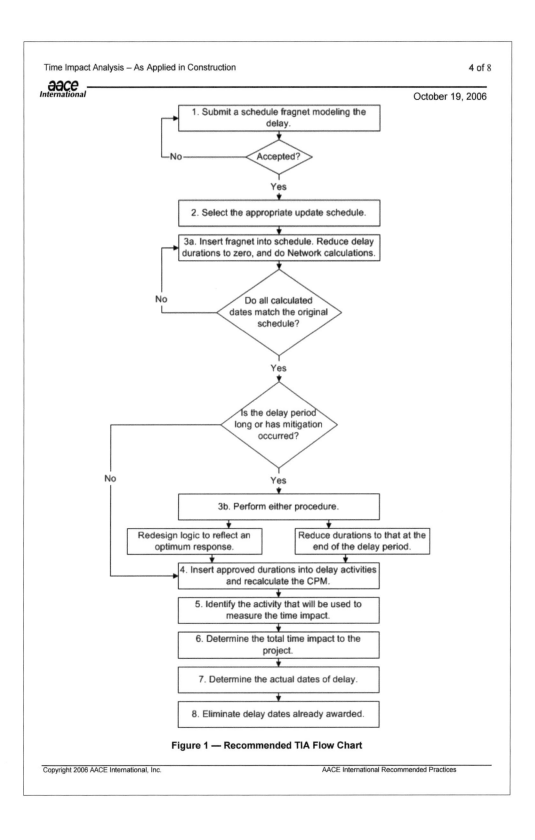

Figure 1 — Recommended TIA Flow Chart

AACE International Recommended Practices

A TIA is accomplished by following the following steps,

STEP 1: Model the Impact with a Schedule Fragnet. The schedule fragnet should consist of a subset of the activities in the project schedule that will be involved directly with the delay. For ease of comprehension and review, the delay should be described as simply as possible. Use the fewest number of activities and relationships added in order to substantially reflect the impact of the delay to the schedule. Shown detail should be consistent with the nature and complexity of the change or delay being modeled. Added activities should be numbered in a logical manner to make it easy to distinguish them as new activities associated with the delay

Care should be used to correctly define the change or impacting activity and describing the logical insertion into the fragnet. Existing activities and logic should be left intact whenever possible except to incorporate the fragnet. Added relationships may cause some of the existing relationships to become redundant to the CPM calculation, but relationships should only be deleted when the retention of that relationship would negate the actual work restraints on the project. Redundant relationships caused by the additional inserted logic should be left in the schedule wherever possible and should not affect the overall result.

It is acceptable to add a delay as a successor to an activity when in fact, that delay occurred during the activity and delayed its completion. It is also acceptable to split the existing delayed activity into two activities, with one representing the portion of the planned work to be performed before the delay, and the other portion of the planned work after the delay, as long as the combined durations of the split activities equals the original duration of that activity.

Cost Considerations

It is intended that the TIA separate time from cost considerations. Costs should be derived after time has been established, not traded back and forth as a negotiating position. To this end, the impacted fragnet should first be isolated from the schedule to be analyzed. Owners who claim that they cannot approve a fragnet until they know the extent of the impact on project completion are simply trying to negotiate costs at the same point as they negotiate time. They are making time a function of costs. The time impact is a function of the impacting activity and not the other way around. Care should be used to correctly define the change or impacting activity and describing the logical insertion into the fragnet. If this is done correctly, then the ultimate results of the TIA will also be correct.

To this end, the Owner should review, negotiate (if necessary,) and agree on the fragnet before proceeding with the further steps. It is acceptable to combine all of the following steps into one, however, the Owner still needs to approve the step considerations in order to approve the TIA.

STEP 2: Select the appropriate accepted schedule update to impact. The appropriate schedule should be the last Owner-accepted schedule statused and updated prior to the time of the change or delay. The baseline schedule should be used if the delay began prior to the first schedule update.

If the time interval between the start of the delay and the last accepted schedule update is too great (or if significant deviation to the schedule was experienced between the last status date and the start of the delay), the Contractor may elect to first provide a new schedule status and update with a status date immediately prior to the start of the delay. Before this new update schedule is to be used, it should first be submitted to the Owner for review and acceptance, just like any other schedule update for that project.

The schedule to be impacted is called, "the original schedule update." The status date should not be altered from that used by the original schedule update and the impacted schedule.

Constraints not required by contract and not included in the Accepted Baseline Schedule should not be included in the analysis. Other constraints may be considered on a case-by-case basis, but this should be fully documented. The object is to remove constraints that do not affect the contract assumptions made when the contract was awarded.

Non-contractual constraints should be removed and contractual constraints reduced to the least restrictive, before proceeding to the next step. The resultant original schedule update should not be used for any purpose other than the TIA in question. Any constraint that is to be retained for the TIA should be the least restrictive constraint that still describes the contract requirement.

Following is a list of constraints from least restrictive to most restrictive:
- Start No Later Than;
- Finish No Later Than;
- Start No Earlier Than;
- Finish No Earlier Than;
- Start On;
- Must Finish; and
- Must Start.

An automated TIA is only valid if the CPM software, being used to model the effects of a delay event, properly shows the effects of the CPM calculations. This includes the consideration of a status date, out-of-sequence progress, and actual activity status. The schedule should not allow any unstarted activity to be scheduled prior to the status date. Also, it should not allow for a prediction of early completion for an unfinished activity prior to the status date. Work actually performed on activities that are not logically able to begin should be considered. The schedule should not contain activities with actual starts or actual finishes later than the status date.

STEP 3a: Insert the fragnet into a copy of the current schedule update prepared as described above. Using the accepted fragnet as a template, add the impact activities and logic. Make the accepted activity adjustments to the existing activities as necessary to mirror the fragnet. Set the duration of the delay activities to zero and recalculate the CPM. At this point in the analysis, all computed and actual dates in the original schedule update should match that from the original schedule update. If all dates do not match, then correct the fragnet insertion until they do match.

OPTIONAL STEP 3b: If the delay time period involved is long, or if substantial mitigation of the delay has occurred, then an optional step may be needed to consider the effects of mitigation. This step is necessary if mitigation efforts by either the Owner or Contractor have modified the actual impact of a delay on project completion. Skipping this step in this circumstance may result in a calculated time impact that does not closely relate to the actual impact. There must be a correlation between calculated and actual for a proposed TIA to be acceptable.

Construction law requires that the Contractor mitigate the effects of any delay to the extent practable. If Step 3b is not implemented, a statement should be provided with the TIA to explain why this step was unnecessary. The reasons for not implementing Optional Step 3b may include the following: a frozen work plan, forward-looking impact analysis, and shortness of duration of the delay.

In lieu of actually redesigning the logic, that was in effect when the delay occurred, to that which was actually used after the delay occurred, the Contractor may elect to revise the remaining duration status of every activity in the schedule to the remaining duration status evidenced at the time of the actual end of the delay. This revision of the status to the impacted schedule will reflect the resultant effects of mitigation of the project. Activities performed out-of-sequence will still exist as successors to the impacted activity, but their remaining durations will be reduced to reflect the work performed during the delay period.

Whatever changes made to the schedule to satisfy the Step 3b requirements, should be fully documented and included as part of the TIA submittal. These changes are subject to review, negotiation, and acceptance by the Owner.

STEP 4: Insert the durations used in the fragnet into the added delay activities and recompute the CPM.

STEP 5: Identify the activity indicating project completion and note any change in the project completion date. This analysis is primarily interested in the estimated early completion of the last project or contract milestone prior to demobilization (usually substantial completion.) This identification is important for any subsequent entitlement for time related damage. The delay or acceleration effect to all contractual milestones not completed should be noted and documented.

STEP 6: Determine the correct time impact for the project delay. If the contract specifies work days, then this unit of measurement should be made in work days. If the contract specifies calendar days or specifies an absolute date for completion, then the unit of measure should be made in calendar days.

STEP 7: Determine the actual dates of the delay. Using the original schedule update, determine when the successor activity to the delay impact actually became a project critical activity. On schedules without negative float, the activity will be predicted to become project critical on the computed late start date. The first date of delay due to this impact will be the next day after the activity late start date. For original update schedules that do show negative float, the start or delay date will simply be the first day of the delay event. Every day after this start of delay will be labeled a delay day (counting work days or calendar days as appropriate) until the number of delay days is exhausted.

The above procedure assumes (either by contract or standard default) that project float belongs to the party who uses it first. It also assumes that the project does not meet all legal requirements for a declared early project completion. If either of these assumptions is incorrect, then the appropriate adjustment should be made in counting the delay days.

STEP 8: Eliminate delay dates from the TIA request that have previously been awarded. Every date determined to be a delay date will be excusable to contractual milestone completion, providing that this date has not already been awarded as a delay date due to a prior TIA or other excusable event, such as an adverse weather date. Should the day already be designated as an excusable delay date, then this day will be considered concurrent in terms of a previous delay. In no event will a single date be granted an additional excusable day if it has previously been granted one for any other reason. In other words, no single date may be assigned more than one day of excusable delay.

Concurrent Delay Analysis
Concurrent Delays are delays to activities independent of the delay that you have considered, but occurring at the same time as the delay in your TIA. Many contracts require a TIA to include an analysis of concurrent delays (especially attributable to the party not responsible for the delay being analyzed in the TIA.) This is because most contracts will consider concurrent delay days as 'non-reimbursable' or excusable, but non-compensable. As this *Recommended Practice* does not concern itself with costs, this cost analysis issue may be performed separately after the TIA.

Step 7 above will ensure that the in-progress TIA analysis will eliminate the counting of time extensions of concurrent days already granted in earlier TIA analyses. The only possible remaining concurrent delay issues, to be considered, result from actual independent delays caused by the Contractor during the delay time in question. While important as a cost impact issue, this has no bearing on a TIA. Legally, excusable delay should be granted regardless of any contributing Contractor concurrent delay on that same date, provided that the terms of the contract do not specifically preclude this result.

The issue of compensability of delay damages is dependent upon the lack of (or contributing factor in) Contractor concurrent delays on any given date. They should be included in change order considerations, but not a TIA. A TIA should be solely concerned in time impacts, which have already been calculated using the steps above.

Finally, it is noted that there is no single, legal definition of the term, "concurrent delay." Some consider this to be any day that the Contractor did not work during the delay period. Others consider it to be any identifiable delay to any activity with negative float. Still others consider this to be any delay to an activity that had the same or lower total float as the TIA delay. Until there is legal consensus, this issue will not be included in a *Recommended Practice*.

In summary, no useful purpose is served in requiring the Contractor to submit a concurrent delay analysis as a precondition to submitting a TIA. This requirement adds a 'forensic-like' complexity to what is intended to be a quick and easy process, creating a technical barrier to accomplishing the TIA task. Additionally, a prudent Owner will have to reproduce this concurrent delay analysis from the Owner's prospective and negotiate a consensus. Concurrent delay analysis is not an integral part of a TIA and should be deferred until after the number of excusable delay days is resolved.

Comparison of Calculated Results with Actual Observance

TIA is not an attempt to simulate reality, only to approximate it. It is a recognized analytical technique intended to facilitate a reasonable estimate of the time delay to the project caused by a single delay or a discrete series of delays. To illustrate this point, consider an example where the impact may be judged to involve 3 days while it actually only required 2 days to complete with acceleration. The correct value to use in the TIA would be 3 days, as the saved duration was counter-balanced by the increased costs of acceleration. By using 3 days in this example, the issue of acceleration is eliminated.

It is not reasonable to require that a delay modeled in a TIA manifest itself in that exact number of days that a project actually ends up being late. This is partially due to the extenuating effects of acceleration and mitigation. In addition, other delays (including the Contractor's own inefficiency) may also contribute to actual late project completion. Mitigation and acceleration efforts by either, or both the Contractor and Owner, may mitigate the actual impact on the project completion date as well. In practically all cases, a construction project will experience enough deviations from the planned baseline schedule so as to make the manifestation of any single delay unattributable to any particular day at the planned end of the project.

Awards of time from a TIA are intended to include the consideration for actual acceleration and disruption in response to a delay. Acceleration and disruption accompanying the delay may be considered to be incorporated in a TIA, and may account for the apparent difference between predicted and actual effects of a delay. While imperfect, the ease and quickness of preparing and reviewing a TIA should compensate for the lack of exactness in modeling the exact features of the impacts to a project due to delay.

CONTRIBUTORS

Timothy T. Calvey, PE PSP (Author)
Ronald M. Winter, PSP (Author)
Edward E. Douglas, III CCC PSP
Earl T. Glenwright, Jr. PE PSP
Kenji P. Hoshino, PSP
William H. Novak, PSP
Lee Schumacher, PE, PSP
Lawrence R. Tanner, PSP
James G. Zack, Jr.

AACE International Recommended Practices

발주기관 공기연장 평가기준 사례

※ Guidelines for Evaluating Extension of Time Claims-Planning and Cost Control Section

해외 건설공사를 지속적으로 발주하고 관리하는 주요 기관에서는 계약자가 공기연장을 청구하였을 때 청구내용을 평가하고 조치할 수 있는 기준을 정하여 활용하기도 한다. 이러한 평가기준은 적기에 공기지연의 원인을 검토하고 객관적 평가를 가능하게 하여 건설공사 수행의 잠재적인 리스크를 조기에 해결하고 불필요한 분쟁을 줄일 수 있는 역할을 한다.

해외 주요 발주기관에서 활용하고 있는 공기연장 클레임 평가 가이드라인을 소개하고자 한다. 본 가이드라인에는 계약자가 공기지연 입증 시 갖추어야 하는 요건과 발주기관의 평가 원칙 및 기준이 함께 제시되어 있다. 가이드라인의 구성 체계와 내용은 다음과 같이 정리할 수 있다.

No.	항목	내용
1	가이드라인의 목적	공기연장 평가 가이드라인의 목적
2	공기연장 보장의 이유	공기연장 평가 및 승인의 이유
3	용어의 정의	공기연장 관련 용어의 이해
4	분석기준 공정표 요건	입증관련 공정자료 요건
5	입증관련 문서의 요건	기록 및 입증관련 각종 문서의 요구조건
6	기본원칙	공기연장 평가의 기본 원칙
7	평가 체크리스트	공기연장 평가 시 활용 가능한 체크리스트
8	클레임의 잠재사유	공기연장 클레임이 제기될 수 있는 잠재사건
9	공기연장 판정방법 및 사례	공기연장 판정 방법과 예시
10	보고서 양식	평가결과 보고서 구성 내용

1. Objective

To establish guidelines for evaluating Extension of Time (EOT) claims, in absence of a protocol, Requirements specifically mentioned in the contract shall prevail over these guidelines.

2. Reasons for granting Extension of Time

1) To prevent time becoming at large

2) To establish the revised project completion date

3) To determine concurrent delays, if any

4) To relieve the Contractor from Penalty or Liquidated Damages (LD) for delays beyond his control

3. Definition of Terms

1) As-Built Programme refers to the Final Updated programme. It is a record of the history of the activities reflecting the dates, duration and sequence of work as-constructed (actual) with no relationship

2) Baseline Programme refers to the schedule/programme showing the duration and sequence in which the Contractor planned to carry out the works

3) Concurrent delay is the occurrence of two or more delay events, one by the Employer and the other by the Contractor, which may neither occur at the same instance nor to the same activity path but the effect to the completion date are contributing and felt at the same time.

4) Contractors Delay Event refers to events which under the contract is the risk and responsibility of the Contractor

5) Critical Path refers to the sequence of activities through a project network from start to finish, the sum of whose durations determines the overall project duration. There may be more than one critical path depending on workflow logic

6) Delay Event refers to risks or events (cause of delay) preventing completion of the works. It may be either Employer Delay Event or a Contractor Delay Event

7) Employers Delay Event refers to events which are not attributable to the Contractor. They are cause(s) of delays and risks in which the Employer is responsible

8) Extension of Time (EOT) refers to the additional time granted to the Contractor to provide an extended contractual time period or date by which work should be completed and to relieve it from liability for damages of delay

9) Impacted Programme refers to the progmmme showing the time impact or effect of various Employer delay events to the present completion date

10) Prolongation costs refers to the actual loss and expenses sustained due to Employer's

Delay Events resulting in time extension

11) Updated Programme refers to the monthly updates from the approved Baseline programme and recording of the progress of work achieved as of the updating date

4. Planning requirements

1) Not more than Two (2) months from commencement of the project, the Contractor and the Engineer should agree and approve the Baseline Programme or as stated in the project brief

2) The Baseline Programme should be updated (i.e.; weekly or monthly) to record actual progress of work and predict progressively the time impacts of delay events as they occur

3) Once an Extension of Time is granted, the Contractor and the Engineer should immediately revise the Baseline Programme incorporating the actual progress of work and re-define the sequence in which the remaining works are to be completed, considering best efforts in mitigating the delay impacts

5. Minimum documents required

1) The Contractor's EOT Claim detailing the Employers Delay Events and its effect to contract completion date

2) Approved Baseline Programme (print and soft copy)

3) Monthly Updated Programme(s) up to the nearest time of the claim event

4) As-Built Progxam.me, if applicable

5) Contractors Impacted Update programme

6) Narrative of the Impact of Employers Delay Events against the Updated Programme

7) Tabulation of Delay Events impacting the programme (see Appendix B Form No. 1)

8) Documentary evidences (memo, minutes of the meeting, monthly reports, site instruction(s),

9) shop drawings, etc to substantiate the claim

10) The Consultants evaluation report, assessment and recommendation

11) The Engineer's technical judgment on true occurrences and their magnitude on the physical

12) progress-basically the Engineer's point of view.

6. Guiding Principles[1]

1) At the outset, there should be a Contractor's claim for review and recommendation.

2) For EOT to be granted, it is not necessary for Employer risk event/ s to have begun or ended.

3) The project owns the float. The party who uses it in the first instance will get the benefit In a delay.

4) The mere fact that the Employer's risk events prevented the Contractor from completing earlier than the contractual completion date and thereby takes away the float, should not be regarded as giving rise to an extension.

5) The extension of time should be granted to the extent that the Employer's delay event affected the critical path. resulting in the full exhaustion of the total float.

6) Once granted, EOT cannot be decreased subsequently.

7) Whenever the net time impact due to omission of work results in a negative extension,

---

1 Acknowledgement to SCL Delay and Disruption Protocol, October 2002, for quoting their core principles listed out in No 2, 3, 4, 5, 8, 9, 11, 13, 18 and 24.

then it shall be considered in the digital update for the next application for time extension.

8) Engineer's evaluation of the Contractor's claim for Extension of Time should be dealt with as close in time as possible to the occurrence of the delay event

9) The Extension of Time should be granted to the extent that the Employer's Delay Event is reasonably predicted to prevent the works from being completed at the present contract completion date.

10) Where the full effect of Employer's Delay Event cannot be predicted with certainty, incremental Extension of Time may be granted based on the minimum effect of predictable delays.

11) Where Contractor's Delay to completion occurs or has concurrent effect with Employe's Delay, the concurrent delay should not reduce any Extension of Time due; meaning concurrent impacts are excusable for time extension.

12) Neither party can recover cost damages & om the other party for the period of concurrent delay.

13) The Contractor should only recover compensation if the Contractor is able to identify the causes belonging to Employer and Contractor separately, assess their impact that prevailed concurrently and critically on scheduled completion, and thereby prove the additional cost caused by the Employer delay events from those caused by the Contractor delay events.

14) Delay in serving notice or a claim without notice is a matter for upfront denial, when expressly stated m the contract as condition precedent so that the Contactor loses his right to claim.

15) Where the Engineer decides some of the works can be carried out during the period allocated for maintenance without any technical or contractual sacrifice, no EOT will be granted.

16) The Engineer shall order the Contractor to expedite progress under clause OO when he finds the progress is too slow to ensure completion in which case no time extension is granted unless the Contractor justifies his proposition otherwise.

17) Time impact due to variations during extended period/s is added to the prevailing contract completion elate except the delay behind the issue of variation .is apparently because of delay in works on the part of the Contractor.

18) Where a delay event for which the Contractor is liable occurs after the date contractually due for completion, and following a period of delay which would give rise to an extension, the effect is to wipe the slate clean and disentitle the Contractor from recovering an extension for the earlier period of delay. This means the Contractor cannot be fully relieved from the early delays of his own.

19) LD or Penalty is calculated for the remaining period till the actual completion at the amount per day or part of day as given in the contract and not in proportion to the value of works to be done against the contract sum.

20) The Contractor on valid justifications as to their critical effects shall be entitled for time extension due to causes falling under following categories.

   a. Delay by the Engineer or Employer in discharge of their obligations

   b. Delay in possession and site access

   c. Due to change in law

   d. Exceptionally adverse weather conditions

   e. Delay by local government authority

   f. Excepted risks

   g. Suspension of Works

   h. Acts of other Contractors

21) Local government authority delays are excusable delay events provided the Contractor

has supplied all necessary information, submittals and samples in compliance with the Specifications for upfront approval without being rejected or repeated, placed all necessary orders and otherwise performed its obligations under the Contract in respect of such work as soon as reasonably practicable and so as not to delay or disrupt the approval process of the relevant Authority in relation to such work.

22) Prolongation costs are a reasonable compensation on actual loss and expense sustained due to Employer caused delays that shifted the scheduled completion. They ate not guaranteed as long as the actual loss and expenses is proved on contemporary records in support. since each case is unique and evaluated on its own merit.

23) The premise of compensation is to recover loss that brings the Contractor back to the position the Contractor stood financially had there been no delay.

24) The amount compensable would be for the period the Employer delay event effected in the program and not necessarily the period of extension at the end of the program.

25) Depending on the quality of records available, as the last resort, the QS may decide whether to use time related preliminaries that were directly affected due to Employer delay events and ascertain the compensable amount on pro-rata basis for the period of extension (excluding the concurrent delay impact period).

26) Prolongation costs shall exclude profit since compensation .is a replacement cost.

27) The amount so approved shall not exceed the amount claimed by the Contractor except in an arithmetical error.

28) Disruption results in loss of productivity that delays the work being carried out and not necessarily the completion of the Works.

29) The Contractor must establish that the actual progress of identified activities has been interrupted and the cause of the disruption was a cause directly attributable by the Employer.

30) The Contractor must demonstrate disruption to actual progress and not planned progress.

A 'work-as-executed' program should therefore be the basis for any justification of reduced productivity. This involves comparing the actual cost with what the cost would have been was it not for the disruption.

31) Entitlement to an Extens1on of Time does not automatically lead to entitlement to prolongation cost.

32) EOT review can be innovative in that Value Engineering proposals to accelerate or mitigate delays can be put forward for mutual consent.

33) A reference shall be made to Contract Affairs when the contract documents are in silence or dilemma or when the user department is continuously in disagreement with the Employer recommendation.

34) Recommendation on one case does not establish precedence over the next case.

7. Evaluation checklist

No.	Particulars	Yes	No	N/A
Submittals				
1	Contractor claim received			
2	Consultant's evaluation received			
3	Engineer's comments/opinion received			
4	Approved Baseline Programme received, both soft and hard copy			
5	Updated Programme(s) received both soft and hard copy			
6	Outstanding details requested / received			
7	Claim supported with contemporary records			

No.	Particulars	Yes	No	N/A
Review				
1	Claim submitted timely			
2	Revised Programme cross checked with Baseline Programme			
3	Status close in time of the delay event/s reflected			
4	Cause of delay events identified			
5	Doubts clarified by the Engineer			
6	Issue/s discussed with the QS where required			
7	Employer risk events segregated			
8	Degree of culpability (extent of liability) determined			
9	Cause and effect linked and clearly shown			
10	Activities logically related			
11	Float of the remaining works considered			
12	New scope of work clarified			
13	Works omitted considered			
14	Works that can be shifted to maintenance period considered			
15	Revised method statement/s reflected in the Programme			
16	Durations assigned for new activities fair and confirmed			
17	Patently unrealistic logic or durations corrected			
18	Impact of the Employer risk event/s reasonably predicted			
19	Rotary, double shift, night and holiday work considered where possible			
20	Engineer's instruction if any no expedite progress received			
21	Steps to mitigation delays taken by Contractor acceptable			
22	All the efforts of delays claimed in one submission where possible			
23	Milestones re-established where necessary			

No.	Particulars	Yes	No	N/A
24	Progress report/s checked			
25	Traffic management plan checked where applicable			
26	Building permit submittals checked where applicable			
27	Authority approval details checked where applicable			
28	Alternative VE proposals received/made			
29	Concurrent effects considered			
30	Reasons behind VO's issued during/after extended period found to be the Employer's risk confirmed			
31	EOT has been digitally calculated (no manual hard insertions)			
32	All observations made and interpreted contractually			
33	Final cross check done and outcome satisfied			
34	EOT granted / not granted with / without cost			
Feedback				
1	Memo sent with interpretation			
2	EOT details archived for record purpose			

8. Potential sources of claims

1) Late Site Possession (whole or in part), refer to Clause 42(1)

2) Additions and/or Changes to the Original Scope of Work

3) Modification to Design and/ or Specification during execution.

4) Delay in Shop Drawings and Materials Submittal Approval

5) Suspension (whole or in part)

6) Local Authority Approval delays

7) Special Circumstances / Risks

9. Different Cases and Methods for Determining Extension of Time

Note: in all cases, the prolongation costs are not guaranteed as long as the actual loss and expenses is proved on contemporary records in support. Each care is unique and evaluated on its own merit.

Case 1 Late Site Possession (whole or in part)

1) The Contractor will be granted an Extension of Time equal to the time lost in possession of the site after submitting documents (6.1), (6.5), (6.7), (6.8) and (6.9) above.

2) The time impact should show that the present contract completion date will be revised / adjusted equivalent to the amount of time lost

Case 2a Delay event occurring within contract duration and related to the original scope.

1) Determine the impact of delay event to the Updated Programme and investigate the effect to the original completion date before the occurrence of Employer Delay Event

2) The Extension of Time period will be calculated as the difference between the Updated Programme Completion Date BEFORE and the resulting Completion Date AFTER incorporating the Employers delay events to the Programme.

3) The EOT Period will be considered just after the original Contract Completion Date.

Case 2b Delay event occurring within contract duration but not related to the original scope.

1) The Revised Completion date will be calculated as the net resultant time impact by adding the required duration to execute the Employer delay event starting from the Issue of additional work instruction against the original completion date

2) Two separate milestones may be established

3) If the Revised completion date is not beyond the present completion date then, there is No Time Impact

4) The Employer delay event or additional works are separate and independent from the original scope of work

Case 3a Delay event occurring beyond contract duration and related to the original scope

Note: The Engineer shall determine the choice.

1) Determine the time impact of delay event to the Updated Programme and investigate the effect to the original completion date before the occurrence of Employer Delay Event

2) The Extension of Time Period will be calculated as the difference between the Updated Programme Completion Date BEFORE and the resulting Completion Date AFTER incorporating the Employers delay events to the Programme.

3) The EOT Period will be considered just after the original Contract Completion Date.

Case 3b Delay event occurring beyond contract duration but not related to the original scope

Considering Two Separate Milestones for the Works

Milestone 1: The Original Contract Completion Date

Milestone 2: The Additional Works Completion Date

Considering Revised Completion Date for the Whole project;

1) The EOT period will. be calculated by adding the the required duration to execute the additional works to the gap duration between the Actual Completion Date and the Site Instruction Date.

2) The Period of the EOT will be considered just after the original Contract Completion Date.

Case 3c The Contractor in Delay (Behind Schedule) but the SI for Additional Work issued during the Contractor Delay Period:

1) The EOT period will be calculated by adding the required duration to execute the Additional Works only.

2) The Period of the EOT will be considered just after the original Contract Completion Date.

Case 4 The Contractor in Progress (Ahead of Schedule):

Considering TWO Separate Milestones for the Works:

Milestone 1: The Original Contract Completion Date

Milestone 2: The Additional Works Completion Date

Considering Revised Completion Date for the Whole project:

1) The EOT period will be calculated by adding the required duration to execute the additional

works to the gap duration between the Original Contract Completion Date and the Site Instruction Date.

2) The Period of the EOT will be considered just after the original Contract Completion Date.

10. Template for internal reports

1) Issue-with the tile in short and to the point

2) Project status-using contemporaneous records

3) Scenario

This part will carry background information of the issue - the history, previous references in date order, what is expected by the other and where we are standing at the moment.

4) Contractor's position

This part explains in short the Contractor's main and subsidiary allegations against the Employer and Engineer. To be precise, why the Contractor asks for the time and/or cost, the basis, his approach, interpretation if any amounts.

5) Consultant's position

This part explains in short the consultant's (say, supervision Engineer and quantity surveyor) positions in terms of basis and method of calculation.

6) Engineer's position

This part explains in short the Engineer's thinking, any technical judgments, commitments or silence.

7) Other positions

The report can have a space for Contract Department if it had an involvement.

8) Employer position

a. Findings (other than the above)

b. Your own argument for and against the positions of the Contractor, Consultants, Engineer and the Others

c. Your own approach, basis, strategy, defense and interpretation

d. Limitations-any restrictions to come up with steady and independent outcome.

e. Hypothesis-these are realistic assumptions you base to arrive at conclusion or to analyze the issues

f. Eligibility-contractual or otherwise,

g. Quantum-the amount excusable and/ or compensable,

h. Options available and their implications commercially, contractually, and in public interests

i. Conclusion and / or

j. Recommendation

k. Appendix-calculations, graphs, tables, etc.

▌참고문헌

국내문헌(가나다 순)

1. 건설감정실무, 서울중앙지방법원 건설소송실무연구회, 사법발전재단, 2016.

2. "건설공사 공기지연에 대한 책임일수 분석 방법", 김영재, 아주대학교 박사학위논문, 아주대학교 대학원, 2004.

3. "건설공사 공기지연 클레임의 분석 방법에 관한 연구", 김영재 외 3인, 대한건축학회 논문집 (구조계), 15(7), 대한건축학회, 1999.

4. 건설중재 판정사례집, 대한상사중재원, 2017.

5. 건설중재 판정사례집, 대한상사중재원, 2019.

6. 건설기술진흥법 판례여행, 정유철 외 2인, 건설경제, 2019.

7. 건설 클레임론, 박준기, 일간건설사, 1999.

8. 계약관리와 클레임, 현학봉, C-plus International, 2012.

9. 공공계약 판례여행, 정유철 외 2인, 건설경제 2017.

10. 국가를 당사자로 하는 계약에 관한 법령 관련 회계예규, 고시, 기획재정부, 2020.

11. "해외 대형건설공사 공기지연클레임의 공기연장기간 입증 방법", 김영재 외 3인, 한국건설관리학회 논문집, 한국건설관리학회, 16(3), 2015.

12. 해외 하도급 공사계약 표준공정시방서, 현대건설, 2016.

해외문헌(알파벳 순)

1. "A critical review of the aacei recommended practice for forensic schedule analysis", Lifschitz 외 2인, The Construction Lawyer, ABA, 29(4), 2009.

2. "A CRYSTAL BALL-EARLY WARNING SIGNS OF CONSTRUCTION CLAIMS & DISPUTES", James G.Zack, Jr., Navigant Construction Forum, 2015.

3. "Analysis methods in time based claims", David Arditi 외 1인, Journal of construction engineering

and management, ASCE, 134(4), 2008.

4. Analysis of Concurrent Delay on Constuction Claims, Richard J. Long, Long International, 2015.

5. Conditions of Contract for CONSTRUCTION FOR BUILDING AND ENGINEERING WORKS Designed by the Employer, FIDIC, 1999.

6. Construction Delays : Extensions of Time and Prolongation Claims, Roger Gibson, Routledge, 2007.

7. Construction Delay Claims, Barry B. Bramble 외 1인, ASPEN LAW & BUSINESS, 2000.

8. "Delay analysis method using delay section", Kim Youngjae 외 2인, Journal of construction engineering and management, ASCE, 131(11), 2005.

9. Delay Analysis in Construction Contracts, P.J.Keane 외 1인, WILEY-BLACKWELL, 2008.

10. Delay and Disruption Protocol, Society of Construction Law, 2017.

11. FORENSIC SCHEDULE ANALYSIS, AACE, 2011.

12. The Analysis and Valuation of Disruption, Derek Nelson, Hill International, 2011.

13. "Time Extension Requests-A Checklist", James G. Zack 외 2인, CMAA, 2011.

14. TIME IMPACT ANALYSIS-AS APPLIED IN CONSTRUCTION, AACE, 2006.

▌ 저자 소개

공학박사 김 영 재

PMP,
한국건설관리학회
계약분쟁위원회 위원장

현대건설에서 국내외 현장 공기연장 클레임을 지원하고 해외 및 국내공사 수주 심사를 수행하는 팀을 맡고 있다. 약 20여 년 넘게 국내외 건설 현장 및 싱가포르 지사 근무, 대형 공사 발주처에서 해외 건설사인 Bechtel사와 함께 EPC 건설공사 계약관리 업무 및 국내외 소송 및 중재 업무, 약 60여 개 이상의 해외 및 국내 대형 현장 공기연장 클레임 및 분쟁 업무 지원, 입찰 단계 해외 및 국내공사 리스크 검토와 수주심사 등 건설실무를 수행 중에 있다.

건설 클레임 분야로 학위를 취득하고 2005년 미국 토목학회 학술지에 공기지연 분석 방법에 대한 학술논문을 게재하고 이후로도 지속적으로 학술지에 관련 논문을 발표하고 있다.

공학박사 김 기 현

2013년도에 CM 분야로 학위를 취득한 후 현대건설에서 국내외 현장 공기연장 클레임을 지원 업무를 수행하고 있다.

박사학위 과정에서 국내 대형 건설사업의 공기연장 클레임 업무 및 국내 공기지연 소송에 대한 전문가 지원 업무를 수행하였으며, 현대건설에서 국내외 현장 소송 및 중재 단계의 공기지연에 대한 분석 지원 업무와 대발주처 및 대하도급 EOT 클레임 지원 업무를 수행 중에 있다.

건설공사 공기지연
클레임과 분쟁

초판인쇄 2020년 8월 24일
초판발행 2020년 8월 31일

저　　자 김영재, 김기현
펴 낸 이 한국건설관리학회
펴 낸 곳 도서출판 씨아이알

책임편집 박영지
디 자 인 송성용, 박영지
제작책임 김문갑

등록번호 제2-3285호
등 록 일 2001년 3월 19일
주　　소 (04626) 서울특별시 중구 필동로8길 43(예장동 1-151)
전화번호 02-2275-8603(대표)
팩스번호 02-2265-9394
홈페이지 www.circom.co.kr

I S B N 979-11-5610-873-3 (93540)
정　　가 42,000원